Die Weiterbildungslüge

Der Autor, der sich hinter dem Pseudonym Dr. Richard Gris verbirgt, ist promovierter Diplom-Psychologe und Mitarbeiter einer angesehenen Personalberatungsfirma. Er arbeitet selbst seit vielen Jahren als Trainer und Berater im Bereich Weiterbildung mit den Schwerpunkten Führung und Veränderung.

Richard Gris

Die Weiterbildungslüge

Warum Seminare und Trainings Kapital vernichten und Karrieren knicken

Campus Verlag
Frankfurt/New York

Bibliografische Information der Deutschen Nationalbibliothek:
Die Deutsche Nationalbibliothek verzeichnet diese Publikation in der Deutschen Nationalbibliografie. Detaillierte bibliografische Daten sind im Internet unter http://dnb.d-nb.de abrufbar.
ISBN 978-3-593-38679-9

Umschlaggestaltung: Anne Strasser, Hamburg
Satz: Fotosatz L. Huhn, Linsengericht
Druck und Bindung: Freiburger Graphische Betriebe
Gedruckt auf säurefreiem und chlorfrei gebleichtem Papier.
Printed in Germany

Besuchen Sie uns im Internet: www.campus.de

Inhalt

Prolog

Weiterbildung bringt nichts

In seinem Innenleben rotieren die Gedanken wie in einer Zentrifuge. Ist das wirklich alles gewesen? Immer wieder diese Frage. Bildfragmente und Wortfetzen wechseln sich rasch ab. »Ich habe dafür eigentlich gar keine Zeit. Das war so eine Idee von meinem Chef.« – »Ich weiß gar nicht, was ich hier soll. Ich bin nur hier, weil es eine Pflichtveranstaltung ist.« Plötzlich tauchte das bärtige Gesicht des EDV-Leiters auf. Auch bei ihm keine Offenheit für Lernen und Veränderung. Zorn mischt sich in seine Erinnerungen. Die Trainer in dem Institut waren oft sehr grob mit ihm umgegangen. Über 20 Jahre hat er seinen Dienst in der Weiterbildung getan. Und irgendwie wird er nun den Gedanken nicht los, dass die Maßnahmen unterm Strich umsonst waren.

Vor seinem geistigen Auge taucht der verzweifelte Geschäftsführer auf, der wie Monty Burns von den Simpsons aussah. Trotz zahlreicher Trainings und Coachings konnte er einfach nicht aus seiner Haut. Und dann war da der arme Alfred Kruttok, der quasi totgeschult wurde. Ihm ist schwer ums Herz. Und wie oft er diesen Satz bei Folgetrainings hörte: »Ich hatte keine Zeit für die Umsetzung der Inhalte.« Die übliche Ausrede, um bloß nicht die Komfortzone verlassen zu müssen. Und die Vorgesetzten unterstützten das Gebahren wie Co-Abhängige. Sie schwörten auf Selbstverantwortung. Aus Zeitmangel und Konfliktscheu. Vergeblich. Von Nachhaltigkeit keine Spur.

Und überhaupt. Hier stank es bestialisch. Dagegen rochen die Füße seines letzten Chefs wie ein Dufttannenbaum. Er hatte viel erlebt. War immer dabei gewesen. Auch bei dem groß angelegten Führungskräfteentwicklungsprogramm, bei dem von vornherein klar war, dass es langfristig gar keine Stellen geben würde. Karriere wurde trotzdem suggeriert. Am Ende stand Frust und die High Potentials gingen. Oder dieser Manager Dr. Moser. Oberste Priorität hatte das Programm gehabt und sollte die Firma verändern. Mit großem Brimborium gestartet, versandete es bald. Oh – das hatte er schon fast vergessen. Dieses hübsche Wellness-Hotel an der Ostsee. Es war ein Incentive-Seminar mit Kopfweh-Garantie. Einziges Ziel: Mitarbeiter bei Laune halten. Und – so wollte es der glückliche Zufall – das Budget musste auch weg. Tagsüber saßen die Teilnehmer mit glasigen Augen im Seminarraum. Trotz einer Doppeldosis Aspirin. Eins von den 30 Bierchen gestern Abend war wohl schlecht.

Wie lange würde es noch dauern, bis es zu Ende war? Diese Warterei. Er blickt um sich. Dunkle Wände türmen sich um ihn herum auf. »Fast 20 Jahre im Dienst der Weiterbildung«, sinniert er, als sich plötzlich ein paar Greifarme in das mürbe Material graben und den Moderatorenkoffer aus dem Müllbunker direkt in den Einfülltrichter befördern. Ihm wird heiß. Und er sieht das viel zitierte helle, aber nicht blendende Licht am Ende des Tunnels. Es strahlt Wärme aus. Genauer gesagt 1000 Grad Celsius. Es kommt aus dem heißen Feuerraum der Müllverbrennungsanlage. Eine letzte schmerzliche Erkenntnis durchzuckt die Seele des Moderatorenkoffers: Irgendwie hat sein Leben keinen Sinn gemacht – alle Weiterbildung war rausgeschmissenes Geld.

Einleitung

Das große Geschäft mit der Weiterbildung

»Jahrelang kämpft man darum, dass die Firmen Geld in die Weiterbildung investieren und etwas für die Qualifizierung ihrer Mitarbeiter tun, und jetzt schreiben Sie ein Buch, dass das alles nichts bringt!« Mir schlägt blanke Empörung vonseiten der Personalentwicklungsleiterin entgegen. »Wir haben derart viel Aufklärungsarbeit geleistet. Natürlich denke ich, dass das was bringt. Bei so einem Buch mache ich nicht mit – auch wenn ich weiß, dass es solche Sachen gibt.« Und weil sie so aufgebracht ist, gibt sie mir noch einen guten Tipp auf meinen Lebensweg mit: Wenn ich den Glauben an den Nutzen von Weiterbildung verloren hätte, solle ich Bildhauer werden.

Glaube ist das richtige Stichwort. Der Geschäftsführer eines großen mittelständischen Unternehmens sagte einmal zu mir: »Entweder man glaubt an Weiterbildung oder man lässt es sein.« Hierzulande hat man einen starken Glauben. Gut 84 Prozent aller Firmen in Deutschland investieren in die Weiterbildung ihrer Mitarbeiter. Das ergab die aktuelle 5. Weiterbildungserhebung des Instituts der deutschen Wirtschaft in Köln (IW Köln) im Jahr 2005. Hochgerechnet gaben Unternehmen im Jahr 2004 rund 26,8 Milliarden Euro für Seminare und Coachings aus.[1] Nicht berücksichtigt sind die Kosten für interne Stellen, die sich um Training und Personalentwicklung kümmern. Bei der Weiterbildung geht es also um sehr hohe Summen. Hinzu kommen all die Branchen, die im Gefolge dieser Maßnahmen kräftig verdienen, wie Fachzeitschriften, Verlage, Hersteller von Trainingsmaterialien, Copy-Shops oder Hotels.

Doch der Aufwand, der diesbezüglich in Unternehmen betrieben wird, ist Politik und Gewerkschaften noch nicht genug. In einem Zeitungsartikel sagte DGB-Chef Michael Sommer: »Das wirkliche Problem sind bildungsunwillige Unternehmen.«[2] Und die Vorsitzende des Bildungsausschusses im Bundestag, Ulla Burchardt (SPD), erklärte, die Wirtschaft drücke sich vor ihrer eigenen Pflicht zur Qualifizierung. Sie sei eine vernachlässigte Aufgabe der Arbeitgeber.[3] Und auch die Bundesagentur für Arbeit meldete sich zu Wort. Berufliche Weiterbildung sei in den Unternehmen nicht ausreichend. Es seien nur 50 Tage im gesamten Berufsleben, die ein Beschäftigter in Deutschland durchschnittlich für Weiterbildung aufwende, so Vorstandsmitglied Raimund Becker.[4] Die Bundesagentur unterstützt die Weiterbildung in den Betrieben mit insgesamt 200 Millionen Euro.[5]

Schaut man jedoch hinter die Kulissen, dann wird sehr schnell offensichtlich, dass das Geld für Weiterbildung in Wirklichkeit rausgeschmissen ist. Die Maßnahmen verdampfen wie Tropfen auf einer heißen Herdplatte. Im Laufe meiner langjährigen Tätigkeit als firmeninterner und externer Trainer verdichtete sich diese Erkenntnis immer mehr. Im Zuge meiner Recherchen stellte ich mit Überraschung fest, dass sie bei Trainern und Personalentwicklern ein offenes Geheimnis ist. Natürlich mögen die Befragten ihre Erfahrungen und Meinungen nicht gern an die große Glocke hängen. Deshalb wollen und werden sie in diesem Buch anonym bleiben. Die Angst vor negativen Konsequenzen wie Image-, Auftrags- oder gar Stellenverlust, ist groß. Nicht unberechtigt, wenn man bedenkt, dass in Unternehmen immer wieder die Frage laut wird, warum es überhaupt einen internen Trainer oder Personalentwickler gibt und ob man dessen Stelle nicht streichen könnte. Gerade in Zeiten knapper Kassen fällt die Weiterbildung nur zu gern dem Rotstift zum Opfer. Warum eigentlich, wenn man so an deren Nutzen glaubt?

Weshalb bisher noch keiner den Mythos Weiterbildung enttarnt hat, liegt in der schlichten Angewohnheit des Menschen begründet, dass er seinen Lebensunterhalt verdienen möchte. Tausende Trainer in Deutschland beziehen ihre Einkünfte aus Vorträgen, Seminaren und Coachings. Wie viele genau lässt sich derzeit nicht sagen. Die Schätzungen reichen von 5000 bis 120000, so der Dachverband der Weiterbildungsorganisationen e.V. (DVWO). Das liege auch daran, dass es keine trennscharfe Unterscheidung der Begriffe Trainer, Berater, Coach, Kursleiter und Dozent gebe.[6] Deshalb wollen das Deutsche Institut für Erwachsenenbildung (DIE) und das Bundesinstitut für Berufsbildung (BIBB) in Zusammenarbeit mit dem Institut für Entwicklungsplanung und Strukturforschung (IES) mit einer konkreten Anbieteranalyse nun Licht ins Dunkel bringen. Finanziert wird die Untersuchung vom Bundesministerium für Bildung und Forschung (BMBF).[7] Wie viele Trainer es nun auch sein mögen – wer gut im Geschäft ist, kann sich damit sein Haus, sein Auto und sein Boot finanzieren. Und übrigens: Während ich diese Zeilen schreibe, verdiene ich mein Geld auch als Trainer. Würde mein Arbeitgeber von diesen Zeilen erfahren, würde er mich standrechtlich kündigen und fristlos zur Therapie schicken. Deshalb hat meine Frau lange mit mir diskutiert, ob ich als treu sorgender Familienvater und alleiniger Brötchenverdiener nicht lieber ein harmloses Buch über »Lernfreude« schreiben möchte. Doch ich ließ mich nicht bekehren, und sie begann Notpläne zu schmieden, wie sie in Zukunft das Geld für die Familie verdienen könnte. Und ich kenne nun auch ganz genau meine Aufgaben als künftiger Hausmann.

Trainer: Die Bluffer und Blender des Weiterbildungserfolgs

Früher war die Welt für Personalentwickler und Trainer noch in Ordnung. Im *Trainerguide 07/08* schreibt Jürgen Graf vom Verlag managerSeminare: »Die Zeiten sind vorbei, in denen betriebliche Weiterbildung ergebnisoffen betrieben werden konnte, weil man davon ausging, dass sie per se eine gute Sache sei.«[8] Mehr denn je sind die Macher von Qualifizierungen gefordert nachzuweisen, dass betriebliche Maßnahmen dieser Art einen Wertschöpfungsbeitrag für das Unternehmen bieten. Und wie sagt es bereits das Sprichwort: Glaube keiner Statistik, die du nicht selbst gefälscht hast. Betrachtet man die Weiterbildungslandschaft, dann entscheidet nur ein Kriterium über Sieg und Niederlage – sprich den Nutzen einer Veranstaltung: der Seminarrückmeldebogen.

Trainer-Profis beherrschen die Klaviatur, wie man positive Bewertungen und damit den Seminarerfolg manipulieren kann. »Natürlich weiß ich, wie ich am Ende eines Seminars noch mal so die Stimmung herumreiße, dass die mir hinterher auf dem Beurteilungsbogen gute Noten geben«, erklärte mir jüngst ein Trainerkollege. »Am besten sind praxisorientierte, unterhaltsame Übungen.« Ein Tabu sei, zu konfrontativ zu sein und sich im Dienste eines Lernziels mit einem einzelnen Teilnehmer oder der ganzen Gruppe anzulegen. Ein Personalentwickler aus dem medizintechnischen Bereich bestätigte mir auch frank und frei: »Die Leute können vom Trainer absolut begeistert sein – mit Trainingserfolg hat das nichts zu tun.« Er hatte mal einen charismatischen Seminarleiter, der am Rande des offiziellen Themas Aktientipps zum Besten gab. Die Teilnehmer fanden es klasse zu erfahren, wie man reich wird.

Wer als Trainer Geld verdienen möchte, braucht exzellente Selbstdarstellungsfähigkeiten. So ein Trainer begeistert die Teilnehmer durch Witz und Kompetenz. Und wenn er sich mediengewandt verhält und ein paar Bücher schreibt, um seine Kernkompetenz zu beweisen, dann stehen den dicken Geschäften Tür und Tor auf. Die Voraussetzung ist, dass er auf breiter Basis bekannt ist und ganze Hallen mit Zuhörern füllen kann. Mit Weiterbildungserfolg hat das nichts zu tun. Die Referentenagentur Speakers Excellence unterscheidet sieben Marktpositionen von Trainern, wie ich im Rahmen eines Vortrags erfuhr. Da gibt es den *Halb-Profi* mit 700 bis 800 Euro Tagessatz, den *Profi-Trainer* mit 1500 Euro und den *Profi-Speaker* mit verschiedenen Themen, der für 3000 Euro pro Tag seine Dienste anbietet. Hinzu kommen der *Profi-Speaker mit einem Kern-Thema* und 5000 Euro Tagessalär sowie die *Marke* mit 8000 bis 10000 Euro. Ganz oben ist die Creme de la Creme: Der *Global Superstar* kann 25000 Euro Tagessatz verlangen und der *Guru* mit weltweiter Medienpräsenz und Bekanntheit sogar 50000 Euro.

Trainer wollen Geld verdienen. Sie lieben schnöden Mammon. Sie schauen gern stundenlang auf ihre Kontoauszüge und kokettieren mit den Summen, die da fließen, wenn sie nur einen gefunden haben, der bereit ist, ihnen so viel Bares zu überweisen. Ein BMW Roadster oder ein Mercedes SLK kosten einfach viel Geld. Dass Trainer gut gepolsterte Konten haben, macht bereits an der Universität die Runde. Ich weiß noch, wie ich zusammen mit meinen Kommilitonen im Hörsaal andächtig den Ausführungen von Arbeits- und Organisationspsychologen lauschte und immer wieder diese verheißungsvolle Botschaft durch die Räume kreiste: »Werde Trainer. Da kriegst du eine Menge Kohle. An einem Tag so viel verdienen wie eine Arzthelferin in einem Monat.«

In diesem Zusammenhang ist es besonders spannend, wenn Trainer unter sich sind. Dann fangen sie an, sich gegenseitig darin zu überbieten, wie sie ihren Kunden glaubhaft gemacht haben, dass sie so viel »Schotter« wert sind. Am Stammtisch der Profilneurosen gibt es kaum einen, der sich an dieser Stelle bloßstellt. Vielleicht versinkt er insgeheim in Ehrfurcht, aber offiziell hält er tapfer mit, um zu suggerieren, dass auch er zu den Großen der Branche gehört. Denn mal ehrlich: Wer spricht schon mit Verlierern, die Einnahmen auf Bildungsträger- oder Volkshochschul-Niveau zu verzeichnen haben. In den Staub, ihr armen untalentierten Hungerleider!

Und wahrscheinlich haben sie recht. Ein Psychologe ist selbst schuld, wenn er Therapeut wird. Er muss sich nicht nur mit ärgerlichen Neurosen und Psychosen herumschlagen, sondern bekommt dafür auch nur wenig Schmerzensgeld. Als Coach sieht die Welt ganz anders aus – obwohl die Arbeit sich nicht groß unterscheidet. Genauso überraschend sind die Honorare für Dozenten an Physiotherapie-, Krankenpflege- oder Logopädieschulen, bei Bildungsträgern oder im Krankenhaus. Sie führen, wie die Trainerkollegen in der Wirtschaft, Kommunikationstrainings durch – bloß dass die ganze Arbeit und die eigene Qualifikation plötzlich nur noch einen Appel und ein Ei wert sind. Und das nur, weil man da nicht Trainer, sondern eben Dozent oder Lehrer heißt. Manchmal ist es sogar ein und derselbe Trainer, der aufgrund der Auftragslage in beiden Welten wirkt. Einmal für 35 Euro die Stunde, ein andermal für 80 Euro oder mehr. Berufsanfänger glauben, dass die gut bezahlten Trainer irgendwelche geheimen Wunderkonzepte und Super-Handouts in der Schublade haben. Mit zunehmender Erfahrung merken sie jedoch, dass »alle nur mit Wasser kochen«. Jeder vermittelt Kommunikationswissen in Rollenspielen und mit Übungen, die man überall nachlesen kann oder die man von Trainerkollegen »ausgeliehen« hat.

Ein Klassiker ist das Kommunikationsthema, wie man konstruktives, wertschätzendes Feedback gibt. So lernt die Krankenschwester, mit einem Jahresgehalt von 25 000 Euro[9], wertneutral und in sogenannten Ich-Botschaften zu sagen: »Herr Meier, ich möchte gerne etwas mit Ihnen besprechen. Ich habe beobachtet, dass Sie viermal Ihren Nachttopf versteckt haben …« Der normale Bürger würde stattdessen mit einem Wutausbruch reagieren und sagen: »Herr Meier, jetzt habe ich aber die Schnauze voll. Sie haben jetzt schon viermal den Nachttopf versteckt. Wenn das noch mal passiert, setze ich Ihnen diesen auf den Kopf. Mit Inhalt.« Genauso lernt die 70 000-Euro-Führungskraft, mit ihrem Mitarbeiter in Ich-Botschaften zu sprechen. »Herr Schuster, ich möchte gerne etwas mit Ihnen besprechen. Ich habe beobachtet, dass Sie die vergangenen Abende noch lange nach Dienstschluss am Kopierer standen und Ihre Vereinszeitschrift kopiert haben. Ist das richtig?« Der untrainierte Chef würde in die bösartige Falle laufen und sagen: »Herr Schuster, wenn ich Sie noch einmal beim Kopieren Ihrer Vereinszeitung erwische, dann brennt hier die Luft.«

Die Höhe des Bankkontos hängt auch sehr davon ab, ob man gute und viele Kontakte zu zahlungskräftigen und namhaften Firmen hat. Mit dieser Basis kommt Geld in die Kasse und man kann seine Referenzliste schmücken. Plötzlich gilt man als Top-Trainer, der sein Geld wert ist. Wer Geschäftsführer und Vorstände sogar persönlich kennt, hat den Jackpot geknackt. Denn hier spielt Geld plötzlich kaum eine Rolle mehr – ganz im Vergleich zu den niederen Abteilungen, besonders Personal- oder Einkaufsabteilungen, die um jeden Euro feilschen.

Und noch eine interessante Erfahrung habe ich in den vergangenen Jahren meines Trainerdaseins gemacht. Ich nenne es die Fähigkeit, »kongruent zu lügen«. Das heißt, sehr stimmig und überzeugend seine Kompetenz beim Kunden darzustellen, obwohl man noch nie etwas zum Thema gemacht hat oder gerade mal den Wissensvorsprung einer Buchlektüre hat. Genauso gerne werden namhafte Firmen als Referenzkunden ins Feld geführt, die symbolisieren sollen: »Schau, lieber Kunde, wenn mich diese Markenfirma kauft, dann muss ich gut sein.« In der Regel geht die Rechnung auf und keiner fragt detailliert nach oder ruft die genannten Kunden auch an. Sonst würde sich mancher Nimbus in Luft auflösen.

Und so lehrt uns die Realität des Alltags: Teuer oder kostengünstig, Experte oder Newcomer, namhafte Referenzen oder nicht, seitenweise Qualifikationsnachweise oder kaum Zertifikate – all das ist am Ende des Tages keine Garantie für die Güte eines Trainers. Es sagt höchstens etwas über seine Vermarktungsfähigkeit aus. Mit anderen Worten: In der Trainerbranche sind Blender und Bluffer gefragt, die durch die Seriosität ihres Auftritts und Konzepts höchst authentisch gefühlten Nutzen verkaufen. Die Meister unter ihnen werden ansehnlich honoriert. Gelungene Teilnehmerbeeinflussung hat halt ihren Preis. Und wenn ein »Guru« ins Haus kommt, dann kostet das natürlich deutlich mehr als ein »No-Name-Trainer«. Aber der Kometenschweif der Kompetenz verspricht ungeahnten Bildungserfolg.

Kampf um Daseinsberechtigung: Sozialromantiker auf Selbstvermarktungspfaden

Aber nicht nur Trainer wollen Geld verdienen. Die Personalentwickler in den Unternehmen natürlich auch. Bedauerlicherweise leiden sie unter dem Ruf, verklärte Sozialromantiker zu sein, sodass deren Daseinsberechtigung ständig auf der Kippe steht. »Wir kämpfen täglich ums Überleben und versuchen, Selbstmarketing zu machen«, sagte mir die Personalentwicklerin aus einem IT-Unternehmen. Denn immer wenn es um die Gewinne des Unternehmens nicht so gut stehe, werde Mitarbeiterqualifizierung eingeschränkt oder abgebaut. Auch der Personalleiter einer Versicherung weiß: »In Sparzeiten wird Weiterbildung gekappt, da nicht sicher ist, ob der Mitteleinsatz einen Return on Investment bringt.«

Deshalb entfalten die Personalentwicklungsabteilungen in großen Unternehmen ein merkwürdiges Eigenleben. Der Personal- und Organisationsentwickler aus einem großen Unternehmen der Informations- und Kommunikationstechnologie verriet mir: »Man muss dafür sorgen, dass neue Programme entwickelt werden, und diese dann der Geschäftsleitung verkaufen. Der Bedarf der Geschäftsleitung ist nicht immer unbedingt da. Man stößt viel aus Eigeninteresse an und nicht im Geschäftsinteresse.« So war ein Fortbildungsprogramm für Projektmanager deshalb in Gang gekommen, weil die Personalentwicklungsabteilung einen Bedarf aus einzelnen Äußerungen ableitete. Einige Projektleiter fühlten sich überfordert und wünschten sich daher ein Coaching. Dieses Wort sei für Personalentwickler positiv besetzt. Kurzerhand wurden für eine solche Veranstaltung Leute angesprochen und gewonnen. »Wenn man alles richtig macht, kommen neu kreierte Angebote gut an und bringen eine erhöhte Akzeptanz für die

Personalentwicklung und wiederum eine Bestätigung für deren Daseinsberechtigung«, erklärte mir der promovierte Physiker mit hinreißendem Grinsen.

Diese Tricks kennt auch der Bereichsleiter Personalentwicklung eines Unternehmens für Anlagenbau. »Besonders in großen Konzernen wird viel für die Galerie gemacht. Man muss schon immer wieder eine Sichtbarkeit zeigen und sich mit Projekten gut verkaufen.« Die Rolle der Personalentwicklung und die Frage, wie deren Mitarbeiter sich im Unternehmen besser vermarkten und positionieren können, ist ein viel diskutiertes Thema. Auch in der Fachpresse. Im Jahr 2004 erschien ein Artikel in *managerSeminare*, der mit den Worten startete: »Zunehmende Dynamik, wachsende Internationalisierung, permanenter Wandel – die Herausforderungen, die Unternehmen in Zukunft bewältigen müssen, bilden für Personalentwickler eine große Chance: Sie können endlich raus aus der Verwaltungsecke und zum Strategiepartner des Top-Managements werden.«[10] Ein Hoffnungsschimmer für die geschundene Spezies der Personalentwickler. Wie Verdurstende nach Wasser lechzen sie nach Einfluss und Aufwertung der eigenen Arbeit. So ist auch die Forderung erklärlich, dass Personalentwicklung (PE) direkt unterhalb der ersten Ebene als leitende Stabsabteilung etabliert werden müsse. Der amerikanische Trainingsverband ASTD mit 70 000 Mitgliedern in 100 Ländern spricht sich sogar für die Schaffung eines neuen Vorstandspostens, den Chief Learning Officer (CLO), aus.[6] Das würde der Trainerszene Aufträge sichern.

Der sonst so menschenfreundlich orientierte Personalentwickler mutiert in diesen Zeiten zu einer bösen, drahtigen Kampfmaschine, um die Gunst der Geschäftsführung zu gewinnen. Eine Personalentwicklerin aus der Finanzdienstleistungsbranche berichtete mir, dass sich die Kollegen darüber streiten, wer den Bericht für den Vorstand schreibt und wessen Name darunter steht. Dieses merkwürdige Treiben erwachsener Menschen mutet noch seltsamer an, wenn man dem Wort »Personalentwicklung« auf den Grund geht. Allein durch diesen Begriff wird schon deutlich, warum Weiterbildung nicht funktioniert. Im Kern bedeutet er doch, dass dem Mitarbeiter etwas fehlt und er deshalb entwickelt werden muss. Irgendjemand kommt daher und meint zu wissen, was die Person braucht: Ein Geschäftsführer, der eigene Chef, ein Human-Resources-Manager, ein Personalentwickler, ein Weiterbildungsträger, ein Trainer, ein Consultant oder eine Fachzeitschrift. Und warum meinen sie das? Sie wollen alle mehr verkaufen. Und sie sind überzeugt, dass man eine Person mit Systematik und Zielorientierung in eine ganz bestimmte und gewollte Richtung entwickeln kann, damit das Unternehmen am Markt überlebt beziehungsweise profitabler wird.

Das Paradoxe an dem Begriff Personalentwicklung ist also, dass er suggeriert, man könne von außen daherkommen und beliebig das entwickeln, was gerade gebraucht wird. Firmen erwarten menschliche Chamäleons, die sich zurechtbiegen lassen wie Lakritzestangen. Und so sieht dann auch die Praxis aus. Da wird entwickelt, bis der Therapeut kommt. Firmen brauchen ständig den passgenauen Mitarbeiter. Gestern warst du noch Bäcker und heute reparierst du den Ofen. Und falls es dir nicht passt, dann doktern wir so lange an deiner Einstellung herum, bis du glaubst, es war deine Idee. Die Ideale der Personalentwicklung lauten: Man kann alles lernen, wenn man nur den nötigen Willen und die Durchhaltekraft besitzt. Das erinnert uns an die ProSieben-Bauarbeiterserie *Was nicht passt, wird passend gemacht*[11]. Die Tools der Personalentwicklung versprechen »Heilung«. Für jeden. Doch in Wirklichkeit hat es kein Mensch in der Hand, ob sich andere verändern. Und da liegt der Denkfehler beim Begriff »Personalentwicklung«. Folglich hat er einen Ehrenplatz in der Hall of Shame der Unworte verdient. Gleich neben dem Wort »Humankapital«.

Und so bleibt am Ende nur eines zu konstatieren: Trainer und Personalentwickler eint der Kampf um eigene Aufträge und Arbeitsplätze. Beide müssen eine gute Selbstdarstellungsfähigkeit haben und gefühlten Nutzen verkaufen. Und wenn dem Personalentwickler nichts mehr einfällt, kann er sicher sein, dass ein cleverer externer Trainer ihn mit Ideen anfüttert, wie er im Unternehmen wieder Oberwasser bekommt. Nur dieser freundlichen Koexistenz ist zu verdanken, dass in jüngerer Zeit »Trainieren mit Tieren« zum Trendthema avancierte. Wölfe beobachten, Pferde führen, Walen über die nasse Schulter schauen, bald auch mit den Kängurus hüpfen oder sich ein Beispiel an der Veränderungsfähigkeit von Amöben nehmen – tierische Seminarkonzepte von schlauen Trainern finden ihre Abnehmer.[12] Das liegt am Drang und Druck der Personalentwickler, ständig Neues zu bieten. Gefragt sind immer neue Settings und Lernformen – möglichst immer ein neuer Kick und viel Entertainment. Ein anderer aktueller Coup von Weiterbildungsanbietern ist der Hype um Bildungscontrolling, auf den ich in Kapitel 9 näher eingehen werde. An dieser Stelle nur so viel: Im Sog von Bildungscontrolling macht das Wort vom Business Case die Runde. Für diejenigen, die nicht BWL studiert haben: In einem Business Case werden Annahmen über die Kosten eines Projekts und die damit zu erwartenden Erträge getroffen. Und auch hierbei kommt es nur auf eines an: rhetorische Begabung, um mit soliden Nutzenargumentationen überzeugen zu können.

Der Inhalt des Buches

Liebe Leserin und lieber Leser, wenn Sie nicht die Augen verschließen wollen, dann lesen Sie nach dieser kurzen Einführung weiter und erfahren im Detail, warum Weiterbildung unterm Strich nichts bringt. Natürlich sind alle genannten Ursachen in den folgenden Kapiteln nicht immer in allen Firmen und bei allen Teilnehmern gleichermaßen gültig. Vielmehr geht es um die Summe der Faktoren.

In Teil I wird Ihnen deutlich werden, dass Mitarbeiter – und darin schließe ich auch Führungskräfte eines Unternehmens ein – durch betriebliche Weiterbildung nicht aus ihrer persönlichkeitsbedingten Haut herauskommen oder die natürlichen Grenzen eigener Anlagen überwinden können. Außerdem werden Sie feststellen, dass die Mitarbeiter in Unternehmen angesichts vieler anderer Prioritäten im Arbeitsalltag nicht die nötige Disziplin und Einsatzfreude mitbringen, die gelungene Veränderung und Lernen erfordern. Es läuft ja auch so.

In Teil II erfahren Sie, dass sich die direkten Vorgesetzten aus Zeitgründen nicht um ihre Mitarbeiter kümmern. Der genaue Bedarf für Weiterbildung wird nicht erfasst, niemand wird auf eine Maßnahme vorbereitet. Und wenn er vom Seminar zurückkehrt, fehlt jegliches Interesse an einer nachhaltigen Umsetzung. Sie lesen aber auch etwas über konfliktscheue Führungskräfte, die Weiterbildung missbrauchen, weil sie sich nicht mit ihren Mitarbeiter auseinandersetzen wollen oder können. Nicht zu vergessen ist das Top-Management. Es lebt nicht vor, was Personalentwicklungsprogramme von den Mitarbeitern fordern. Außerdem verpulvern sie durch ihre Taten und Entscheidungen das Weiterbildungsgeld wie Feuerwerkskörper zu Silvester.

Und wenn Sie noch den Mut für Teil III haben, wird Ihnen deutlich, wie die Gruppendynamik in Teams dazu beiträgt, dass neue Verhaltensweisen überhaupt keine Chance haben. Nicht zuletzt, weil die Chefs tatenlos zuschauen. Und weil die Rahmenbedingungen den Weiterbildungserfolg ausmachen, komme ich schließlich auch wieder auf die Unternehmensleitung und die Personalentwicklung zu sprechen, die Weiterbildung mit der Gießkanne zulassen oder Konzepte fernab der Realität im Elfenbeinturm kreieren. Wer dann immer noch an eine systematische Weiterbildung glaubt, bei der mittels Bildungscontrolling der Nutzen nachweisbar und in Zahlen rechenbar ist, wird eines Besseren belehrt. Die Evaluationsforschung macht deutlich, dass der Aufwand der Messbarmachung im Alltag überhaupt nicht realistisch ist – und selbst wenn es jemand tun würde, so wäre es auch witzlos. Denn jeder Universitätsprofessor der Sozialwissenschaften weiß: Die Ergebnisse einer Studie sind nur eine Frage von Aufwand, Geldmitteln und Versuchsaufbau.

Falls Sie zu zart besaitet sind, können Sie das Buch jetzt noch zuklappen, aber dann werden Sie niemals – ich betone: n-i-e-m-a-l-s – die Wahrheit lesen. Das steht Ihnen natürlich frei.

Teil I

Die Mitarbeiter

Kapitel 1

Stabile Persönlichkeit

Wir können nicht aus unserer Haut

»Das ist der absolute Wahnsinn, ich bekomme es einfach nicht weg.« Mir gegenüber saß zusammengesunken der Geschäftsführer eines mittelständischen Logistik-Unternehmens. Verzweiflung trat aus den Augen des Mannes, der ein bisschen wie Monty Burns aussah, der kaltschnäuzige Besitzer des Atomkraftwerkes in der Zeichentrickserie *Die Simpsons*. Sein Ruf war nicht weniger schlecht. Er war gefürchtet für seine emotionalen Ausbrüche und berüchtigt für seine ruppige Art, wenn er nicht bekam, was er sich vorstellte. Wenn jemand auf dem Weg zu einer Besprechung mit ihm war, begleiteten ihn mitleidige Blicke wie beim Gang zum Schafott. Jeder wusste, dass der Kollege beim Meinungsaustausch so lange durch die Mangel gedreht wurde, bis er mit der Meinung des Geschäftsführers herauskam. Solch ein rhetorisches Martyrium konnte Stunden dauern. Bis weit nach Dienstschluss. Und nicht nur das: Einige wichtige Change-Projekte waren aufgrund seiner Art nicht erfolgreich verlaufen, weil die Akzeptanz fehlte. Der Firmenboss war – um es kurz zu sagen – in den Augen seiner Umwelt ein Monster. Und der Betriebsrat bekämpfte ihn bis aufs Messer. Man warf ihm vor, er sei der Untergang für das Unternehmen.

Was aber nur wenige wussten war, dass der Geschäftsführer unter seiner Art sehr litt. Mit Resignation in der Stimme erzählte mir der Sohn einer Unternehmerfamilie: »Wissen Sie, wie viele

Trainings und Coachings ich schon hinter mir habe? Ich habe mich komplett durchanalysiert. Ich weiß genau, warum ich so bin, wie ich bin, und wann welcher Film bei mir abläuft. Ich versuche immer wieder, es anders zu machen. Aber ich kann einfach nicht aus meiner Haut.«

Verständlich. Er ist ja keine Schlange. Die bekommt irgendwann trübe Augen und streift an irgendwelchen Baumstämmen ihre alte Haut ab. Aber wir Menschen können das mit unserer Persönlichkeit nicht tun. Wir sind damit zu sehr verwachsen. Unser Charakter resultiert aus Veranlagung, frühkindlichen Prägungen und wichtigen Lebenserfahrungen. Er ist ein filigranes System von Werten und Überzeugungen und spiegelt sich in unserer Wortwahl, Mimik, Stimme und unserem Körperausdruck wider. So erleben wir den einen als agilen, dominanten Marketingleiter oder den anderen als mausgrauen Sachbearbeiter in der Finanzbuchhaltung. Und jeder, wie er ist, hat für sich die Persönlichkeit ausgebildet, mit der er gelernt hat, am besten durch das Leben zu kommen. Die Hirnforschung hat nachgewiesen, dass sich unsere Erfahrungen, unser Denken und unsere Gewohnheiten auf neuronaler Ebene manifestieren. Deshalb lassen sich derartige »Programmierungen« auch nicht so leicht wieder auflösen. Kurzum, der Mensch als Persönlichkeit ist ein sehr stabiles System. Daher ist jeder Veränderungsprozess im besten Fall Millimeterarbeit. Doch in der Praxis wird diese Erkenntnis missachtet. Da übernimmt der mausgraue Sachbearbeiter die Führung des Kreditorenteams, obwohl er besser über Zahlen als mit Menschen reden kann. Und ein Programm zur Führungskräfteentwicklung soll es richten. Aber die menschliche Psyche lässt sich nicht beliebig frisieren, manipulieren oder umstrukturieren – es sei denn, Sie sind eine androide Lebensform wie Data, Crewmitglied der Enterprise aus *Star Trek, The Next Generation*. Und das Schlimmste ist – am Ende leiden alle unter der versuchten Gehirnwäsche.

Erblast aus früheren Tagen:
Mit dem Klammerbeutel gepudert

Immer wieder wird versucht, aus Menschen etwas zu machen, was sie nicht sind. So geschehen bei einer Mitarbeiterin, 28 Jahre. Sie war der eben erwähnte Typ Mäuschen und lebte zurückgezogen in ihrem Loch, sprich an ihrem Schreibtisch hinten links in der Finanzbuchhaltung. Die spindeldürre Dame mit dem Kurzhaarschnitt hatte sich durch ihre Emsigkeit im Kreditorenbereich hervorgetan. Sie war ein »fleißiges Bienchen«. Ruhig und nett. Sie war so unscheinbar, dass dem Chef nicht auffiel, dass sie ständig Überstunden anhäufte, um einen guten Job zu machen. Als es einmal offensichtlich wurde, waren es fast 500. Eines Tages hatte ihr Abteilungsleiter eine gute Idee: Aufgrund ihrer fachlichen Kompetenz beförderte er sie zur Gruppenleiterin. Sie war fortan für die sechs Debitorenmitarbeiterinnen verantwortlich. Sie war hocherfreut, aber noch unsicher angesichts dieser Herausforderung. Deshalb bekam sie eine zweitägige Fortbildung mit dem Titel »Gestern Kollege, heute Chef«. Danach arbeitete sie weiter wie ein Berserker. Die Kollegen im Team beklagten zunehmend, dass sie ihre Führungsaufgabe nicht wahrnahm. Das führte naturgemäß zu Konflikten zwischen ihr und dem Team. Sie sah es als konzertierte Aktion einer speziellen Kollegin an, die auf ihren Job erpicht sei. Sie verstand nicht, was kritisiert wurde. Sie wollte doch keinem etwas Böses. Als jüngstes von drei Geschwistern hatte sie gelernt, zurückhaltend und nicht fordernd zu sein. Mittlerweile hatte sie einen neuen Chef, der seine Erwartungen von Ownership, Durchsetzungsfähigkeit und Selbstständigkeit klarer adressierte als der alte Chef. Sie verstand es nicht, sondern rief nach weiteren Führungstrainings. Dabei hatte sie mittlerweile ein weiteres Programm absolviert und erhielt angesichts ihrer Führungsschwäche ein Einzelcoaching. Dort traf ich sie. Sie fand es ungerecht, was mit ihr geschah. Und Gerechtigkeit wurde in ihrer Familie großgeschrieben. Sie hatte das Gefühl, alle seien gegen sie. Sie meinte, alles zu geben. Und sämtliche Versuche, ihr in Zusammenarbeit mit ihrem Chef aufzuzeigen, was die Führungsrolle von ihr erforderte, endeten in der Sackgasse. Da sich die Dame seit einiger Zeit auch im Betriebsrat engagierte, traute sich niemand, das Wort gegen sie zu erheben – zumal sie dies als Angriff gegen ihre wichtige Betriebsratsarbeit werten würde. Das Ende vom Lied war nach etwa zwei Jahren eine geschickt eingefädelte interne Umstrukturierung in der Abteilung, bei der die nunmehr 30-Jährige eine Spezialistenfunktion bekam und ihrer Führungsrolle enthoben wurde. Böse Gemüter hofften, dass sie sich möglichst schnell in die Mutterrolle verabschieden möge.

Solche Entwicklungen habe ich oft erlebt. Einen Gefallen tut man damit keinem. Verschiedene psychologische Ansätze erklären, warum solche Personalentwicklungsmaßnahmen zum Scheitern verurteilt sind. So beschreibt die in den 1950er Jahren begründete Transaktionsanalyse[13] recht gut, wie sich unsere Kindheitserfahrungen bis ins hohe Erwachsenenalter auswirken. Es ist also etwas Wahres an dem Sprichwort: »Du bist als Kind wohl mit dem Klammerbeutel gepudert worden.«

Der Begründer der Transaktionsanalyse, der amerikanische Arzt und Psychiater Eric Berne, beschreibt in seinem Ansatz[14], dass wir in den ersten fünf Lebensjahren am stärksten für unser Leben geprägt werden. Wir erleben das Vorbild unserer Eltern, hören Sätze und Regeln, speichern alles unreflektiert ab und wundern uns Jahrzehnte später, was uns innerlich reitet. Eine Freundin unserer Familie berichtete, ihr Vater habe daheim ein strenges Regiment geführt. Eine eherne Regel lautete: Es darf im ganzen Haus nur ein einziges offenes Paket Papiertaschentücher herumliegen. Und wenn dann doch mal ein zweites oder gar drittes Paket sichtbar wurde, wackelte bei seinem Wutausbruch der Schornstein. Sie selbst bekommt heute noch feuchte Augen, wenn sie mehr als ein Paket offen herumliegen sieht. Oft kennen wir gar nicht bewusst die Hintergründe und Zusammenhänge, die uns als Erwachsene auf bestimmte Weise denken und fühlen lassen. Manche ursprünglich sinnvollen Regeln sind sogar längst überholt. Genauso prägen uns nach Berne bestimmte Erlebnisse und Erfahrungen, die wir als Kind machen. Als kleiner Junge beobachtete ich, wie sich meine Eltern davon gestört fühlten, wenn jemand aus dem Verwandten- und Freundeskreis anrief. Sagte ich Freundeskreis? Sie hatten in Wirklichkeit keine Freunde, weil sie keine Kontakte pflegten. Smalltalk nervte meinen Vater. Er sagte: »Da wird nur der Kümmel aus dem Käse gequatscht.« Bis heute hängt mir nach, dass ich fürchte, Bekannte und Freunde zu stören, wenn ich sie zum Pläuschchen anrufe. Deshalb rufe ich oft gar nicht erst an. Die Geschichte wiederholt sich. Auch wenn ich heute ein Verständnis dafür habe, warum besonders mein Vater so reagierte. Er war im Außendienst und das Büro war zu Hause. Folglich hatte er mit sehr vielen Leuten beruflich Kontakt. Ihm reichte der Sozialstress, und er wollte Zeit für die Familie. Warum er Verwandten gegenüber Antipathien hegte, ist historisch nicht ganz durchschaubar. Ich hatte Glück, dass ich einen guten Diplom-Psychologen kannte, bei dem ich angesichts dieser Erfahrungen auf die Couch durfte. Mich.

In der Kombination von Anlage und eigener Biografie entwickeln wir mit der Zeit überdauernde, stabile Merkmale. Die Persönlichkeitspsychologie unterscheidet in diesem Zusammenhang Temperament, Charaktereigenschaften und Motive. Der Motivationsforscher Steven Reiss, Professor für Psychologie und Psychiatrie an der State University in Ohio, nennt in seiner im Jahr 2000 veröffentlichten Untersuchung 16 Lebensmotive, die das menschliche Verhalten beeinflussen. Diese Grundmotive isolierte er auf der Basis einer Befragung von über 20 000 Männern und Frauen aus den USA, Kanada und Japan.[15] Menschen unterscheiden sich im Vorhandensein und der Ausprägung dieser Motive. Besonders häufig werden in der Motivationspsychologie das Leistungsmotiv, das Anschlussmotiv und das Machtmotiv untersucht. Wenn nun jemand ein gering ausgeprägtes Machtmotiv besitzt, fehlt ihm der Antrieb, Führung, Verantwortung und Kontrolle über andere anzustreben. Es fällt ihm nicht leicht, sich in Machtkämpfen zu behaupten oder gegenüber Widerständen durchzusetzen, geschweige denn, dass es ihm Spaß macht. Jemanden mit gering ausgeprägtem Machtmotiv in eine Führungsrolle zu bringen ist folglich nicht nur seelische Grausamkeit, sondern auch nicht von Erfolg gekrönt. Motive lassen sich nämlich nicht trainieren, auch wenn Motivationstrainings zu diesem Eindruck verleiten.

Ebenfalls nicht an- oder wegtrainierbar sind Charaktereigenschaften. Die Persönlichkeitspsychologie beschreibt mit Charaktereigenschaften lang überdauernde, stabile Merkmale, wie zum Beispiel Großzügigkeit, Geselligkeit, Gewissenhaftigkeit, Impulsivität, Ich-Bezogenheit oder Zurückhaltung. Wie stabil menschliche Eigenschaften sind, weiß eigentlich jeder, der mit anderen Menschen unter einem Dach zusammenwohnt. Ganze Wohngemeinschaften zerbrechen daran, dass der eine stets picobello das Klo putzt und der andere das Badezimmer immer wie eine Mülldeponie hinterlässt. Und selbst intensivste Auseinandersetzungen führen nicht zum Erfolg. Deshalb ist es umso erstaunlicher, dass in der Wirtschaft mit diversen Personalentwicklungsmaßnahmen Eigenschaften verändert werden sollen. Besonders beliebt sind Teamtrainings, um das Miteinander im Arbeitsalltag wirkungsvoller zu gestalten. In solch eine Maßnahme kam auch ein 46-jähriger Ex-Vertriebsleiter. Ich geriet mit ihm zufällig bei einem Networking-Treffen ins Gespräch. Als ich ihm erzählte, dass ich Trainer bin, wich er nach hinten zurück, als hätte er einen Vampir vor sich. Eigentlich wäre an dieser Stelle das Gespräch zu Ende gewesen, wenn ich nicht gefragt hätte, was ihm passiert sei. Es stellte sich heraus, dass er von Trainern und Seminaren komplett »geheilt« war. Er arbeitete einst in einem Großkonzern im Bereich Telekommunikationstechnik. Der Jahresumsatz der Firma lag bei 100 Millionen Euro. Das Unternehmen wollte jedoch schnell weiter wachsen. Deshalb wurden für fünf neue Bereiche Leiter eingestellt. Einer davon war er. Psychologisch gesprochen waren es offenbar alle starke Individualisten mit Hang zur Egozentrik.

Jeder hatte seine eigene Ansicht und liebte es, im Mittelpunkt zu stehen. Oder anders ausgedrückt: Du sollst keine andere Meinung haben neben mir. »Die Seminare sollten uns zusammenbringen«, berichtete der Ex-Vertriebsleiter. Er sah sich selbst übrigens nicht als Egozentriker. Eine normale Reaktion: Die Schwächen der anderen erkennt man üblicherweise bei sich selbst als Stärken. Und der Egozentriker hat von sich das Bild, dass er mit der lobenswerten Eigenschaft gesegnet sei, mit seinen Ansichten und Bedürfnissen nicht übersehen zu werden. Doch zurück zu der Erzählung des Ex-Vertriebsleiters: »Wir waren in St. Diego und in Nizza, mehrere Male, mehrere Tage lang, wo wir in Klausur gingen und versuchten, unsere Positionen unter einen Hut zu bringen.« Anfangs fand er die Idee noch gut, dass im Rahmen der Führungstrainings die gemeinsamen Probleme besprochen werden sollten. Doch bald kam die Ernüchterung. »Es hieß, wir müssten an einem Strang ziehen – was wir dann doch nicht taten.« Die Umsetzung funktionierte nicht. Jeder habe seinen Job auf seine Weise gut gemacht, aber eine Synergie aus fünf Positionen sei schlichtweg nicht möglich gewesen. »Die ganzen Seminare waren ein Reinfall«, meinte er verbittert und versteht bis heute nicht, warum die Firma dafür fast 3500 Dollar pro Tag hingelegt hat. Interessanterweise gibt es die Firma heute nicht mehr. »Das sagt bereits alles«, resümierte der ehemalige Spitzenmanager. Seine Erfahrungen haben bei ihm die Einstellung zementiert, dass Trainings absolut nichts bringen. Aber es interessiert keinen. Ernüchtert sagt er: »So, wie Menschen immer wieder Kriege führen, obwohl sie wissen, dass sie Unheil mit sich bringen, genauso werden immer wieder aufs Neue Trainings angeboten, obwohl sie nicht funktionieren.«

Das Kaleidoskop-Prinzip: Unsere Persönlichkeit ist ein eng vernetztes System

Warum sich unsere Persönlichkeit nicht einfach durch Seminare ändern lässt, erklärt sehr plausibel ein Modell von Robert Dilts.[16]

Er gilt als einer der wichtigsten Entwickler des Neurolinguistischen Programmierens (NLP), einem psychologischen Ansatz zu Kommunikation und Veränderung, der Anfang der 1970er Jahre entstanden ist. Dilts meint, unser Gehirn ist in Form von logischen Ebenen organisiert, die miteinander in hierarchischer Beziehung stehen. Das heißt, die höheren Ebenen bestimmen die niedrigeren Ebenen. Im Kern nennt er fünf logische Ebenen. Die niedrigste betrifft Verhaltensweisen, wie zum Beispiel einen Arm heben, einen Satz sagen. Es sind sichtbare und hörbare Aktionen und Reaktionen auf die Umwelt, in der wir leben. Darüber kommt die Ebene der Fähigkeiten. Damit sind komplexe Verhaltensmuster wie Autofahren und Handlungsstrategien gemeint, zum Beispiel Problemlösefähigkeiten oder Selbstorganisation. Die nächsten Ebenen betreffen Überzeugungen und Werte. Sie beschreiben, wie wir über die Welt denken und was uns wichtig ist. Ganz oben in der Hierarchie ist die Ebene der Identität angesiedelt. Sie beschreibt unser Selbstbild und ist gewissermaßen die Summe und das Produkt der anderen Ebenen.

Wenn nun jemand auf der Ebene der Identität das Selbstbild hat »Ich bin klein und hässlich und versage immer«, dann wirkt sich diese Sicht bis in die unterste Verhaltensebene aus. Ganz egal, was für Erfahrungen dieser Mensch macht. Er glaubt nicht an seine Leistungsfähigkeit. Und wie wollen Sie jemandem klarmachen, dass er eigentlich Bäume ausreißen kann, wenn er der Meinung ist, nicht einmal eine Distel aus dem Boden rupfen zu können? Solch eine Identität lässt sich nicht mal eben mit einer Schulung ausräumen. Veränderungsprozesse auf der Ebene von Identität, Einstellungen und Werten sind im Prinzip wie die Vorgänge in einem Kaleidoskop. Wenn Sie das Röhrchen bewegen, können Sie nicht eine einzelne Glasscherbe bewegen, sondern es müssen immer alle Scherben gleichzeitig mit. Und so kann sich nur das gesamte Bild verändern. Und das braucht viel Zeit und Geduld. Identitäten, Einstellungen und Werte entwickeln sich nicht von heute auf morgen, sondern basieren auf den immerwährenden ausgesprochenen und unausgesprochenen Botschaften der Eltern und dem engeren sozialen Umfeld. Mein kleiner Sohn Julius hat eine Vorliebe, sich immer die Socken auszuziehen. Folglich erklären wir ihm ständig, dass er die Socken anbehalten soll. Eines Morgens komme ich mit nackten Füßen ins Wohnzimmer. Während ich, gerade dem Bett entsprungen und mit schläfrigem Blick, im Türrahmen stehe, kommt Sohnemann auf mich zu, stellt sich vor mich, zeigt mit dem Zeigefinger auf meine nackten Füße und ruft empört »Da – an!«. Wie du mir, so ich dir. Als braver Vater entschwindet man dann schnell, um die bloßen Füße in eine Socke einzuhüllen. Diese Geschichte zeigt, wie die Welt eines kleinen menschlichen Wesens funktioniert. Wer weiß, wie sich sein Selbstbild entwickeln würde, wenn ich ihm als Vater nun gesagt hätte, dass für Väter andere Regeln gelten als für Anderthalbjährige und er nicht berechtigt ist, mir Socken zu verordnen.

Einstellungen werden durch Erfahrungen gefestigt. Es fängt ganz harmlos an, wie bei Marvin, dem einjährigen Sohn einer Bekannten. Der Junior ist noch nicht lange auf der Welt, hinterlässt aber optisch den Eindruck eines »geduckten Dackels«. Vielleicht weil zur Familie auch ein Rauhaardackel gehört, der mit eiserner Faust regiert wird. Damit jedoch kein falscher Eindruck entsteht: Die Eltern sind liebe Menschen und der Rauhaardackel bekommt die Führung, die so ein drahtiges Biest eben braucht.

Eine Szene aus dem Alltag von Marvin soll verdeutlichen, wie er aufwächst. Der Junge ist immer ein bisschen zu langsam, zu unbeholfen, zu schüchtern oder zu klein – sagen seine Eltern. Während gleichaltrige Kumpane problemlos in eine Plastikspielkiste klettern und darin im Spielzeug planschen, steht der fast gleich große Marvin davor, als wäre es ein unüberwindbares Hochhaus. »Ja, ja, der Marvin«, seufzt dann seine Mutter. Ihre Freundinnen sind schon dazu übergegangen, durch Lügen Trost zu spenden. »Ja, dein Sohn ist genauso groß wie unsere Kinder« (wenn man sie ein bisschen in die Knie gehen lässt). Oder: »Ja, ja, der Marvin läuft hervorragend« (auch wenn er dauernd umkippt). Kurzum, Marvins Mutter scheint stets im Kopf zu haben: »Mein Kind ist nicht gut genug. Es kommt im Vergleich mit den anderen nicht mit.« Sie sieht dauernd Defizite und übt Druck auf den kleinen Mann aus. Dadurch ergibt sich eine selbsterfüllende Prophezeihung. Denn so minderbemittelt ist der melancholisch dreinblickende Knabe in Wirklichkeit gar nicht. So gelang einer anderen Mutti recht schnell, dass auch Marvin in die besagte Spielzeugkiste hineinkam. Er brauchte bloß ein bisschen positiven Zuspruch und Motivation.

Als Außenstehender mag man den Kopf über diese Eltern schütteln. Es liegt so klar auf der Hand, wie deren Botschaften nachteilige Einstellungen prägen. Aber böse Absicht steckt nicht dahinter. Die Eltern meinen es gut. Genau wie die Eltern einer jungen ehrgeizigen Dame namens Karina. Die beiden betrieben Landwirtschaft und waren sehr bodenständige Menschen. Sie impften ihrer Tochter Werte ein wie »Du musst deine Pflicht erfüllen« oder »Was man anfängt, muss man auch zu Ende führen«. Ein Kind übernimmt solche starken Botschaften kritiklos, weil es von den Eltern abhängig ist. Sich nicht an die Regeln zu halten führt zu Sanktionen und in schlimmen Fällen zum Beziehungsabbruch.

Karina lernte in ihrem Umfeld auf dem Bauernhof, dass es wichtig ist, allen Erwartungen gerecht zu werden. Denn nur so bekam sie Liebe und Anerkennung. Für jeden Menschen und besonders für ein Kind ist das existenziell. Nach dem Abitur wollte Karina Lehrerin werden. Als sie den Eltern ihren Studienwunsch offenbarte, reagierten diese mit Ablehnung. Es sei nichts Handfestes. Trotz allem ging sie ihren Weg. Sie war fleißig und arbeitete hart. Sie wollte sich und ihren Eltern beweisen, dass ihre Entscheidung richtig und gut war. Nebenbei sang sie im Kirchenchor, arbeitete im Pfarrgemeinderat mit, leitete einen Kinderchor und spielte Klarinette in der Blaskapelle. Abends verdiente sie sich Geld in einem Büro. Freie Zeit, in der sie sich zurücklehnen konnte, räumte sich Karina nicht ein. »Ich wollte es allen recht machen. Ich habe nicht Nein sagen können. Was hätten sie denn ohne mich in der Blaskapelle gemacht«, erklärt Karina, »es gab doch nur eine Klarinetten-Spielerin.«

In jeder freien Minute lernte sie für das Studium. Dabei baute sich ein Teufelskreis im Kopf auf. »Je mehr ich lernte, desto mehr bekam ich das Gefühl, zu wenig zu lernen.« Auch wenn Karina mit den Kräften am Ende war, arbeitete sie weiter. Wie besessen. Lieber Leser, Sie ahnen sicher bereits, dass dieser Lebensstil auf Dauer nicht gut gehen kann. Karina war aber in ihrem Persönlichkeitssystem gefangen. Ihr war nicht bewusst, wie sie sich selbst ans Ende ihrer Kräfte brachte. Ihr Körper forderte Tribut. Sie brach zusammen und brauchte ein Jahr, um wieder ins normale Leben zurückzukehren. Ein intensiver therapeutischer Prozess half ihr dabei. Ihr wurden die Zusammenhänge für ihr Handeln bewusst. Und es gelang ihr fortan immer besser, sich lieber etwas weniger als zu viel vorzunehmen und auch mal »Nein« zu sagen. Aber ganz los wird sie den alten Fluch bis heute nicht. Sie hat einfach so viele Interessen. Und wenn man mal was anfängt ...

Hält man sich diesen Fall vor Augen, erhebt sich zwangsläufig die Frage, was zwei- oder dreitägige Work-Life-Balance-Seminare für ausgebrannte Manager im Wellnesshotel erreichen sollen. Immerhin sind sie trendy. Und vielleicht schwitzt ja mancher in der Sauna seine alten Muster aus.

Körper und Psyche: Aus Maulwürfen werden keine Königstiger

Das wäre schön, wenn man Denkmuster einfach rausschwitzen oder wegmassieren könnte. Doch sie sind zu eng verwoben mit unserem Körper. Unsere Persönlichkeit ist quasi Fleisch geworden. Alexander Lowen spricht in seinem Psychotherapie-Konzept der Bioenergetik von »Körperpanzern«[17]. Muskeln drücken die innerpsychische Lage aus. Es äußert sich im Gesicht, in Körperhaltungen oder der Stimme. Und das sieht man beim einen mehr und beim anderen weniger. Sie brauchen nur mal einen Ausflug zum

Bahnhof zu machen und Leute zu beobachten. Sie erleben bisweilen ein Gruselkabinett der Physiognomien: Menschen, denen es die Petersilie verhagelt hat, geprügelte Hunde und natürlich den Glöckner von Notre Dame. Ganz spontan werden Ihnen Thesen in den Sinn kommen, welche Lebensgeschichte hinter manch einem Körperausdruck steckt.

Und das verdeutlicht umso mehr, warum sich unsere Persönlichkeit nicht einfach durch Seminare abstreifen lässt. Und weil ich gerade über das Thema Work-Life-Balance gesprochen habe, fällt mir ein junger Manager ein, den ich in einem Führungsseminar traf. Der Mann hatte eine unheimliche Präsenz und sprühte vor Energie, wie ein Atomreaktor. Ein langer Augenkontakt war gar nicht möglich, ohne Kopfweh zu bekommen. Ich fragte mich, wie seine Mitarbeiter diese Intensität aushielten, auch wenn er ein netter Kerl war. Nun: Er hatte just die Rolle eines Sales Managers übernommen. Sein Job war es, Kreuzfahrtschiffe mit Touristen zu füllen. Der Mann war der typische Rechtsüberholer und Autobahndrängler. Er gehörte der Spezies an, die am Flughafen mit Freisprecheinrichtung im Ohr den ganzen Airport beschallen und Sprüche auswerfen wie: »Triffst du den auch physikalisch?«

Am Wochenende stand er oftmals um 5 Uhr in der Frühe auf, um Karriere und Familie zu managen. Er ackerte noch mal eben einen Stapel Fachzeitungen und Bücher durch, um sich dann voll auf »Windeljumping« zu konzentrieren – wie er das Windelwechseln bei seinem Junior nannte. Die Seminargruppe war sich angesichts seiner Ausstrahlung einig, dass sein Chef ihn heiß und innig liebte. Wer so viel Elan und Ehrgeiz an den Tag legt, ist das ideale Nutzvieh für ein Unternehmen. Eine 70-Stunden-Woche? Kein Problem. Doch die Kollegen sahen schon den Rettungshubschrauber am Horizont. Denn solch ein Pensum kann über kurz oder lang nur beim Arzt oder Bestatter enden. Sie rieten ihm, zu einem Work-Life-Balance-Training zu gehen – doch er war der festen Überzeugung, Privat- und Berufsleben optimal ausbalanciert zu haben. Und genau an diesem Punkt greift ein heimtückischer Mechanismus, der mit unserem Wahrnehmungssystem zu tun hat. Wir sind gefangen in einer Art »Tunnelblick«. Wir sehen immer nur einen kleinen begrenzten Ausschnitt der Welt. Es ist quasi so, als wenn Sie durch ein zusammengerolltes Blatt Papier Ihre Umwelt betrachten. Wir blenden Informationen aus, deuten sie um oder verallgemeinern sie. Das ist auch nötig, weil wir sonst pro Sekunde eine Milliarde Informationseinheiten verarbeiten müssten. Sagt die Wahrnehmungspsychologie. Durch diesen Tunnelblick sind wir aber nicht in der Lage, komplett andere Blickwinkel einzunehmen. Wir nehmen eigentlich nur das wahr, was wir ohnehin schon wissen. Dieser Tunnelblick ist durch unsere persönliche Biografie entstanden und damit Fleisch geworden. Er ist auch der Grund dafür, weshalb Gesundheitssendungen im Fernsehen immer nur von den Leuten gesehen werden, die ohnehin schon gesundheitsbewusst sind. Die Zuschauer, die damit eigentlich erreicht werden sollen, schauen lieber eine Soap. Auf unseren Sales Manager bezogen heißt das: Da er seine Welt durch den Tunnelblick »Alles in Ordnung« betrachtet, werden warnende Worte oder sogar psychische und körperliche Warnzeichen ausgeblendet. Deshalb ist es auch nicht verwunderlich, dass für ihn die viel zentralere Frage war, wie er noch mehr Leistung aus seinen Mitarbeitern herausholen könnte. Denn so ein Kreuzfahrtschiff fasst etwa 3 000 Gäste und muss oft innerhalb von zehn Tagen ausgebucht werden.

Ein noch schnelleres Geschäft ist der Rundfunkjournalismus. Ich habe früher selbst beim Rundfunk gearbeitet und dabei in der Senderlandschaft verschiedene Redaktionen und deren Leiter kennen gelernt. Und hier begegnete mir auch ein Redaktionsleiter, den mancher wackere Personalentwickler gerne durch ein Führungscoaching auf den rechten Weg gebracht hätte. Nennen wir ihn Walter Schmidt. Er war 50 Jahre alt, hatte ein lederhäutiges Gesicht und den Charme eine Kneifzange. Das Alter des Mannes konnte man wie bei einem Baum ablesen. Anhand der Ringe unter den Augen. Er wirkte verhärmt und so führte er auch. Bei Herrn Schmidt wurde die Förderung von Mitarbeitern großgeschrieben. War ein Radiobeitrag fertiggestellt, erhielt der Kollege konstruktive Kritik wie diese: »Sie sprechen ja wie eine Flughafendurchsage. Na, ob wir das senden können?« Damit war der Fall erledigt. Einem aufmerksamen Beobachter fiel jedoch auf, dass solch ein Kollege bei Auftragsvergaben immer weniger berücksichtigt wurde. Irgendwann war der Kollege so kaltgestellt, als wenn er in einem Kühlschrank arbeiten würde. Das Teamklima in der Redaktion war geprägt von Cliquenwirtschaft. Eines Tages hielt ich den Telefonhörer in der Hand und wählte gerade die ersten Ziffern. Herein stürzte ein großer, vollbärtiger Kollege namens Thomas und bölkte mich an: »Ich brauche eine Leitung. Leg' auf.« Und weil es nicht schnell genug ging, riss er mir den Hörer aus der Hand, knallte ihn auf die Gabel und rauschte selbstgefällig davon. Normaler Umgangston unter der Herrschaft Schmidt, dessen Lebensgeschichte mir leider verschlossen blieb. Doch eins war klar. Die Meilensteine seiner Biografie ließen sich nicht umdrehen.

Genauso wenig wie bei einem Abteilungsleiter namens Klein. Er übernahm eines schönen Tages die Abteilung Produktmanagement. Mit seiner Ausstrahlung machte er jedem stillen Wasser Konkurrenz. Er ging morgens durchs Büro, murmelte ein »Guten Morgen« und war den ganzen Tag in seinem Zimmer verschollen. Dass er da war und anscheinend arbeitete, konnte man sehen, weil er in einem gläsernen Büro residierte. Und wenn er mal aus diesem Aquarium die Nase steckte, dann höchstens nur, um einem Mitarbeiter in leisen Worten eine Aufgabe zu übertragen. Ab und zu klagte er nuschelnd über seinen druckvollen Bereichsleiter, der ihn mit Aufgaben bombardierte. Dann pflegte er zu sagen: »Ich bin wie ein Maulwurf. Ab und zu komme ich mal ans Tageslicht und dann muss ich mich wieder unter Tage durchwühlen«. Dieses Selbstbild passte wie angegossen. Er war von kleiner dicklicher Statur, hatte eine Brille und tauchte genauso wie der kleine schwarze Erdschaufler in den Untergrund ab. Das Team kam mit seiner Art nicht klar. Den Mitarbeitern fehlte vieles – auch Beziehungspflege.

Mutig adressierten sie es. Er bedankte sich und nahm es mit »unter Tage«. Da sich Führung und Zusammenarbeit weiter verschlechterten, führte ich im Auftrag des »Maulwurfs« mit dem Team einen Workshop durch. Wir stellten fest, dass die Zusammenarbeit unterirdisch war. Ich motivierte das Team, einen Maßnahmenkatalog zu erarbeiten. Sie schöpften sogar wieder etwas Hoffnung, dass sich vielleicht doch etwas verändern würde. Ich trug die Wünsche des Teams an den Chef heran. Er war sichtlich betroffen und saß wie ein Häufchen Elend vor mir. Er dankte und wollte die Sache angehen. Nach einer Woche traf ich jemanden aus dem Team und erkundigte mich, wie es seit dem Workshop gelaufen sei. »Nichts ist passiert«, kam die frustrierte Antwort. »Keine Regung. Er hat sich, wie immer, im Büro verschanzt.« Das Mindeste, was das Team vom Maulwurf erwartet hatte, wäre eine Botschaft gewesen wie: »Danke für Ihre Arbeit. Ich habe alles gehört. Es hat mich betroffen gemacht. Ich muss das erst mal verdauen, aber ich will es dann gemeinsam mit Ihnen angehen.« Doch: Aus einem Maulwurf wird kein Königstiger, und die Firma trennte sich von ihm und er ging zu einem chinesischen Unternehmen. Wahrscheinlich besser für ihn. Chinesen gelten ja auch als zurückhaltend.

Hirnforschung: Gewohnheiten sind Datenautobahnen

Aber nicht nur äußerlich ist unsere Persönlichkeit verfestigt. Auch hirnphysiologisch lässt sich nachweisen, warum wir nicht aus unserer Haut können. In den 1950er Jahren stellte der Neurochirurg Wilder Penfield fest, dass stimulierende Elektroden im Temporallappen der Großhirnrinde Erinnerungen aus längst vergangenen Zeiten initiieren. Den Probanden kamen spontan vertraute Szenen in den Sinn. Er stellte fest, dass durch die Stimulierung eine komplette Reproduktion aller Sinneseindrücke und Gefühle von Szenen aus der Vergangenheit ausgelöst wurde. Im Alltag kennt man dieses Phänomen auch. Es kommt ein situativer Reiz, der eine Erinnerung hervorruft. Man hört den Song aus der ersten Tanzstunde und fühlt sich wieder wie der Dickhäuter, der den Mädels damals auf den Füßen herumgetrampelt ist. Die Befunde von Penfield gelten als Beweis, dass wir nichts vergessen und uns daher Erfahrungen aus der Vergangenheit auch in der Gegenwart bewusst oder unbewusst beeinflussen.

Am Anfang, wenn wir auf die Welt kommen, stehen im Gehirn noch alle Möglichkeiten weitgehend offen. Je früher nervliche Bahnungen – Programmierungen genannt – erfolgen, desto bestimmender sind sie für die weitere Lebensgestaltung und desto schwerer sind sie im Laufe des späteren Lebens wieder auflösbar, weiß Hirnforscher Gerald Hüther. Bei Neugeborenen sind nur die Verschaltungen da, die zum Überleben gebraucht werden. Ein Baby wächst dann aber hinein in ein System von Glaubenssätzen, Überzeugungen und Vorstellungen der Eltern, die ein bestimmtes Verschaltungsmuster aktivieren und stabilisieren. Je abgeschotteter ein Kind aufwächst und je weniger Alternativen es aus dem Umfeld und von anderen Menschen erfährt, umso stabiler und einseitiger werden die Programmierungen. Hüthers Botschaft ist zusammengefasst: All das, was unsere Persönlichkeit ausmacht, ist das Ergebnis und der Ausdruck der neuronalen Verschaltungsmuster, die bisher in unserem Gehirn entstanden sind.[18]

Wenn man diese Befunde aus der Hirnforschung in Verbindung mit der Weiterbildungspraxis bringt, sträuben sich einem die Haare. Führungskräfte neigen manchmal zu paradoxen Botschaften. Sie erwarten, dass sich die Mitarbeiter verändern, aber sie sollen sich nicht verbiegen. Wie soll das bei einem Mann gehen, der vom Habitus aussieht wie ein Bär, aber die Sicherheit einer Feldmaus ausstrahlt? Der Mann, um den es ging, war Außendienstmitarbeiter in einem Unterhaltungselektronikunternehmen. Typisch für ihn war, dass er ankam und zu seinem Chef sagte: »Du, ich hätte da mal eine ganz dumme Frage.« Das war nicht Strategie, sondern entsprach dem Denken des Mannes, der devot wirkte und den Leuten nicht in die Augen sehen konnte. Sein Chef wollte ihn zu mehr Biss und Selbstsicherheit bringen. Seine Argumentation war: »Wenn du zu Geschäftsführern kommst und dich windest wie eine Raupe auf einem Ast, dann nehmen die dich nicht ernst. Die Unterhaltungselektronikbranche wird zunehmend härter. Wenn du da jetzt nicht besser wirst, kannst du die Umsätze knicken. Ich schicke dich mal zum Selbstbehauptungsseminar, damit du dominanter auftrittst.« Darauf wandte der Mitarbeiter mit zaghafter Stimme ein: »Aber Chef, in der Regel bin ich grundsätzlich meistens erfolgreich.« Dieser Mitarbeiter hat eine Datenautobahn in seinem Nervensystem, die ihn immer wieder in dieser unsicheren devoten Weise auftreten lässt. Wir Menschen setzen bestimmte Denk- und Handlungsmuster so lange ein, wie sie uns erfolgreich erscheinen. Daraus entwickelt sich ein stabiles, ständig genutztes Wegesystem oder, anders ausgedrückt, es liegt ein eingefahrenes Programm vor, dass unser Denken, Fühlen und Handeln permanent beeinflusst. Das Problem ist, dass man dieses Muster nicht mehr so einfach loswird, auch wenn man erkannt hat, dass es mehr schadet als nutzt.

Ich habe mal den Spruch gehört: »Wenn du nur einen Hammer kennst, sieht alles irgendwie ein bisschen wie ein Nagel aus.« Das bedeutet, wenn wir im Laufe unserer Entwicklung ein bestimmtes Handlungsmuster eintrainiert haben, wie zum Beispiel unsicheres Auftreten, wenden wir es in praktisch jeder Situation an, auch wenn eine andere Strategie besser geeignet wäre, zum Beispiel das vom Vorgesetzten gewünschte sichere Auftreten. Neuronale Datenautobahnen lassen sich nicht auf Zuruf stilllegen. Doch es gibt auch eine positive Nachricht. Wir besitzen ein plastisches, zeitlebens lernfähiges Gehirn. Das bedeutet, dass sich erfahrungsbedingte Verschaltungsmuster wieder abschwächen oder manchmal sogar auflösen lassen. Joachim Bauer verweist auf neuere Studien, die beweisen, dass sich durch Psychotherapie auf neurobiologische Strukturen einwirken lässt.[19] Sie können also durchaus neue Datenautobahnen schaffen. Doch das ist genauso langwierig, wie echte Asphalttrassen zu bauen.

Millimeterarbeit an der Persönlichkeit: **Sisyphus lässt grüßen**

In der Weiterbildungspraxis wird völlig missachtet, dass Entwicklung im Persönlichkeitsbereich Millimeterarbeit ist – wenn es denn überhaupt funktioniert. Stattdessen werden Mitarbeiter zu Standardseminaren geschickt. Die Personalentwicklungsleiterin eines Arbeitssicherheitsunternehmens kennt nur zu gut die Situation in Firmen, dass deren Angestellte mal zum Rhetorikkurs oder zu einer Präsentationsschulung geschickt werden, obwohl eine genauere Analyse aufzeigen würde, dass es die persönliche Geschichte der Person ist, die sie in Redesituationen scheitern lässt. »Da wird viel Geld rausgeschmissen«, bestätigt die Leiterin. Und dabei sind die Zusammenhänge so einfach, wenn Sie sich dieses Kapitel vor Augen führen. Jedes Individuum hat eine einzigartige Lernhistorie. Wie bereits beschrieben, stützt sich unser Selbstbild auf Vorbilder und persönliche Erfahrungen, werden Werte und Einstellungen gebildet, die sich im Verhalten äußern. Es formt sich also eine bestimmte Weltwahrnehmung, die im Gehirn verankert ist und sich äußerlich durch unsere körperliche Ausstrahlung manifestiert. Und jede neue Erfahrung wird mit dieser persönlichen Brille aufgenommen und einsortiert. Erinnern Sie sich einen Moment zurück an den Geschäftsführer, den Sie zu Beginn des Kapitels kennen gelernt haben. Den Monty-Burns-Typ. Er hatte diese Zusammenhänge für sein Leben bewusst begriffen. Sicherlich ein wichtiger Schritt im Zuge der eigenen Persönlichkeitsentwicklung. Er wusste aufgrund etlicher Seminare und Coachings, welcher Film bei ihm ablief – und dennoch: Er hatte nicht das Gefühl, dass er aus seiner Lebensschiene herauskäme. Er litt. Und dabei ist zu betonen, dass der Mann wild entschlossen war, an sich zu arbeiten. Der Organisationssoziologe Prof. Dr. Stefan Kühl aus Hamburg unterstreicht auf der Grundlage einer eigenen Studie: »Coaching kann weder einzelne Menschen ändern noch die Funktionsweise von Organisationen verbessern.«[20] Die Psychologie lehrt uns, dass deutliche Veränderungen in der Persönlichkeit oft nur aufgrund schwerer Krisen erfolgen. Es sind so drastische Erfahrungen wie Nahtodereignisse oder Traumata, die so eindringlich sind, dass sich Menschen in Teilen ihrer Persönlichkeit deutlich wandeln. Im Vergleich dazu ist der Gang zu einem zweitägigen Seminar wie das Rauschen in einer großen Linde. Die Blätter rascheln kurz und danach ist wieder alles beim Alten. Das Problem schwerer Lebenskrisen ist jedoch, dass damit keine *zielgerichtete* Entwicklung möglich ist. In welche Richtungen sich Menschen durch Lebenskrisen verändern ist nicht wirklich vorhersehbar. Sonst könnte man ja einfach jedem auf Rezept eine Lebenskrise verabreichen. Aber es gibt auch Hoffnung. Menschen können tiefverwurzelte Einstellungen und Eigenschaften in gewissem Rahmen wandeln. Wer für die Veränderungsarbeit die nötige Selbstdisziplin aufbringt, kann genauso auf Erfolge hoffen wie ein mir bekannter Personalleiter. Er arbeitete schon seit etlichen Jahren daran, besser mit seinen eigenen Energien umzugehen. Mit seinen 48 Jahren pflegte er zu sagen: »Das ist knüppelharte Millimeterarbeit. Ich bin jetzt in einen Bereich vorgedrungen, wo ich sagen würde, es hat sich echt was in meinen Einstellungen bewegt. Ich sehe aber die Jahre der Irrwege und Rückschläge. Das war schon knochenhart.« Und genau diese Aussage trifft den Nagel auf den Kopf. In der Psychotherapie kennt man die Situation, dass Veränderungsfortschritte oftmals so klein und unscheinbar sind, dass sie von Betroffenen gar nicht zur Kenntnis genommen werden. Die Menschen im Umfeld bemerken es oft auch nicht, weil sie die Person mit einer vorgefassten Meinung betrachten. Allerhöchstens nahestehende Freunde und Verwandte entdecken die kleinen Veränderungsmerkmale. Doch Menschen wie der besagte Monty-Burns-Typ erwarten im Allgemeinen deutliche, wenn nicht gar erdrutschartige Veränderungen. Und da sind wir auch schon beim wichtigsten aller Irrtümer, der Ihnen in diesem Buch immer wieder begegnen wird. Nämlich bei der Annahme, Veränderung geht einfach, schnell und fast von ganz allein. Schaut man sich die Personalentwicklungs-

und Weiterbildungslandschaft an, dann umfassen zahlreiche Maßnahmen üblicherweise einige Tage. Und wenn jemand solch ein Seminar besucht, passiert das, was mir jüngst ein Mitarbeiter erzählte. Er bezeichnete seinen Chef wortwörtlich als »arschig«: »Der wird immer unheimlich schnell persönlich, schreit einen an und macht Stress.« Dieses Verhalten war auch im Unternehmen nicht verborgen geblieben. Deshalb schickte man ihn auf ein Kommunikationsseminar. Das Team war sehr überrascht, als ihr Vorgesetzter von dem zweitägigen Training zurückkehrte. Er schien wie ausgewechselt. Ganz entspannt. Doch das Vergnügen währte nur kurz. Dann war er wieder in der alten Bestform, aus der er sich auch nicht mehr verabschiedete. Die Mitarbeiter hatten ihre Art gefunden, mit dem Schreihals umzugehen: Sarkasmus.

Vielleicht denken Sie nun, dass dieser cholerische Chef einfach mehr Trainings oder gar ein Coaching bräuchte. Und damit berühren wir eine sensible Frage in der Weiterbildung. Wann beginnt der therapeutische Ansatz? In der Praxis sind die Grenzen üblicherweise fließend. Hat nicht jeder hochrangige Manager, der etwas auf sich hält, einen teuren Coach? Doch ob man es nun positiv verhüllt Coaching nennt oder glasklar Therapie – beides bedeutet einen hohen zeitlichen und finanziellen Aufwand. Und machen wir uns nichts vor. Der schlichte EDV-Mitarbeiter, der in der Zusammenarbeit mit seinem Team die Sozialkompetenz eines Baumstamms hat, würde sowieso niemals viele Trainings oder gar Coachings bekommen. Dieses Recht gebührt höchstens Führungskräften. Der Preis ist dann zwar höher, der Erfolg aber fraglich, wie die Erfahrungen des Gebietsverkaufsleiters Reinhard, 31 Jahre, zeigen. Vom dornigen Weg der Persönlichkeitsveränderung kann er ein Lied singen. Der sympathische Berliner fällt auf, weil er mit einem unheimlichen Dampf redet. Er redet so dominant und lange, bis das Gegenüber laut »Hör auf« rufen möchte. Im Coaching hat er über sich erfahren, dass er Angst hat, etwas zu vergessen, wenn er redet. Es ist ihm wichtig, dass seine Worte ankommen. Kein Wunder, dass er ohne Punkt und Komma spricht. Auffällig ist auch seine Satzstruktur. Er verwendet siebendimensionale Schachtelsätze. Und wenn man als Zuhörer den Eindruck hat, die Botschaft ist angekommen, dann legt er erst richtig los. Seine Mitarbeiter mögen und akzeptieren ihn mit seiner burschikosen, fürsorglichen und präsenten Art. Aber dennoch ist es schwer, sich ihm gegenüber durchzusetzen oder eigene Ideen zu entwickeln. Er selbst ist unheimlich schnell im Kopf und hat bereits oft ein fertiges Konzept parat. Wenn er sich selbst in Rage geredet hat, kann er auch nicht mehr zuhören. Im Rahmen seiner persönlichen Entwicklung möchte er an dem Thema arbeiten, sagte er mir in einem Führungstraining. Er habe gemerkt, wie er sich mit seiner Art selbst im Weg steht und Mitarbeiter gängelt, statt deren Potenzial und Selbstverantwortung zu fördern. Im Gespräch stellte sich heraus, dass er an diesem Thema schon ewig arbeitete. Er hatte auch etliche Selbstanalysen bereits hinter sich. Ihm war klar geworden, dass diese Art eine frühe Überlebensstrategie im Umgang mit seinem Vater war. Als Kind forderte der Vater ständig immer mehr und immer mehr von ihm. »Nie war es genug, nie war es ausreichend. Ich bin daran fast zerbrochen«, meinte er rückblickend. Dabei schwang eine Emotion mit, die mir einen eiskalten Schauer den Rücken herunterlaufen ließ. Ihm war die Psychodynamik hinter seinem ausgeprägten dominanten Redefluss sehr bewusst. Aber er kam, trotz intensiver Bemühungen, nicht wirklich weg davon. Es war wie ein Zwang, auf bestimmte Weise handeln zu müssen. Im Kopf waren ihm die Zusammenhänge klar, doch das emotionale Muster blieb hartnäckig und stabil. Er war geprägt von Selbstzweifeln und nie mit sich zufrieden. Der Einfluss der frühen väterlichen Botschaften lag auf der Hand. In seinem ausgeprägten Drang, alles noch besser zu machen und die perfekte Lösung zu finden, hatte er für sich die kleinen Schritte noch gar nicht realisiert, die er bereits besser geworden war.

Ob Reinhard je an seinem Traumziel ankommt, darf bezweifelt werden. Genauso, ob man das Ganze überhaupt noch Personalentwicklung nennen sollte. Was bleibt, sind viele Trainings und Coachings, die nur sein zwiespältiges Selbstbild verstärken werden. Allein die hohe Anzahl dieser Veranstaltungen wird für ihn »Beweis« genug sein, dass er das »Problem« einfach nicht in den Griff bekommt. Unterm Strich ist diese Form der Mitarbeiterführung für das Unternehmen also eine glatte Fehlinvestition.

Kapitel 2

Gefangen

Tunnelblick und natürliche Grenzen

Alfred Kruttok hatte die letzten neun Jahre immer brav und zuverlässig seine Aufgaben als Sachbearbeiter erfüllt. Eines unseligen Tages brach die Welt für den 55-Jährigen zusammen. Das Unternehmen wurde von einer anderen Gesellschaft übernommen. Die Sachbearbeitung wurde vom konventionellen Aktenordner auf papierlose Verwaltung umgestellt. Alle Mitarbeiter bekamen eine einwöchige Schulung in das neue System. In der anschließenden Praxisphase glich Kruttok einem Trojanischen Pferd. Er unterminierte das System, indem abgespeicherte Akten nicht mehr auffindbar waren. »Ich weiß gar nicht, wie das passieren konnte. Ich dachte, ich hätte die Vorgänge richtig archiviert«, meinte er kalkweiß im Gesicht. Und weil Kruttok sich wirklich bemühte, bekam er eine Einzelschulung. Ein erfahrener Mitarbeiter zeigte ihm, wie er die elektronischen Akten lesen und bearbeiten sollte. Er setzte alle Register seines Könnens ein. Doch der Effekt war wie bei einem Handy-Kurs für rüstige Rentner: Nach zehn Seminarabenden hat der Dozent genauso graue Haare wie seine Teilnehmer – wenn er überhaupt noch Haare hat. Bei Alfred Kruttok dauerten die Trainingsbemühungen ganze drei Monate. Doch immer wenn er allein vor dem Rechner saß, war er überfordert. Kruttok wurde in dieser Zeit zunehmend verzweifelter. Sein Chef kam mir gegenüber ernüchtert zu dem Schluss: »Ich denke, bei ihm sind einfach die natürlichen Grenzen erreicht.« Notgedrungen strukturierte er die internen Prozesse so um, dass Kruttok der Spezialist für verbliebene Papieraktenvorgänge wurde. Seine Hoffnung war, dass man ihn auf diese Weise bis zur Frühpensionierung noch ein bis zwei Jahre durchschleppen könnte. Denn versetzen oder entlassen war nicht möglich. Knapp ein Jahr später wollte es das Schicksal anders. Kruttok erlitt einen Schlaganfall und wurde arbeitsunfähig. Und wer kann schon sagen, inwiefern der psychische Stress dazu beitragen hat?

Man muss nun nicht 55 Jahre alt sein, um so etwas zu erleben. Angesichts von Firmenübernahmen, Umstrukturierungen, Personalabbau und anderweitigen Veränderungsprozessen gehört es fast schon zum Alltag, dass sich Mitarbeiter plötzlich in Rollen wiederfinden, die sie gar nicht oder nur unzureichend ausfüllen können. Und gemäß dem Motto »Wo ein Wille ist, ist auch ein Weg« wird fleißig trainiert und geschult, um Mitarbeiter wieder zu Höchstformen zu bringen. Doch oft ist Hopfen und Malz verloren. Es gibt persönliche Grenzen. Wer kein räumliches Vorstellungsvermögen hat, kann nicht plötzlich architektonische Meisterleistungen vollbringen. In anderen Fällen fehlt die Begabung für das Erlernen fremder Sprachen oder für technisches Verständnis. Hinzu kommt, dass bestimmte soziale Fähigkeiten wie Kundenorientierung mit entsprechenden Einstellungen gepaart sind. Es reicht nicht, einfach nur Verhaltensweisen zu trainieren. Stellen Sie sich nur mal vor, wie jemand ein Lächeln am Telefon zeigen soll und dabei denkt: »Immer diese blöden Kunden mit ihren Extrawünschen.« Die Folge ist ein Zitronen-Lächeln, bei dem sich der Kunde am Telefon nicht freundlich aufgenommen fühlt. Einstellungen verändern zu wollen ist selten von Erfolg gekrönt. Den Unternehmen sind die persönlichen Grenzen bei Mitarbeitern vielfach auch klar. Doch das deutsche Kündigungsschutzgesetz bringt mit sich, dass man ungeeignete Mitarbeiter nicht einfach entlassen kann. Und so versucht man es mit Trainings oder Versetzungen und dann wieder Trainings. Glückliches Dänemark. Dort herrscht die Einstellung vor: »Wenn man nicht mehr in einen Job hineinpasst, dann geht man eben woanders hin.«[21] Das erspart Arbeitnehmern wie Arbeitgebern viel Leid und Ärger – und das System bringt erstaunlicherweise nur halb so hohe Arbeitslosenzahlen hervor wie Deutschland.[22]

Nur geträumt:
Aus dem hässlichen Entchen wird kein Schwan

»Du musst dich nur anstrengen, dann kannst du es.« Es ist ein Satz, der vielen Erwachsenen noch aus ihrer Kindheit in den Ohren klingelt. Ob Fahrradfahren, Eiskunstlauf oder Matheaufgaben. Ein Prinzip regiert von dem Moment an unser Leben, sobald wir uns aus dem Uterus den Weg in die Welt gebahnt haben. Es heißt: »Man kann alles lernen, wenn man nur will.« Oder wie uns der American Dream glauben zu machen versucht: Jedes Individuum kann durch harte Arbeit und eigene Willenskraft sein Leben verbessern. Die uralte Mär vom Tellerwäscher, der zum Millionär wird. Wer's nicht schafft, ist selbst schuld. Casting-Shows wie *Popstars* oder *Germany's next Topmodel* feiern aufgrund dieser Vorstellungen Hochkonjunktur. Bloß eines wird vergessen: Wenn die Anlage oder das Talent für eine bestimmte Sache fehlt, nützt kein Wille etwas. Aber mal ehrlich: Wer will das hören? Keiner. Jeder Chef wünscht sich, dass seine Mitarbeiter lebenslang lernfähig, wissbegierig und schulungstechnisch in alle Himmelsrichtungen formbar sind. Und so wundert es uns auch nicht, wenn es zu Wortschöpfungen kommt, die dieser Hoffnung Rechnung tragen. Von einem Vertriebsleiter hörte ich kürzlich das Wort »Vertriebskonditionierung«. Für alle Nicht-Psychologen sei kurz erklärt, dass Konditionierung das Erlernen von Reiz-Reaktions-Mustern beschreibt. Auf einen bestimmten Reiz folgt beim Organismus zwingend eine bestimmte Reaktion. Wie diese aussieht, hängt davon ab, ob ein bestimmtes Verhalten durch Belohnung oder Bestrafung verstärkt wird. Fast jeder wird schon einmal vom Pawlowschen Hund und dem dazu gehörenden Experiment gehört haben. Kurz zur Erinnerung: Wenn das Futter vorbereitet wird, lösen die typischen Geräusche dieses Vorgangs beim Hund die Erwartung von Nahrung und somit das Einsetzen des Speichelflusses aus. Diese Geräusche wurden regelmäßig mit einem Glockenton ergänzt. Die Folge: Irgendwann ertönte nur noch das Glöckchen und der Speichelfluss setzte ein – ob der Futternapf folgte oder nicht. Warum also nicht auch einen Außendienstmitarbeiter dazu bringen, dass er beim linken Augenzucken des Kunden todsicher die Frage auswirft: »Klingt das interessant für Sie?«

Man kann also vermeintlich alles lernen, wenn man nur die richtigen Bedingungen schafft und der nötige Wille da ist, mitzumachen. Die Mächtigkeit des Lernwillens machen uns kleine Kinder vor. Sie erkunden intensiv und lustvoll die Welt und wiederholen dabei unaufhörlich bestimmte Bewegungen, Verhaltensweisen und Worte. Bei Eltern führt dieser Wiederholungsdrang nach einer Phase von Stolz zu einem zerrütteten Nervensystem. Lernwille gehört zu den größten Tugenden in der Wirtschaft, wie eine Europa-Umfrage des Karriere-Netzwerks Monster beweist. Etwa die Hälfte von 14427 befragten europäischen Arbeitnehmern meinte, dass Begeisterungsfähigkeit und Lernwille die wichtigsten Aspekte für den Erfolg im Bewerbungsgespräch sind.[23]

Doch so einfach, wie es klingt, ist das nicht. Selbst wenn der Wille mächtig ist, so wird aus einem verkaterten Smutje auf See niemals ein Sternekoch wie Holger Stromberg. Der gebürtige Westfale hat es in den Genen. Seine Familie hat sich seit drei Generationen mit Leib und Seele der Kunst der gehobenen Küche verschrieben. Kein Wunder, dass er 1999 als jüngster Koch Deutschlands mit einem Michelin-Stern ausgezeichnet wurde.[24] Wieso ich auf Koch komme? Ganz einfach. Ein Trainer erzählte mal in einem Vortrag die Geschichte von Omas Suppe. Und die bringt sehr gut zum Ausdruck, warum Weiterbildungsmaßnahmen witzlos sind, wenn das Talent fehlt.

Oma kochte eine ganz tolle Gemüsesuppe. Vielleicht nicht michelintauglich, aber dem Enkel stand vor lauter Vorfreude darauf so viel Wasser im Mund, dass er einen Sandsack brauchte, um die Fluten zu stoppen. Seine Mutter startete verzweifelt einen Wettbewerb. Sie wollte ihren Sohn zurückgewinnen, der aus niederer Suppensucht nur noch die Küche der Oma beehrte. Sie sagte sich: Was meine Mutter kann, kann ich auch. Sie ahnen sicher schon, was passierte. Sohnemann verschmähte die Suppe. Sie schmeckte nicht wie bei Oma – und das, obwohl sie nach dem gleichen Rezept gekocht war. Und die Moral von der Geschichte: Zwei Leute können die gleichen Verhaltensweisen anwenden und trotzdem zu einem unterschiedlichen Ergebnis kommen. Natürliche Grenzen also. Oder anders ausgedrückt: Sie können sich sämtliche Regeln der Verkaufsrhetorik aus einem Buch einpauken und haben trotzdem keinen nennenswerten Erfolg damit. Ein anderer dagegen verkauft die Ware wie Heu, obwohl er noch nie ein Buch dazu gelesen oder ein Seminar besucht hat. Sie kennen das selbst. Der eine bringt Leute zum Lachen, wenn er nur den Mund aufmacht, der Zweite kann binomische Formeln vorwärts und rückwärts aufsagen und der Dritte hackt so präzise Zahlenkolonnen in den PC, dass die Umwelt vor Neid erblasst. Im Tierreich ist das nicht anders. Da gibt es in Alaska Grizzlybären, die an den Yukon gehen und in Windeseile einen Lachs nach dem anderen herausfischen, während einige Meter weiter die Artgenossen mit bleckenden Zähnen am Ufer stehen und ihren knurrenden Mägen zuhören. Der eine kann es, der andere nicht. Und so lautet dann auch die schlichte Formel: Eine Fähigkeit erkennt man daran, dass etwas leicht und einfach von der Hand geht. Wenn das nicht der Fall ist, schafft eine Weiterbildung auch keinen Nutzwert. Ein Berufsberater baut auf diese einfache Erkenntnis und fragt deshalb Jugendliche im Beratungsgespräch: »Was kannst du denn gut?« – »Pferde striegeln.« – »Prima, dann mach' eine Reitschule auf.« Dabei möchte ich erwähnen, dass die Qualität der Beratung vom jeweiligen Berufsberater abhängt.

Nur Firmen brauchen Nachhilfe. Mitarbeiter werden auf Schulungen geschickt, obwohl der Nährboden dafür fehlt. Vielleicht liegt es daran, dass Weiterbildungsanbieter vollmundig werben, dass man alles lernen kann – von Witzigkeit über Verhandlungsgeschick bis hin zu Schlagfertigkeit. Gerade Letztere ist oft Wunschtraum vieler. Wenn es zum Beispiel mal so hart kommt wie bei einer Stewardess, über die ein Rhetoriktrainer berichtete. Das Flugzeug geriet in Turbulenzen. Sie war noch im Gang unterwegs und stolperte über das Bein eines Fahrgastes. Obwohl dieser sein Fahrgestell im Gang stehen gelassen hatte, beschimpfte er die arme Stewardess mit den Worten: »Sie Trampeltier.« Darauf sagte die Stewardess: »Sie Gentlemen – aber es kann sein, dass wir beide uns irren.«

Wären Sie auf solch eine Idee gekommen? Die Erfahrung zeigt, dass es nur gelingt, wenn Sie bereits das nötige Naturell mitbringen. Denn bei allem gibt es natürliche Grenzen. Das weiß übrigens auch die Buchbranche. Auf einer Messe hörte ich zufällig mit, wie ein Verlagsvertreter zu einem anderen sagte: »Wir verkaufen gerade zig-tausendfach Schlagfertigkeits-Trainingsbücher, obwohl man Schlagfertigkeit nicht lernen kann.« Sprach's und lachte sich krumm. Ob im Umgang mit Zahlen, bei der Aufnahmeschnelligkeit von neuem Wissen, Arbeitstempo oder rhetorischem Vermögen: Es kostet einen unverhältnismäßig hohen Aufwand und ist oft trotzdem nicht von Erfolg gekrönt, Menschen zu trainieren, denen das Potenzial fehlt. Diese Lernkurve sah auch der Personalleiter eines Unternehmens für Unterhaltungselektronik. »Wir hatten zwei Führungskräfte, die in Englisch fit gemacht werden sollten«, erzählte er mir. Diese Notwendigkeit ergab sich aufgrund der internationalen Zusammenarbeit. Flugs wurde ein Sprachkurs gebucht. Am Ende war der Erfolg spärlich. Die beiden taten sich unheimlich schwer. Im Nachhinein ärgerte sich der Personalleiter, dass er nicht die Notbremse gezogen hatte. »Wir hätten früher sagen müssen, ihr seid keine Sprachtalente. Es macht keinen Sinn.« Eine Erkenntnis, die mit rund 15 000 Euro teuer erkauft wurde. Und die Schule räumte später sogar ein, dass den beiden Herren die mentale Fähigkeit fehlte, Sprachen leicht zu lernen. Nicht jeder Weiterbildungsanbieter trägt so naiv sein

Herz auf der Zunge. Die meisten trainieren still und genießen die Einnahmen – auch wenn der Lernerfolg fraglich ist. Eine erfahrene Trainerin aus dem Bankenbereich berichtete mir, dass Auftraggeber anscheinend auch gar nicht an der Wahrheit interessiert sind. Selbst wenn klar ist, dass Mitarbeiter intellektuell nicht in der Lage sind, das umzusetzen, was sie lernen sollen, werden sie immer wieder regelmäßig zu Trainings geschickt. Vielleicht steht dahinter das Motto: Viel hilft auch viel. Ein Irrweg, wenn man an persönliche Grenzen stößt.

Das war auch der Fall bei einer Juristin. Sie wurde aufgrund ihrer hohen Fachkompetenz eingestellt. Wie sich später herausstellte, gehörte sie zu dem Typ Mensch, der – so die Worte des Personalleiters – »immer nur den Baum sieht, aber nicht den Wald«. Sie war nicht in der Lage, zunächst global an Aufgaben heranzugehen und sich einen Überblick zu verschaffen. Seine Beobachtung war: »Die fängt direkt an, auf ein Thema zu hüpfen und sich in Details festzubeißen.« Die Folge war, dass sie sich stets verzettelte, Termine nicht realisierte und sich oft mehr Arbeit als nötig machte. Der eigentliche Chef der Juristin diagnostisierte einen Mangel an Selbst- und Zeitmanagement und verordnete ihr ein zweitägiges Training dazu. Sie lernte etwas über Zeitpuffer, A-, B- und C-Aufgaben, Zeitfresser – und was man sonst so an Techniken mit auf den Weg bekommt. Ihr gefiel auch alles sehr gut, bloß mit der Umsetzung haperte es. Der Druck auf sie erhöhte sich, denn natürlich erwartete ihr Chef, dass sich ihre Leistungen verbesserten. Sie mühte sich ab wie ein Hochspringer, der immer ab einer bestimmten Höhe die Latte reißt. Ihr Frust steigerte sich, sie fühlte sich als Versagerin. Über ihr hing ständig dieses Damoklesschwert, das besagte: »Wenn du nicht besser wirst, überstehst du die Probezeit nicht.« Sie überstand sie, weil ihr Chef nett war und ihr lieber noch einige Seminare angedeihen ließ. Aber ihre Kollegen stöhnten und lästerten in der Teeküche. Sie mussten ausbaden, was die Juristin aufgrund ihrer Desorganisation nicht schaffte.

Falsch verpflanzt: Das Bäumchen-wechsel-dich-Spiel

Ungeschickte Personalauswahl ist nur ein Grund, weshalb in Unternehmen gute Mitarbeiter auf falschen Positionen sitzen. Ein anderer sehr häufiger Grund sind diverse Veränderungsprozesse in Firmen. Die Verantwortliche für Training and Development eines großen Telekommunikationsunternehmens berichtete mir, dass ihre Firma etwa alle drei Monate einen Change zu verkraften habe. In anderen Unternehmen ist es ähnlich. Da gibt es Umstrukturierungen, Produktivitätsaktionen, Fusionen oder Strategiewechsel. Die Mitarbeiter kommen morgens in ihr Büro und plötzlich arbeiten sie im vierten Stock. Und dabei war das Gebäude gestern noch ein Flachbau. Eine Führungskraft berichtete mir entnervt, dass sie die Organigramme gar nicht mehr ausdruckt, weil sich ohnehin jeden Monat etwas im Unternehmen verändert. Im Rahmen von Change-Prozessen finden sich Mitarbeiter plötzlich in Aufgaben oder auf Stellen wieder, die überhaupt nicht ihren Fähigkeiten und Kompetenzen entsprechen. Die Weiterbildung soll es dann ausbügeln. Und manchmal trifft es auch die Leute aus der Personalabteilung selbst, die sich um die besagte Weiterbildung der Mitarbeiter kümmern. Wenn das passiert, ist jedoch die sozialromantische Ader beim Teufel, wonach jeder Mensch alles lernen kann, wenn er nur will. Zum besseren Verständnis der Reihe nach.

Sie hieß Bärbel und arbeitete in der Abteilung Human Resources, kurz HR-Abteilung. Eine Vollblut-Personalerin. Mitarbeiter betreuen von der Wiege bis zur Bahre: Einstellen, Umstellen, Ausstellen. Eines Tages kündigte sich im Flurfunk der Vorbote apokalyptischer Ereignisse an. Schließlich erfuhr es auch die HR-Abteilung offiziell. Eine »Produktivitätsaktion« stand ins Haus. Um die Kosten zu senken und die Erträge zu steigern, sollten rund 20 Mitarbeiter entlassen werden. Jede Abteilung im Unternehmen hatte einen Beitrag zu bringen. Wirklich jede Abteilung? Auch HR? Es traf besagte Bärbel, die die Produktivitätsaktion professionell mit abwickelte – bis sie erfuhr, dass sie sich selbst gleich mit aussortieren konnte. Doch halt. Da sie eine sehr gute Mitarbeiterin war, offerierte ihr das Unternehmen die Möglichkeit, in die Abteilung Supply Chain zu gehen. Sie wählte mit Begeisterung Supply Chain – weil der Arbeitsmarkt angespannt war. Sie arbeitete von da an im 3. Stock und trauerte dem Dasein in der Personalabteilung nach. Für sie hieß es, sich in neue Systeme einzuarbeiten und Einkaufsverhandlungen mit Lieferanten zu führen. Dem geneigten Leser springt vermutlich ins Auge, dass Personaladministration etwas komplett anderes ist, als Einkaufsverhandlungen zu führen. Es erübrigt sich, darüber zu berichten, wie unglücklich die Dame war. Sie hatte zwar äußerlich die Kröte geschluckt, in ihr quakte aber abgrundtief ihre geschundene Seele. Es war nicht ihr Ding, auch wenn sie Trainings bekam und sich arrangierte. Und vielleicht hatte die Firmenleitung gedacht, sich mit diesem Schachzug elegant aus der Schlinge zu ziehen. Statt Entlassung oder Aufhebungsvertrag offerierte sie einen »Tod auf Raten«. Die Leitung hoffte, die Mitarbeiterin würde auf eigene Initiative das Weite suchen. Doch Fehlanzeige. Sie ging in die Opferrolle und leistete suboptimale Dienste. Sie bestand sogar darauf, im Gehalt heruntergestuft zu werden, weil sie es im Kollegenkreise nicht ertrug, überbezahlt zu sein.

Dass solche Change-Prozesse Mitarbeiter nicht nur an ihre natürlichen Grenzen führen, sondern auch auf einen leidvollen Dornenpfad, verdeutlicht der Fall einer Sekretärin. Sie hatte etliche Jahre für einen Bereichsleiter gearbeitet, bis ihre Stelle gestrichen wurde. Da die 34-Jährige als High Performerin galt, die auf ihrer Position einen Top-Job machte, glaubte man, sie könne auch gute Leistungen als Supervisorin im Call-Center des Unternehmens bringen. Falls Sie es nicht wissen: Supervisoren übernehmen als Teamleader verschiedenste Führungsaufgaben, organisieren die Arbeitsabläufe und haben die kundenorientierte Ausführung der Aufträge zu verantworten. Sie übernehmen die Funktion des Bindeglieds zwischen den Agenten und dem Manager des Call-Centers. Von der Sekretärin zur Supervisorin – für einige mag es

Karriere sein – für andere ist es der Sprung in einen Spagat, aus dem man nicht wieder aufsteht. Die 34-Jährige spürte sofort und instinktiv, dass dieser neue Job nichts für sie war. High Performer wissen, was sie gut können. Sie ging deshalb zu ihrem Chef, um ihm klar zu sagen: »Ich bin zwar ein bisschen unsicher, aber das ist ein toller Job.« Im Kopf hatte sie derweil den Gedanken, dass er zumindest besser sei, als arbeitslos zu sein. Folglich bekam sie ein Schulungsprogramm. Ein dreiviertel Jahr später traf ich sie wieder. Ihre Augen lagen tief in den Höhlen und sie wirkte irgendwie ausgemergelt. Sie schaute traurig aus dem Betriebsratsbüro heraus. Schnell erfuhr ich, dass sie vor kurzem einen heftigen Bandscheibenvorfall erlitten hatte. Zufall oder Warnschuss der Psyche? Sie war etliche Wochen aufgrund ihrer Krankheit ausgefallen. Da sie immer noch eingeschränkt war, konnte sie nur ein bestimmtes Stundenkontingent arbeiten. Sie war auch nicht mehr Supervisorin, sondern als Assistenz für den Betriebsratsvorsitzenden abkommandiert worden. Für sie gab es kein Ende des Tunnels.

Doch nicht nur durch Stellenstreichungen werden Mitarbeiter in Jobs gezwungen, in denen sie natürliche Grenzen haben, die mit Weiterbildung nicht überwindbar sind. Schon gar nicht mit ein paar Tagen Training, wie es in der Praxis üblich ist. In einem großen Möbelkonzern wurde der Innendienst umstrukturiert. Fast 50 Mitarbeiter und Mitarbeiterinnen waren davon betroffen. Ursprünglich hatten sie die Aufgabe, Anfragen und Reklamationen von Kunden am Telefon zu bearbeiten und den Außendienst zu unterstützten. Durch die Umstrukturierung bekamen sie zusätzlich die Rolle eines Debitorensachbearbeiters zugewiesen. Die Tätigkeitserweiterung bedeutete einerseits eine schriftliche Sachbearbeitung. Anderseits mussten die Mitarbeiter Kunden anrufen, um offene Rechnungen einzutreiben. Ein Hauptgrund für die Umstrukturierung war die Idee »One-Face-to-the-Customer«. Oder anders gesagt: Wenn Mahnbuchhaltung und Vertrieb in einer Hand liegen, kann der Kunde die beiden Funktionen nicht gegeneinander ausspielen. Die neue zentrale Kommunikationsfähigkeit bestand darin, verhandlungsstark und selbstsicher mit saumseligen Kunden zu telefonieren. Nicht jedermanns Sache. Und für einen Kollegen von mir war im Trainingsprozess bald klar, welcher der Mitarbeiter hier an seine natürlichen Grenzen stieß, weil er eher der zurückhaltende Typ war. Das Ende vom Lied ist bei Veränderungsprozessen immer wieder: Nicht jeder passt aufgrund seiner Einstellungen und Fähigkeiten in die Rolle, die das Unternehmen ihm anbietet oder von ihm erwartet. In Zeiten hoher Arbeitslosigkeit und persönlicher finanzieller Verpflichtungen ertragen Mitarbeiter die neuen Anforderungen und spielen das Spiel mit. Die Folgen sind Krankheit, innere Kündigung oder schlechte Leistungen. Und was das für den Unternehmenserfolg bedeutet, weist nun auch erstmals eine Studie statistisch nach, die weltweit als die größte Studie zu Unternehmenskultur, Arbeitsqualität und Mitarbeiterengagement gilt. Demnach ist die Unternehmenskultur für bis zu 31 Prozent des finanziellen Erfolgs verantwortlich. Befragt wurden im Jahr 2006 mehr als 37 000 Beschäftigte in 314 Unternehmen aus den zwölf größten Branchen.[25]

Doch statt grundsätzlich etwas an der Unternehmenskultur zu verändern, soll die Personalentwicklung (PE) es irgendwie richten.

PE soll es richten: Reparaturbetrieb und Palliativ-Trainings

Ein typischer Auftrag an die Personalentwicklung lautet: Entwickeln Sie mal ein Konzept, damit unsere Mitarbeiter dem Veränderungsprozess gegenüber aufgeschlossen sind. Und oft wird dann auch ein externer Anbieter zurate gezogen, der seine Kreativität unter Beweis stellen soll. So geschehen bei einer Bank, die beschlossen hatte, alle ländlichen Zweigstellen zu schließen. Das gab dann nicht nur einen Aufschrei bei den Mitarbeitern, die versetzt werden sollten, sondern auch bei der ländlichen Bevölkerung. Erst hatte die Post ihnen die öffentlichen Briefkästen genommen und nun wollte man ihnen auch noch die Bank-Filialen rauben. Da ergibt sich zwangsläufig die Frage, ob solch ein Einschnitt überhaupt zu heilen ist. Im Grunde nicht. Man kann Trost spenden und muss warten, bis der Schmerz nachlässt, die Wogen des Aufschreis sich glätten und Gras über die Sache gewachsen ist. Verlust ist Verlust. Mit dieser Erkenntnis gibt sich das fortschrittliche Unternehmen jedoch nicht zufrieden. Lieber will man die Einstellung aller Betroffenen so reparieren, dass sie am Ende glauben, sie selbst hätten sich ausgedacht, die Geschäftsstellen der Bank zu schließen. Und wenn nicht das, dann sollen sie zumindest glauben, es sei eine gute Sache.

Um diese Herkules-Aufgabe zu meistern, wird eine Trainings-Armada gebucht. Zurzeit sind teure Unternehmenstheater-Anbieter besonders gefragt. Ihr Job ist es, den Betroffenen mit Schauspiel und Humor die anstehenden oder vollzogenen Veränderungen näherzubringen, das heißt deren Einstellungen dazu positiv zu verändern. In der Medizin spricht man bei solchen Maßnahmen von Palliativbehandlung. Ist eine Heilung aussichtslos, zielen die Maßnahmen darauf ab, Symptome und die damit einhergehenden Leiden zu lindern – zum Beispiel mit Morphium. Und wenn man so darüber nachdenkt, wäre Morphium wahrscheinlich die kostengünstigere Lösung. Statt die Menschen mit einer 100 000 Euro teuren Theaterveranstaltung zu beschallen, teilt man einfach ein paar Dutzend Schachteln mit Morphium-Pillen aus und jeder kann sich zudröhnen. Denn wie nach dem Abklingen der Drogenwirkung ist es auch nach der Theatervorstellung. Bald nach dem Schlussapplaus ist der Rausch vorbei und zurück bleibt ein Kater angesichts der nüchternen Realität. Denn es gibt nichts zu reparieren und zu heilen, wenn Mitarbeiter durch einen Veränderungsprozess Verluste hinnehmen müssen. Denn ganz egal, was man für Maßnahmen anschiebt – am Ende bleiben die Einstellungen die gleichen. Die Positiven gehen konstruktiv mit den Veränderungen um und die Schwarzmaler sehen die Welt immer noch so negativ wie zuvor. Aber die Firmen bleiben dabei: Die Mannschaft muss nur auf den richtigen Mindset geschult werden. Und wer es nicht schnallt, kann ja die Konsequenzen ziehen: »Love it, change it or leave it!« Die es betrifft, tun es aber nicht. Never ever. Und da sind wir bei einem weiteren Phänomen in der deutschen Firmenlandschaft: den Anglizismen. Ehefrauen verstehen ihre Männer nicht mehr, wenn die von Change-Prozessen, Out-of-the-Box-Denken, Workflows und dem Matchen von Anforderungen sprechen. Auch für etliche Mitarbeiter, besonders niederer Hierarchieebenen, ist bereits das Verstehen dieser ständigen Anglizismen eine Entwicklungsaufgabe und stößt an natürliche Grenzen. Eine repräsentative Studie der Kölner Endmark AG hat übrigens herausgefunden, dass auch englischsprachige Werbesprüche, die sogenannten Claims, vom Konsumenten oft nicht verstanden werden. So übersetzten viele Teilnehmer den Slogan »Come in and find out« (Douglas) mit »Komm rein und finde wieder heraus«. Möglicherweise auch deshalb wurde er durch »Douglas macht das Leben schöner« ersetzt. Besonders kurios: Viele Zuschauer übersetzten das frühere SAT.1-Motto »Powered by emotion« mit »Kraft durch Freude«.[26] Wen wundert es da, dass Mitarbeiter englischsprachigen Veränderungsmottos wie »The Power to Change« mit Sarkasmus begegnen: »Ich dachte, wir sind ein deutsches Unternehmen.« Beim Leitsatz »Move to the Top« erfasst der schlichte Mitarbeiter dagegen ganz schnell, worum es geht: »Bewegung im Damenoberteil.« Wer denkt schon an die Effizienzsteigerung interner Prozesse und die Verbesserung der Vertriebsstrukturen?

Ein anderes aktuelles Change-Thema ist der Wandel hin zu einer modernen, effizienten und kundenorientierten Kommunalverwaltung. Kreise, Städte und Gemeinden haben seit einigen Jahren das Leitziel auf der Agenda, sich zu einem modernen Dienstleistungsbetrieb zu mausern. Wahrscheinlich kommen Ihnen beim Stichwort »Behörde« auch spontan Menschen in den Sinn, die in Kategorien denken wie »Ich bin nicht zuständig« oder »Ich arbeite hier bis zur Rente« oder »Ich bin hier auf der Arbeit und nicht auf der Flucht«. Man kann solche Einstellungen auch positiv werten. Die Leute achten sehr sorgsam auf ihre persönlichen Ressourcen und Kräfte. Doch mal ehrlich: Bei einer Behörde zu arbeiten ist eine echte Fähigkeit. Man muss den Menschen mit seiner Anfrage oder seinem Antrag hinter dem Aktenberg ausblenden. Da gibt es bestimmte Prozesse und Strukturen, die die volle Aufmerksamkeit fordern. Es geht um »Antrag öffnen«, »sichten«, »gewähren/ablehnen« und »abheften«. Ganz selten existiert die Erkenntnis, dass dieser Mensch – auch Steuerzahler genannt – den eigenen Arbeitsplatz bezahlt.

Wer diese Behörden-Fähigkeit beherrscht und es lange genug trainiert hat, schafft schwerlich den Paradigmen-Wechsel hin zum kundenorientierten Denken und Arbeiten. Das wissen all die Mitarbeiter, die aus der vielzitierten freien Wirtschaft in ein Amt überwechseln. Die meisten, die ich im Rahmen eigener Projekte kennen gelernt habe, hatten blanke Nerven, weil sie es gewohnt waren, kundenorientiert und effizient zu arbeiten – bloß die Kollegen eben nicht. Eine Freundin von mir hat so absurde Erscheinungen erlebt, dass Mitarbeiter selbst sagten: »Ich komme morgens nur hierher, um die Drehtüren zu bewegen.« Andere stempelten sich am Zeiterfassungsgerät ein und entschwanden in eine ausgedehnte Frühstückspause. Sie selbst wurde von den lieben Kollegen konsequent ermahnt, nicht zu schnell zu arbeiten. Sie erhöhte nämlich aufgrund ihres Arbeitstempos die durchschnittliche Bearbeitungszahl, weil sie in ihrem Telefonjob doppelt so viele Anfragen erledigte wie die anderen.

Wenn man solch eingefahrene Denk- und Verhaltensmuster verändern will, muss man mit der Androhung eines elektrischen Stuhls arbeiten. Diese Mittel stehen in der modernen Arbeitswelt natürlich nicht zur Verfügung. Und daher versuchen wackere, fortschrittlich denkende Personalentwicklungsabteilungen Schwung in die öffentlich-rechtliche Bude zu bringen. Frisches Denken und Verhalten. Doch dieser gewünschte Rollenwechsel ist in etwa so, als wenn ein Profi-Fußballer von heute auf morgen zum Altenpfleger werden soll. Aber die PE wird an einem allseits bekannten Baumarkt-Motto gemessen: »Geht nicht, gibt's nicht.« Sie soll alte Missstände durch griffige Maßnahmen möglichst schnell beheben. So möge sich die drahtige Mitvierzigerin, die bisher hilfesuchende Bürger am Telefon wie ein Terrier angekläfft hat, auf wundersame Weise zu einer zuvorkommenden Servicekraft mausern, die am Telefon ein Lächeln in der Stimme hat. Die Profis der PE wissen: Endstation natürliche Grenzen. Aber man macht es trotzdem, weil man die Mitarbeiter nicht einfach austauschen kann. Dünne Hoffnungsschimmer sind Fluktuation oder Frühverrentung.

Ein Personalentwickler aus der Softwarebranche brachte mich in diesem Zusammenhang noch auf einen anderen Aspekt, weshalb ohne Aussichten auf Erfolg trainiert wird: »Was wir verkaufen, hängt sehr mit dem Wissen und der Kompetenz der Mitarbeiter zusammen. Sie sind nicht beliebig austauschbar.« Rund 80 Prozent der Mitarbeiter hätten akademische Abschlüsse. Erst nach ein bis zwei Jahren würden sie richtig produktiv, weil ihnen dann die internen Prozesse bekannt und genügend Praxiserfahrung vorhanden seien. »Wenn ein Softwareentwickler in der Kommunikationsbranche zum Beispiel die Software für Billing-Systeme bei einem Telekommunikationsunternehmen programmiert hat, besitzt er so viel Programmierwissen und Know-how über das Billing-System, dass man ihn nicht einfach durch einen neuen Mitarbeiter ersetzen kann.« Notgedrungen versucht man also mit ein paar Tagen Seminar die Schwächen wegzutrainieren. Die liegen in der Regel im Bereich der sozialen Kompetenz und betreffen unzureichende Kommunikation und Konfliktfähigkeit. Der Fall ist klar: Wenn die besten Freunde Bits und Bytes sind, kann man nicht erwarten, nach ein paar Seminartagen tolle Teamplayer oder exzellente Kommunikatoren vorzufinden. Und so sind es auch hier nur überflüssige Versuche, Menschen mittels Weiterbildung zu reparieren oder palliativ an deren Symptomen herumzudoktern.

Kopf im Käfig: Begrenzt durch den eigenen Denkrahmen

Die meisten Schwächen in der Performance von Mitarbeitern sind eng gekoppelt mit eigenen Einstellungen, auch Denkrahmen genannt. Wie schon in Kapitel 1 erwähnt sind Denkrahmen bestimmte Sichtweisen auf die Welt. Sie bilden sich aufgrund von Erfahrungen aus. Manchmal reicht ein einschneidendes Erlebnis aus, um daraus eine sehr prägende Einstellung zu entwickeln. Diese sorgt für einen Tunnelblick. Noch heute erinnere ich mich sehr lebhaft daran, wie mir ein bissiger Dackel am Handgelenk hing, als ich ein Junge war. Noch heute spüre ich diese Eckzähne. Es hat gereicht, dass ich niemals mehr der beste Freund des Hundes werden kann und ihm mit großer Skepsis begegne. Schlicht gesagt ist bei jedem Hund der erste Gedanke: »Na hoffentlich beißt der nicht.«

Wie stark sich solche Einstellungen auswirken, können Sie sich am besten am Beispiel des sogenannten Placebo-Effektes vor Augen führen. Ein Placebo ist ein Scheinmedikament ohne Wirkstoffe – aber mit erstaunlichen Wirkungen. Patienten gesunden auf überraschende Weise, wenn man ihnen glaubhaft versichert, dass sie ein hoch wirksames Präparat einnehmen. Und dass, obwohl sie nur eine Ansammlung von Zuckermolekülen geschluckt haben. Einstellungen schaffen also Realität. Letztens war ein Teilnehmer im Training, den ich an dieser Stelle Hans Peter Budde nenne. Er war etwa 50 Jahre und hatte die Einstellung: »Man muss vorsichtig sein, was man sagt. Besonders gegenüber höheren Hierarchieebenen.« Der Hintergrund dafür war eine sehr negative Erfahrung mit einem früheren Vorgesetzten. Er wäre fast rausgeschmissen worden, weil er klar seine Meinung gesagt hatte und zu fordernd aufgetreten war. Seitdem kommunizierte er immer sehr vorsichtig, sagte lieber nichts oder schluckte alles runter. Auf der anderen Seite wollte er durch das Training lernen, sich Gehör zu verschaffen, ohne andere, insbesondere Vorgesetze, zu nerven. Aus seinen Erzählungen wurde sein defensives, duckmäuserisches Verhalten sehr deutlich. Auch im Seminar fiel er durch seine Stimmlage und körperliche Ausstrahlung auf, die immer ein bisschen unterwürfig wirkte. Sein aktuelles Problem war, dass er von seinem Vorgesetzen mit einem Projekt beauftragt worden war, das er mit zwei anderen Kollegen umsetzen sollte. Es ging dabei um die Entwicklung eines Strategiekonzeptes für eine Produktreihe. Seine Kollegen zeigten jedoch kein Interesse. Zusammenkünfte platzten. Die Zeit ging ins Land. Und der Chef schien auch nicht sonderlich an Ergebnissen interessiert zu sein. Nur Hans Peter Budde wollte das Strategieprojekt gerne vorwärts bringen. Für die anderen Seminarteilnehmer war die Sache klar: »Geh' zu deinem Chef. Fordere von ihm Unterstützung. Finde heraus, wie wichtig das Projekt wirklich ist. Er ist verantwortlich. Kläre, was genau zu tun ist.« Doch Hans Peter Budde winkte ab. Er hätte seinem Chef mal angedeutet, dass es da Schwierigkeiten gäbe. Und man dürfe ja auch nicht zu sehr auf den Putz hauen. Aufgrund seiner sehr tiefliegenden Einstellung war es nicht verwunderlich, dass er gar nicht oder extrem vorsichtig in Kommunikations- und Konfliktsituationen ging. Wir versuchten Hans Peter Budde klarzumachen, dass er eine andere Einstellung entwickeln möge. Er bekam sogar konkrete Tipps in einem Rollenspiel. Doch er glaubte, es nicht in der Praxis anwenden zu können. Die Angst saß zu tief, den Vorgesetzten zu vergällen und damit Ärger zu bekommen. Seine Einstellung »man muss vorsichtig sein« schaffte Realitäten, die ihm keinen Spielraum ließen. Folglich passierte nichts und das Training war verlorenes Geld. Aber schön, dass wir mal darüber gesprochen haben.

Sozialpsychologen sind sich einig, dass tiefsitzende Einstellungen nicht einfach durch gute Argumente umzustoßen sind. Robert Dilts erzählt in seinem Buch *Veränderung von Glaubenssystemen*[27] eine schöne Geschichte, die die Stärke von eigenen Überzeugungen sehr gut auf den Punkt bringt. Es ist die Geschichte von dem Patienten, der glaubt, er sei eine Leiche. Deshalb ist er beim Psychiater. Dieser versucht ihn nach allen Regeln der Kunst zu überzeugen, dass er quicklebendig ist: »Schauen Sie sich doch mal an. Sie haben rosafarbene Haut. Sie atmen. Sie sitzen hier und fallen nicht vom Stuhl. Sie leben.« Der Patient: »Nein, ich bin tot.« So geht es hin und her, bis der Psychiater einen genialen Einfall hat. Er fragt: »Sagen Sie, können Leichen bluten?« Darauf der Patient:

»Nein, weil alle Körperfunktionen zum Stillstand gekommen sind, kann eine Leiche nicht bluten.« Siegesgewiss und mit Glanz in den Augen sagt der Psychiater: »Also gut. Dann wollen wir mal ein Experiment machen. Ich werde eine Nadel nehmen, Ihnen damit in den Finger stechen und schauen, ob Sie bluten.« Der Patient hat nichts dagegen. Der Psychiater sticht ihm also in den Finger – das Blut fließt. Der Patient schaut sich die Sache völlig verblüfft an und ruft: »Verdammt. Leichen bluten doch.« Die Moral von der Geschichte ist: Wir Menschen neigen dazu, uns die Wirklichkeit immer so zurecht zu dichten, dass sie unserer Sicht der Dinge entspricht. Die besten Argumente, selbst andere Erfahrungen, bringen uns vom einmal gefassten Denkrahmen nicht so leicht ab. Insofern ist es unmöglich, in ein paar Tagen Training Teilnehmer zu einer neuen Einstellung zu bringen. Selbst gewiefte Therapeuten beißen sich an ihren Patienten die Zähne aus, wenn es darum geht, eingefahrene Muster zu verändern. Doch als Trainer versucht man immer wieder gern, das Unmögliche möglich zu machen.

In einem eintägigen Führungsworkshop ging es zum Beispiel darum, den Führungskräften Hilfestellungen für ihre Praxis zu geben. Ich hatte einen IT-Leiter in der Seminargruppe, der über den Personalabbau in seiner Abteilung klagte. Die anderen Teilnehmer konnten ihn gut verstehen, weil sie aus demselben Unternehmen kamen. Aufgrund ihrer eigenen Erfahrungen brachten sie gute Ansatzpunkte ein, wie er seine Situation positiv beeinflussen konnte. Doch der 58-Jährige überzeugte uns mit allen möglichen Begründungen, dass die Lösungen graue Theorie seien. Jeden guten Gedanken eliminierte er mit Killerphrasen wie: »Das geht nicht, weil ...«, »Das habe ich auch schon versucht ...«, »Früher habe ich auch so gedacht ...«. Seine weinerliche Stimme ließ uns irgendwann gemeinschaftlich in eine tiefe Depression mit galoppierender Hoffnungslosigkeit verfallen. Wir sehnten uns nach der Brücke, von der wir in den Freitod springen dürften. Wir glaubten schließlich auch, dass nur eine frühzeitige Pensionierung in zwei Jahren die einzige Lösung für ihn sei.

Was der bärtige IT-Leiter aber wirklich ausdrückte war: »Ich will mich nicht mit mir auseinandersetzen oder etwas verändern.« Er klagte lieber wie alte Menschen im Bus. Und so war die Seminarteilnahme für die Katz.

In einem anderen Kurs begegnete ich dem Abteilungsleiter Herrn Gerber, schätzungsweise Mitte 40, verheiratet, zwei kleine Töchter. Schon in den ersten drei Minuten im Training – als ich ihn sah, mit seinem ovalen bleichen Gesicht, den leichten Lachfalten, dem karierten Jackett und dieser entstellenden Hornbrille – kam in mir die Ahnung hoch: »Ein lieber Familiendaddy. Keinen Biss im Business. Kann sich nicht durchsetzen. Nicht mal gegenüber seinem Optiker.« Als er sich in der Erwartungsabfrage äußerte, sprudelte es aus ihm heraus: »Mein Chef will, dass ich an meiner Zielstrebigkeit arbeite. Aber eigentlich ist mein Chef das Problem. Der lässt mich nicht machen. Ich wollte hier ein paar Techniken lernen, dass er mir nicht dauernd reinredet. Ständig verändert er die Richtung und die Prioritäten.« Ihm kam überhaupt nicht in den Sinn, dass er etwas an sich verändern musste. Problem: Selbstbild und Fremdbild. In der Firma hatte er das Image, dass er sich nicht um Aufgaben kümmerte. »Ehe du den ansprichst, kannst du es besser selbst machen«, hieß es. Er vergaß Termine, Aufgaben verschwanden bei ihm wie in einem Schwarzen Loch. Er ging auch nicht in den Konflikt mit anderen Managern oder seinem Chef, um Projekte nach vorne zu treiben oder Rollenverteilungen zu klären. Und auch bei seinem Team hatte er seine Glaubwürdigkeit verloren. Erst kürzlich hatte er mit drei Monaten Vorplanung für sein zehnköpfiges Team ein Offsite-Meeting angesetzt. Thema: Besser zusammenarbeiten, Performance der Gruppe steigern – das Übliche also. Eine Woche vor dem besagten Termin sagte er das Meeting ab, lud den angeheuerten Moderator aus und stornierte das Hotel. Begründung: Reise nach Wien. Getrieben vom Daily Business hat natürlich jeder Verständnis für eine Geschäftsreise. Auf Nachfrage, was er in Wien mache, sagte er offenherzig: »Ich habe Hochzeitstag und meine Frau wollte unbedingt etwas mit mir unternehmen.« Muss ich erwähnen, dass das Offsite-Meeting nicht mehr stattfand und für die Mitarbeiter diese Erfahrung nur ein Mosaiksteinchen von vielen war? Sein Chef versuchte es weiter, ihn zu ändern. Deshalb bekam er ein teures Einzelcoaching. »Ich soll an meiner Zielstrebigkeit arbeiten, aber das Problem ist doch, dass mein Chef ...«, meinte er gegenüber dem Coach. Einsicht gleich null – dafür aber viele Euros durch Training und Coaching verbrannt.

Danke Kündigungsschutzgesetz: **Faulpelze kann man kaum loswerden**

Deutsche Unternehmen versuchen mit Weiterbildung die natürlichen Grenzen der Mitarbeiter zu überwinden, weil ihnen das Kündigungsschutzgesetz keine andere Wahl lässt. Im Amtsdeutsch von 1951 heißt es im Paragraph 1, Absatz 1: »Die Kündigung des Arbeitsverhältnisses (...) ist rechtsunwirksam, wenn sie sozial ungerechtfertigt ist.«[28] Damit sie gerechtfertigt ist, braucht es gute Gründe, »die in der Person oder in dem Verhalten des Arbeitnehmers liegen, oder durch dringende betriebliche Erfordernisse zustande kommen, die einer Weiterbeschäftigung des Arbeitnehmers in diesem Betrieb entgegenstehen«[29]. Meistens reichen die Gründe nicht. Der Notbehelf besteht im vielzitierten Koffer voll Geld, um jemanden zu einem Aufhebungsvertrag zu bewegen. Doch zum einen sind natürlich die Mittel begrenzt und zum anderen springt nicht jeder darauf an.

Eine bittere Erfahrung machte der Abteilungsleiter eines Lagers. Er hatte mehrere Schichtmanager, die den Betrieb und die gut 70 Lagermitarbeiter führten. Einer dieser Schichtmanager, nennen wir ihn Peter Strohe, war seit etwa 13 Jahren im Unternehmen. In den letzten Jahren hatte sich nun die Führungskultur geändert. Früher galt der Wert: »Wir sind eine große Familie. Jeder ist gut und wir tun uns gegenseitig nichts.« Nun war die Erwartung an die Führungskräfte, sehr klar und straight zu führen. Vorbei die

Zeiten, in denen Gehaltserhöhungen mit der Gießkanne über alle ausgeschüttet wurden und Faulpelze im Sozialnetz abhingen. Peter Strohe gehörte, wie erwähnt, zur alten Führungsgeneration. Die Mitarbeiter liebten ihn. Er war immer nett und fürsorglich. Kein strenges Wort. Typ gutmütiger Onkel. Seine Führungskollegen waren noch nicht so lange im Unternehmen und verkörperten den neuen Stil. Die Mitarbeiter mochten diese Führungsgarde verständlicherweise nicht so sehr. Der Abteilungsleiter investierte viele Tage Training in Peter Strohe, um ihm eine reelle Chance zu geben. Nach einem Jahr war ihm klar, dass bei ihm die natürlichen Grenzen für die neuen Anforderungen gegeben waren. Er setzte in Zusammenarbeit mit der Personalabteilung den Prozess in Gang, um sich von Strohe zu trennen. Als er die vollzogene Entscheidung schließlich offiziell vor der Belegschaft verkündete, brach bei den Mitarbeitern eine Welt zusammen. Die Antwort war eine Petition mit etwa 60 Unterschriften an die Geschäftsführung, Strohe nicht zu kündigen. Dennoch wurde er freigestellt. Der Rest der Geschichte ist schnell erzählt: Strohe klagte gegen den Arbeitgeber und musste wieder eingestellt werden. Es fand sich zwangsläufig auch ein Job für ihn. Triumph ja, aber glücklich?

Ein Vorgesetzter, der so etwas erlebt hat, ist von Trennungsabsichten erst mal geheilt. Die Lage ist in der Regel auch deshalb aussichtslos, weil man gerade bei großen Unternehmen unterstellt, dass sie aufgrund ihrer Größe in jedem Fall für einen Mitarbeiter eine entsprechende Stelle haben, wenn es am alten Arbeitsplatz nicht funktioniert. Die Hoffnung versprechende Formulierung heißt »interne Versetzung«. Doch so einfach ist das auch nicht. Es muss wie bei einer Kündigung sehr genau dokumentiert und nachgewiesen werden, warum eine Versetzung erforderlich ist. Und zu guter Letzt muss sie im Einvernehmen mit dem Mitarbeiter erfolgen. Wenn er also partout nicht will, bleibt er an dem Arbeitsplatz, wo er ist. Ein Mitarbeiter, der einer Versetzung zustimmt, hat es aber auch nicht leicht. In der Realität wird gern das »Schwarze-Peter-Spiel« veranstaltet. Führungskräfte wissen in der Regel sehr schnell, welche Mitarbeiter sich gern ins bequeme Nest setzen. Natürlich sind irgendwann die Karten neu gemischt und einer hat verschlafen, konsequent »Nein« zu sagen. Da bleibt dann nur eine Lösung: Weiterbildung. In den meisten Fällen würden sich Chefs gern von Mitarbeitern trennen, die ihre Einstellungen nicht ändern beziehungsweise – gemäß dem Peter-Prinzip[30] – auf der Stufe ihrer größten Unfähigkeit angekommen sind. Doch deutsche Gesetze machen ihnen einen Strich durch die Rechnung.

Große Unternehmen lösen dieses Problem vielfach mit sogenannten Lumpensammler-Abteilungen. Sie sind die Sammelbecken für solche Mitarbeiter, die keiner braucht, die man aber auch nicht loswerden kann. Sie entstehen häufig nach internen Umstrukturierungen, wenn die Rollen und Prozesse neu sortiert werden. Natürlich wird versucht, aus diesem Pool interne Stellen zu besetzen, wie es einst ehemaligen Telefonauskunftmitarbeiterinnen erging. Doch im betrieblichen Alltag gibt es einfach auch Leute, mit denen man nichts anfangen kann. Dann ist der letzte Ausweg der Einsatz in der Putzkolonne. So erging es einem 29 Jahre alten Junggesellen. Ursprünglich arbeitete er als Schlosser in der Produktion. Sein Alkoholabsturz führte dazu, dass er versetzt werden musste. Steuerungs- und Fahrtätigkeiten waren nicht mehr möglich. Doch auch die Putzkolonne überforderte ihn. Bis zu seiner Entgiftung musste sich ein Vorarbeiter um ihn kümmern: »Der Mann ist so müde, wenn du dem die Arbeit zeigst, ist der nach drei Minuten manchmal im Stehen eingeschlafen.« Obwohl er laut Arzt körperlich gesund war, konnte der 29-Jährige nicht wirklich eingesetzt werden. Da er seine Arbeit nicht richtig erledigte, kam es zu Konflikten im Team. Zum anderen war er trotz Warnweste eine ständige Gefahr für sich und andere. Denn über das Firmengelände donnerten regelmäßig die Lastkraftwagen. Die meisten davon fuhren zu schnell, um das Zone-30-Schild zu sehen.

Das deutsche Arbeitsrecht treibt schon manch seltsame Blüten. Betriebsräte sehen so etwas naturgemäß ganz anders. Wobei böse Zungen behaupten, dass im Betriebsrat genau die Leute sitzen, die auch ihre natürlichen Grenzen erreicht haben, aber dem Unternehmen durch ihre Wahl in das Gremium ein Schnippchen schlagen. Führungskräfte und Personalleute kennen die Debatten mit dem Betriebsrat, wenn das Schicksal eines Mitarbeiters zur Diskussion steht. Am Mitbestimmungsrecht bei Versetzungen und Kündigungen führt kein Weg vorbei, wie uns das gute alte Betriebsverfassungsgesetz lehrt. Und qua Amt kämpft der Betriebsrat natürlich für jeden Mitarbeiter. Doch worin liegt der Gewinn, wenn jemand im Unternehmen bleibt, aber seinen Job nicht macht oder machen kann – aus welchen durchaus nachvollziehbaren Gründen auch immer? Für den Angestellten ist es sicher von Vorteil, denn er kann sein Reihenendhaus abbezahlen. Aber was erhält die Firma als Gegenleistung für dessen monatlich und pünktlich zu zahlendes Gehalt?

Angesichts dieser Verhältnisse kann man nur nochmals sagen: Glückliches Dänemark. Der Kündigungsschutz ist dort weitgehend abgeschafft. Arbeitgeber können sich jederzeit von Mitarbeitern trennen. Kritiker werden jetzt sagen: Da ist was faul im Staate Dänemark. Anscheinend nicht, wenn man Berichten aus dem Land der Wikinger glaubt. In einem Bericht der *Tagesthemen* war zu hören, dass etwa ein Viertel aller Dänen einmal im Jahr den Arbeitsplatz verliert. Eine Katastrophe bedeutet der Jobverlust aber nicht. Wer gekündigt wird, erhält bis zu anderthalb Jahre lang 90 Prozent seines letzten Gehalts.[31] Das aber ist nicht das Entscheidende. Die Wirtschaft honoriert dieses Modell mit der Schaffung neuer Arbeitsplätze. Wie zu Beginn des Kapitels erwähnt, ist die Erwerbslosigkeit nur halb so hoch wie in Deutschland.[32] Ein Firmenchef bringt noch einen anderen Vorteil auf den Punkt: »Dann geht man eben woanders hin und sucht sich einen neuen Job und vielfach passiert es, dass man da viel besser reinpasst.«[33] In Dänemark braucht man also nicht Geld in sinnloser Weiterbildung zu verbrennen, nur weil die Alternativen fehlen.

Kapitel 3

Es läuft ja

Der bequeme Alltagstrott

Die Folienschlacht tobte. Aus den hinteren Reihen war das Kleingedruckte nur mit Mühe zu entziffern. Nur gut, dass es kein Vertrag war, den Herr Tatting vorne über den Beamer an die Leinwand projizierte. Sonst hätte man womöglich völlig ahnungslos eine Waschmaschine gekauft. Sein Redetempo erlaubte ihm, pro Minute zwei Folien abzuarbeiten. Natürlich blieb dabei keine Zeit, Blickkontakt zu den Teilnehmern zu halten. Einige von ihnen hatten ohnehin schon das Zeitliche gesegnet – zumindest symbolisch gesehen. Sie waren totgeredet worden. Andere versuchten noch tapfer, den Anschluss an den sprechenden Eilzug zu behalten. Verstanden aber nur Bahnhof. Das lag wohl auch daran, dass Herr Tatting seine Folien selbst nur zum Teil kannte. Immer wieder musste der Marketing-Abteilungsleiter seine Folien erst mal selbst kurz durchlesen, um zu verstehen, was er gleich zu erzählen hatte. Dann kehrte er aber ungebrochen in seinen unermüdlichen Redefluss zurück. Insider wussten, dass Herr Tatting schon diverse Rhetorikschulungen und Präsentationstrainings durchlaufen hatte. Die Durchschlagskraft fehlte jedoch. Seine Managementkollegen hatten sich mit seiner Art zu präsentieren mittlerweile abgefunden. Denn immer wenn sie ihm zu verstehen gaben, dass er sich durch seinen Redestil der eigenen Wirkung beraubte, meinte Herr Tatting sehr verständnisvoll und entschuldigend: »Sie haben ja so recht. Ich habe das Thema voll auf dem Radar.«

Ich kannte ihn aus einem Training. Er meinte, was er sagte. Tat aber nichts. Es ging ja auch so irgendwie. Die Leute verstanden ihn trotzdem. Und da sind wir beim menschlichsten aller Punkte, warum Weiterbildung nicht fruchtet. Der Mensch ist von Natur aus ein ökonomisches System. Er versucht, mit möglichst minimalem Energieaufwand in der Welt zurechtzukommen. Deshalb bildet der Mensch auch Gewohnheiten aus. Wäre das nicht der Fall, wäre unser Leben wie im Film *Und täglich grüßt das Murmeltier.* Wir müssten jeden Tag neu erlernen, wie man die Zahnbürste hält, dass man den Finger nicht in die Steckdose steckt oder welche höflichen Umgangsformen gelten, wenn man zu einem Abendessen eingeladen wird. Kurzum: Es ist gut, dass der Mensch Gewohnheiten ausbildet. Diese halten sich dann aber auch sehr hartnäckig. Psychologen sprechen in diesem Zusammenhang von der persönlichen Komfortzone. Sie meinen damit den Bereich, in dem sich ein Mensch sicher und wohlbehalten fühlt. Darin kennt er sich aus. Er weiß, was gut und was schlecht ist. Die Komfortzone gibt ihm das Gefühl von Vertrautheit, Sicherheit und Stabilität. Manche Menschen lieben ihre Komfortzone so heiß und innig, dass sie trotz größter Leiden lieber darin verharren. Denn in dem Moment, wo ein Mensch seine Komfortzone verlässt, begibt er sich in ein neues Terrain. Er braucht neue Strategien und Verhaltensweisen. Das ist anstrengend. Außerdem weiß er nicht, ob sich der Aufwand lohnt oder ob man scheitert. Warum dann also etwas ändern? Es läuft ja. Wandel ist harte Arbeit, braucht Disziplin und Durchhaltevermögen. Jeder, der eine Sportart betreibt, weiß, wie viel Energie, Zeit und Einsatz es braucht, bis sich neue Gewohnheiten bilden oder man sich falsche Angewohnheiten wieder abgewöhnt hat. Genauso ist es mit dem Erwerb von Wissen. Die Lernpsychologie belegt mit eindrucksvollen Forschungsbefunden, wie schnell wir Informationen wieder vergessen. Und so bringt ein weiser Spruch auf den Punkt, weshalb Weiterbildung ihr Geld nicht wert ist: Die Bereitschaft des Menschen, Mängel zu ertragen, ist größer als seine Bereitschaft, Mängel abzustellen.

Berühmt-berüchtigt: Der innere Schweinehund

Heerscharen von Psychologen, meterweise Bücher sowie zig Trainer und Personalentwickler haben ihm den Kampf angesagt. Er ist das am meisten gejagte Tier. Nur seine Robustheit hat es bisher vor dem Aussterben gerettet. Die Rede ist vom Schweinehund. Genauer gesagt vom inneren Schweinehund. Eine Spezies, die in den Jahrtausenden der Evolution immer überlebt hat. Der innere Schweinehund tritt als Stimme im Kopf in Erscheinung, die sagt: »Ich habe keine Lust, etwas zu verändern. Und wer weiß, ob es sich wirklich lohnt, den ganzen Aufwand zu betreiben.« Er tritt auch immer dann auf den Plan, wenn man doch etwas Neues ausprobiert und es nicht gleich klappt. Es gibt Rückschläge. Man ist enttäuscht. Neue Verhaltensweisen fühlen sich auch noch irgendwie falsch an, unpassend oder nicht zur eigenen Person zugehörig. Es gibt einen natürlichen Reflex, wieder in alte Verhaltensmuster zurückzufallen. Warum sich weiterplagen, wenn es so schwierig ist? Kurz: Der innere Schweinehund sorgt für Passivität und ist ein Synonym für Willensschwäche, die eine Person daran hindert, Anstrengungen zu unternehmen. Der Begriff geht übrigens auf den zur Wildschwein-Jagd eingesetzten Sauhund zurück. Seine Aufgaben sind das Hetzen, Ermüden und Festhalten von jungen Wildschweinen. Der Schweinehund wurde erstmals in der Studentensprache des 19. Jahrhunderts gesichtet. Es war ein Schimpfwort. Im übertragenen Sinne waren damit Menschen gemeint, die als Charaktereigenschaft eine Bissigkeit wie der besagte Sauhund hatten.[34] Unser innerer Schweinehund macht da keine Ausnahme: Er verteidigt unsere eingefahrenen Bahnen bis aufs Blut.

Warum unser Schweinehund siegreich vom Platze zieht, hat damit zu tun, dass wir auch lang genug gebraucht haben, bestimmte Verhaltensweisen zu erlernen. Dennoch ist Veränderung oder das Erlernen von neuem Verhalten vielfach möglich. Sonst säßen wir immer noch bei rohem Fleisch in einer untertemperierten Steinhöhle. Es braucht dafür jedoch bestimmte Bedingungen, die im Rahmen betrieblicher Weiterbildung nicht vorliegen. Das lässt sich sehr gut anhand eines Modells von James Prochaska, John Norcross und Carlo Diclemente nachvollziehen.[35] Die Wissenschaftler der University of Rhode Island erforschten über 20 Jahre hinweg, unter welchen Bedingungen Verhaltensänderungen stattfinden. Sie untersuchten dabei mehr als 1000 Probanden, die sich durch eine erfolgreiche Selbstveränderung auszeichneten. Danach durchläuft eine Person – vereinfacht gesagt – sechs Phasen, um zu einer dauerhaften und stabilen Verhaltensänderung zu gelangen. In jeder Phase braucht es bestimmte unterstützende Maßnahmen, die helfen, überhaupt in die nächste Phase zu gelangen. In Phase 1 wird die Veränderungsnotwendigkeit verleugnet. Die Zahl der Strategien, mit denen Menschen an diesem Punkt aufwarten, ist immens. Die Palette reicht von einfacher Bagatellisierung bis hin zu der Annahme, dass nicht man selbst, sondern die anderen sich ändern müssten. Eine schöne Übersicht über die Vielfalt von Abwehrmustern hat Sigmund Freud, der Begründer der Psychoanalyse, schon zu Beginn des 20. Jahrhunderts aufgestellt. Phase 2 ist durch eine bewusste Auseinandersetzung mit den Vor- und Nachteilen gekennzeichnet. Menschen beschäftigen sich geistig mit den Gründen, warum eine Veränderung sinnvoll sein könnte. In Phase 3 ist die Entscheidung getroffen. Über den wirklichen Aufwand gibt es jedoch eher eine Ahnung als eine sichere Erkenntnis. Es geht nun darum, ganz konkret die Schritte zu planen, die zu einer erfolgreichen Veränderung führen. In Phase 4 kommt es zu den ersten Handlungen. Es wird deutlich, dass die geplante Veränderung wirklich Arbeit bedeutet – besonders dann, wenn das Umfeld nicht unterstützend wirkt. Phase 5 beschreibt das längere Durchhalten von neuen Verhaltensweisen, auch wenn es zu Hindernissen und Rückschritten kommt. Diese Phase dauert am längsten und ist am schwierigsten zu meistern. Besonders die Tatsache, dass Menschen kleine Erfolge selten bemerken und in Alles-oder-nichts-Kategorien denken, erschwert die Motivation zum Dranbleiben. Die übliche Reaktion ist daher: »Es bringt alles nichts.« Die Flinte wird ins Korn geworfen. In Phase 6 sind alle Hürden überwunden und es existiert eine stabile neue Gewohnheit. Es braucht keine besondere Aufmerksamkeit und Anstrengung mehr. Die Verhaltensweise ist genauso zuverlässig und konstant im Kopf verankert wie die Tatsache, dass der überwiegende Teil von Autofahrern an einer roten Ampel stehen bleibt. Bis auf die Farbenblinden.

Wenn Sie nun für einen Moment an unsere Präsentationskoryphäe Herrn Tatting zurückdenken, dann wird Ihnen deutlich, dass der Marketing-Abteilungsleiter noch nicht über die Phase 2 hinausgelangt ist. Denn er sieht zwar Handlungsbedarf, aber eben doch nicht so zwingend. Ihm ist bewusst, dass er viele neue Verhaltensweisen in sein Repertoire aufnehmen müsste: Blickkontakt, langsames Redetempo, übersichtlich-plakativ gestaltete Folien und so weiter. Er müsste jedoch die Entscheidung treffen, wirklich die Umsetzung der neuen Verhaltensweisen zu planen, zum Beispiel sich mehr Zeit für die Vorbereitung einer Präsentation nehmen, sie im stillen Kämmerlein üben, sich vermehrt Übungssituationen schaffen, Feedbackpartner organisieren und vieles mehr. Das bedeutet auch, sich dafür trotz des operativen Drucks im Alltag Freiräume freizuboxen, Nachtschichten einzulegen oder Wochenenden zu opfern. Allein diese Gedanken lassen schon Unlustzustände aufkommen. Und selbst wenn er diese Planungshürde nehmen würde: Er müsste dann auch immer wieder konsequent Schritt für Schritt am Ball bleiben. Also deutlich mehr Arbeitseinsatz, Konzentration und Energie einsetzen. Puh – nun bin ich auch schon ganz erschöpft. Und deshalb nehme ich mir jetzt erst mal eine Auszeit, bevor ich weiterschreibe. Sportliche Ertüchtigung im Fitnessstudio ist angesagt. Und siehe da, das Thema verfolgt mich. Mitten im Eingangsbereich prangt eine große schwarze Tafel, auf der in dicken weißen Lettern der Spruch der Woche steht: »Der gute Vorsatz ist ein Pferd, das oft gesattelt, aber selten geritten wird.« Angeblich ein mexikanisches Sprichwort. Und was lernen wir daraus? Auch der Mexikaner leidet am inneren Schweinehund. Also wieder zurück an den Schreibtisch, damit Sie erfahren, wie es weitergeht. Weiterbildungsveranstaltungen scheitern, weil die Teilnehmer nicht über den Punkt der Bewusstmachung von Änderungsmöglichkeiten hinausgehen und bei ihren ersten Umsetzungsversuchen auf der Strecke bleiben. Denken Sie einmal an die Mitarbeiter, die zu externen Seminaren bei Weiterbildungsanbietern geschickt werden oder Inhouse-Trainings mitmachen. Die Themen reichen von Führung, Kommunikation, Zeitmanagement, Rhetorik, Verhalten am Telefon bis hin zu Fachthemen wie Arbeitsrecht, Facility Management, Praxis der betrieblichen Altersvorsorge und so weiter. Die Seminare dauern im Schnitt zwei Tage. Danach kehrt der Mitarbeiter frisch gestärkt mit guten Vorsätzen an seinen Arbeitsplatz zurück. Ob und in welcher Tiefe jemand nach solch einem Kurs die Inhalte in die Praxis umsetzt, liegt in seiner persönlichen Selbstverantwortung. Es heißt dranbleiben, durchhalten und sich bei Rückfällen wieder auf den Weg bringen. Egal, ob man sich neues Wissen, Denken oder Verhalten aneignen möchte. Doch die meisten Seminarteilnehmer haben nicht diesen Biss. Das Gegenteil ist der Fall.

Frommer Wunsch: Veränderung auf Fingerschnipp

Wie oft habe ich am Ende eines Seminars von Teilnehmern Sätze gehört wie: »Ich kann keine speziellen Vorsätze aufschreiben. Wenn ich im Alltag in einer bestimmten Situation bin, wird mir das Seminar schon wieder einfallen.« Die Annahme ist, dass die dort vorgestellten Inhalte plötzlich auf wundersame Weise im Gehirn verankert und automatisch im Alltag abrufbar sind. Auf jeden Fall müsse man nicht dafür arbeiten. Auch andere meiner Kollegen kennen diese frommen Wünsche, wie etwa ein interner Trainer aus der Finanzdienstleistungsbranche. Seine Teilnehmer sind selbstständige Handelsvertreter, die Produkte der Finanzdienstleistung vertreiben und denen die Firma Verkaufstrainings anbietet. Die Teilnehmer kommen schon im Konflikt an. Auf der einen Seite hoffen sie, dass sie vielleicht doch noch eine gute Idee abgreifen können, die ihnen schnell großartige Umsätze beschert, auf der anderen Seite ist jede Seminarminute der totale Umsatz*ausfall*, weil man nicht draußen beim Kunden ist. Am Ende des Seminars gibt es immer fröhliche Gesichter und alle bestätigen eifrig, wie wichtig die gelernten Verkaufstechniken waren und das alles »super« war. An dieser Stelle ergreift dann der Trainer das Wort und ermahnt fröhlich-burschikos: »Passt mal auf, Kinders, ihr müsst jetzt danach auch was tun. Ihr habt es jetzt initiiert, jetzt muss es weitergehen – dran denken, bewusst Situationen zum Üben suchen, Skript nacharbeiten und Feedback einholen.« Spontanes Echo: »Keine Zeit. Wir müssen unsere Zielvorgaben erreichen. Die sind sowieso wie immer zu hoch.« Übersetzt heißt das: Das Gelernte ist doch nicht so wichtig. Und in den Köpfen kursiert die Erkenntnis, dass es bisher auch so ganz gut lief. Und eigentlich hegen sie alle die Hoffnung, dass das neue Verhalten wie Lametta am Christbaum über sie fällt und sich irgendetwas auf Fingerschnipp einstellt. »Sie realisieren nicht, dass sie etwas dafür tun müssen«, meint der Verkaufstrainer. Und die Vorgesetzten haben auch keine Zeit. Sie hoffen auf die Selbstverantwortung ihrer Mitarbeiter. Daher ist von deren Seite auch kein Druck oder Nachhalten zu erwarten. Folglich ist jegliche Argumentation vergebens, weiß der Trainer aus Erfahrung.

Teilnehmer zeigen in Seminaren gewöhnlich eine gute Disziplin, machen mit und äußern am Ende, wie interessant alles war. Diesen Effekt kann man als Trainer erreichen, indem man einen guten Mix zusammenstellt, die methodisch-didaktischen Prinzipien beherzigt und auf die Wissensbedürfnisse eingeht. Teilnehmer sind auch begierig auf Tools, wie sie es gerne nennen. Sie meinen damit einfache Regeln, Konzepte, Kochrezepte und Checklisten. Irgendetwas, was das Arbeiten leicht macht und ganz schnell anwendbar ist. Sobald erkennbar wird, das selbst das einfachste Tool geübt und ins Repertoire integriert werden muss, werden die Gesichter länger. Teilnehmer wechseln dann schnell das Thema und wollen lieber noch ein paar Tools kennenlernen, um sich besser im Alltag zurechtzufinden. Je mehr davon, umso besser. In einem Führungstraining sagte ein Teilnehmer zu mir: »Ich weiß nicht, ob ich das im Alltag so schnell anwenden kann, wenn ich in der Situation bin. Sieht schwer aus.« Er hatte gerade aus dem Wissen der Gruppendynamik das Tool »Phasen der Teamentwicklung« kennen gelernt. Mich wundert solch eine Aussage immer. Es steigt ja auch keiner ins Auto und erwartet bei der ersten Fahrstunde, dass er wie ein junger Gott durch den Straßenverkehr schwebt. Komischerweise soll aber Seminarwissen ohne Aufwand verfügbar sein. Und da sind wir wieder beim Phasenmodell der Veränderung, das, wie erwähnt, auf plakative Weise illustriert, was zu leisten ist, um zum Beispiel solch ein Tool in das eigene Repertoire sinnvoll zu integrieren. Natürlich versucht der kundige Trainer durch Wiederholungen und Übungen, die Inhalte leidlich zu vertiefen und gleichzeitig den amüsanten, abwechslungsreichen Spannungsbogen aufrechtzuerhalten, den Teilnehmer schlichtweg erwarten. Angesichts großer Seminargruppen und dem Prinzip Freiwilligkeit haben aber nie alle die Möglichkeit für intensives Üben und Feedback. Eine Trainingsfrequenz wie beim Erlernen einer Sportart findet ohnehin nicht statt. Denn keiner möchte eine dröge Veranstaltung, bei der man bestimmtes Wissen oder spezielle Verhaltensweisen bis zum Exzess übt – was durchaus sinnvoll wäre. Doch so etwas will in der Regel niemand. Und da der Trainer nicht in hohem Bogen aus der Veranstaltung fliegen möchte, macht er den Eiertanz zwischen den Stühlen. Am Ende ist der Teilnehmer wieder sich selbst überlassen und muss – ich erwähnte es bereits – durch die Phase 5 des Dranbleibens, Durchhaltens, Wiederholens und Übens ohne fachkundige Begleitung hindurch. Und so reihen sich die Berichte zu diesem Thema wie Perlen an einer Schnur. Die Personalentwicklerin eines Bau- und Heimwerkermarktes erzählte mir von einer Veranstaltung für Studenten einer Berufsakademie. Dabei erfuhren die Teilnehmer vom Geschäftsführer Aktuelles zum Unternehmen. Außerdem gab es kleine Lerneinheiten. Viele Male war die leidvolle Erfahrung, dass sich die Studenten anscheinend nur berieseln ließen. Es schrieb auch keiner mit. Dieser Eindruck wurde bestätigt, als die Personalentwicklerin einen Überraschungstest ausgab, in dem es Fragen zur Veranstaltung zu beantworten galt. Die Qualität der Antworten war mehr als dünn. Die Konsequenz war, dass sie einen Lerntest einführte. »Das beschäftigt mich Stunden. Ich muss korrigieren und die Antworten zurückmelden. Aber so bleibt zumindest etwas haften«, erklärt sie. Die Hoffnung stirbt zuletzt. Die Lernforschung zeigt nämlich sehr eindrucksvolle Vergessenskurven auf, die auch diese hehre Arbeit als überflüssig ausweisen. Das Großhirn von uns Menschen hat zwar eine erstaunliche Kapazität, behält aber nur das neue Wissen, das in bestimmten Zyklen intensiv wiederholt wird oder durch hohe Emotionalität beziehungsweise seine Besonderheit aus dem Rahmen fällt. Das heißt, nach einem Lerntest fällt die Wissenskurve auch schnell wieder ab, wenn nicht mit dem Erlernten weitergearbeitet wird. Bereits 1885 hat der deutsche Experimentalpsychologe Hermann Ebbinghaus eine Arbeit über unser Erinnerungsvermögen veröffentlicht, in der er Zusammenhänge von Lernen und Vergessen darstellte.[36] Die Erkenntnisse dieser wissenschaftlich fundierten Pionierarbeit gelten immer noch. Er stellte fest, dass schon nach 20 Minuten 42 Prozent des Lernstoffs vergessen waren, nach einer Stunde sogar 50 Prozent. Bereits nach wenigen Minuten setzt also das Vergessen von Informationen ein. Also lesen Sie am besten gleich noch einmal den Anfang dieses Buches. Tony Buzan, Mind-Map-Begründer und Gedächtnisexperte, verweist auf neuere Studien, wonach innerhalb von 24 Stunden 80 Prozent der Details bereits vergessen sind. Über einen Zeitraum von zwei Tagen, einer Woche, einem Monat und vier Monaten geht die Erinnerung dann rapide gegen null.[37] Das heißt, wenn man jemanden nach einem Monat auf ein Training anspricht, fragt dieser: »Welches Training?« Das Einzige, was dagegen hilft, ist intensive Wiederholung und aktive Beschäftigung mit dem Lernstoff. Am besten ist natürlich dessen ständige

Anwendung im Tagesgeschäft. Und da hakt es dann leider wieder. Einen Großteil der gelernten Informationen braucht man nämlich nur sporadisch. Ebbinghaus stellte übrigens auch fest, dass sich die Zahl der Wiederholungen für einen Lernstoff überproportional erhöht, je mehr von ihm in einer Lerneinheit dargeboten wird. Womit wir wieder an dem Punkt sind, dass Lernen Arbeit bedeutet. Denn in Seminaren strömt auf die Teilnehmer jede Menge Neues ein.

Kampfansage an den alten Trott: Mit System gegen das Vergessen

Wie schwierig es ist, den alten Trott zu verlassen, wissen natürlich auch Personalentwickler. Und so versuchen sie passend zum Unternehmensrahmen und dem vorhandenen Budget Strukturen einzubauen, die helfen, Transfer und Nachhaltigkeit zu schaffen. Am häufigsten finden sich systematisch aufgebaute Programme bei Führungskräfteentwicklungen, bei Verkäuferschulungen, aber auch bei Telefonschulungen für Mitarbeiter von Call-Centern. Diese Programme sind in Hinblick auf die strategischen Ziele des Unternehmens besonders im Fokus. Daher ist hier die Bereitschaft höher, mehr Zeit, Geld und Arbeit hineinzustecken. Ein solches Programm sieht üblicherweise so aus, dass es aufeinander aufbauende Seminarmodule gibt, zwischen denen monatliche Praxis- und Umsetzungsphasen liegen. Jedes Modul schließt mit einem Programmpunkt zum Lerntransfer in die Praxis ab. Dazu gehört, dass jeder für sich Lern- und Entwicklungsziele definiert, über deren Umsetzung im nächsten Modul gesprochen wird. Daran geknüpft kann auch noch eine spezielle Hausaufgabe sein. Schließlich bekommt jeder noch ein dickes Skript der Inhalte zum Nacharbeiten. Um die Erinnerung an die Lernziele aufrechtzuerhalten, schreiben Teilnehmer einen Brief mit Vorsätzen an sich selbst, den ihnen der Trainer einige Wochen später per Post zukommen lässt. Oder es wird eine Lernpartnerschaft gegründet. Zwei Teilnehmer nehmen in der Phase bis zum nächsten Modul Kontakt auf, um über ihre Fortschritte zu sprechen. Andere Formen der Umsetzungssteuerung sind Intervisionsgruppentreffen. Das heißt, Teilnehmer treffen sich selbstorganisiert in kleinen Gruppen, um Lernthemen weiter zu bearbeiten. Schließlich gibt es auch noch die Möglichkeit für ein Training on the Job. Der Trainer oder ein interner Coach beobachtet Teilnehmer im Rahmen ihrer Arbeit und gibt Feedback und Tipps. Und weil das besonders aufwändig ist und auch nicht immer praktikabel, wird es selten gemacht.

Insgesamt gibt es ein reichhaltiges Spektrum an Maßnahmen und Methoden, um den Spannungsbogen für die Umsetzung von Lerninhalten zu realisieren. Und wenn man das alles von außen betrachtet, wirkt dieses Lernpaket wie eine runde Sache, bei der man kaum Zweifel hegen mag, dass dadurch neues Wissen und neue Verhaltensweisen gelernt werden. Doch man darf nicht vergessen, es wird nie alles auf einmal gemacht, sondern es wird immer unter Zeit-, Kosten- und Nutzenerwägungen eine Auswahl getroffen. Und da ich gerade über Kosten und Nutzen spreche, fällt mir ein interessantes Phänomen aus der Weiterbildungspraxis ein. Es ist seltsam, dass solche intensiven Programme immer nur dann existieren, wenn es einem Unternehmen finanziell gut geht. Sobald ein Sparkurs verhängt wird, kommt sofort die Order an die Personalentwicklungsabteilung, ein Kostensparsignal zu setzen. So viel Nutzen traut man also diesen Programmen nicht zu. Eigentlich sollte man meinen, dass gerade sie einem Unternehmen helfen, schnellstens wieder auf Kurs zu kommen. Die Wahrheit ist, dass im Unternehmen keiner wirklich daran glaubt, dass die Lerninhalte in die Praxis umgesetzt werden und damit auch einen positiven Einfluss auf die Kennzahlen der Firma bringen. Ein System zur Umsetzungssteuerung sorgt zwar dafür, dass sich Mitarbeiter mehr mit den Seminarinhalten beschäftigen, sich austauschen, reflektieren oder im Alltag vereinzelt etwas anwenden, doch es bleibt am Ende sehr viel Spielraum und Selbstverantwortung. Und damit gibt es genügend Ansatzpunkte für den inneren Schweinehund.

Machen wir uns doch einmal klar, was nach einem Seminar passiert. Die Euphorie ist spätestens am nächsten Tag vorbei, wenn einen die kalten Hände des Tagesgeschäfts packen. Das Seminarskript, der Aktionsplan und die Hausaufgabe liegen noch oben auf dem Schreibtisch und der Teilnehmer sagt sich: »O. K., mache ich später.« Das Daily Business tobt. Das E-Mail-Fach ist bis zum Anschlag voll. Ab und zu kehren die Gedanken zum Training zurück: »Wollte ich machen.« Schlechtes Gewissen stellt sich ein. »Passt aber jetzt gerade zeitlich nicht rein.« Denn wenn man abwägt, ist das operative Geschäft einfach wichtiger als die Seminarinhalte. Manch umsichtiger Teilnehmer hat sich sogar in seinem Terminkalender Nacharbeitszeiten eingetragen, die dann nach und nach gekippt werden. »Ich hatte mir drei Tage fest notiert«, berichtete mir kürzlich ein Teilnehmer bei einer Folgeveranstaltung. »Dann musste ich hier eine Krise lösen, da für den Vorgesetzten dringend eine Präsentation machen und schwupp lösten sich meine guten Vorsätze in Luft auf.« Angesichts von Zeit- und Ressourcenkonflikten muss man Prioritäten setzen. Und wenn man dann abends todmüde nach Hause schwankt, stellt sich die nächste Prioritätenfrage: Ist noch Kraft und Lust da, sich jetzt mit den Seminarinhalten zu befassen? Nein, man muss sehen, dass man arbeitsfähig bleibt. Also lieber doch Sport. Oder einfach mal abschalten. Freunde treffen. Ach ja – die Familie. Und am Wochenende ist es genauso. Die Gedanken »Ich wollte doch ... Ich müsste mal ...« werden weniger, denn die Prioritäten liegen anders. Die Zeit vergeht und plötzlich ploppt eine Mail im Eingangsfach auf. Der Trainer erinnert an die Umsetzung der Lernaufgabe. »Muss das jetzt auch noch sein?«, ärgert sich der Teilnehmer angesichts seines vollgepackten Terminkalenders. Gleichzeitig wundert er sich: »Sind die vier Wochen wirklich schon um?« Und emsige Gemüter spornen sich an: »Jetzt aber schnell irgendwas bis zum nächsten Termin zurechtbasteln, damit man nicht blank zieht.« Andere schicken die Mail zurück, dass sie gerade keine Zeit haben oder antworten gar nicht. Dass sich dieses Vorgehen nicht eignet, um neue stabile Gewohnheiten aufzubauen oder tiefgründiges Wissen zu erwerben beziehungsweise anzuwenden, ist klar. Einige werden sich an dieser Stelle fragen, wo denn der Vorgesetzte ist, der mal interessiert nachfragt oder die Umsetzung des Gelernten kontrolliert. Das ist ein anderes Kapitel. Nur so viel schon an dieser Stelle: Er hat keine Zeit und glaubt, der Mitarbeiter wird es schon richten. Und dann kommt der Tag, an dem das nächste Modul stattfindet. Als Trainer stelle ich dann üblicherweise fest: Die Erinnerung an vermitteltes Wissen ist reichlich dünn und wenn man mal eine Übersicht der Tools erstellt, die die Teilnehmer im Lauf der Zeit erarbeitet haben, ist die Überraschung groß, was man schon alles im Gepäck hat. Auf die Frage, was sie davon anwenden, wird mit rührender Ratlosigkeit geantwortet. Dafür kann fast jeder eine Geschichte zu den Erfahrungen mit der Umsetzung seiner Lernziele erzählen. Was davon stimmt, weiß Gott allein. Manche Teilnehmer sind sogar so offen, dass sie sagen, dass sie keine Zeit hatten, sich mit den Vorsätzen zu befassen. Und was macht dann der Trainer? Zieht er den Teilnehmern die Ohren lang oder verpetzt sie beim Chef? Natürlich nicht. Teilnehmerschutz. Oberstes Gebot ist die Vertraulichkeit. Er gibt höchstens ein Gesamtfeedback zu der Seminargruppe an seinen Auftraggeber. Meistens an den Zuständigen aus der Personalentwicklung. Was dann mit der Rückmeldung passiert, weiß wieder Gott allein. Vielleicht geht die Botschaft weiter an die jeweiligen Chefs. Und was dann dort passiert? Weiß Gott allein. Es ist alles reine Selbstverantwortung.

Ich möchte an dieser Stelle betonen, dass wir momentan über Seminarteilnehmer sprechen, die grundsätzlich offen für die Weiterbildung waren und durchaus positive Vorsätze hatten. Wir sprechen nicht über jene, die geschickt wurden und eine Veranstaltung als Zeitdieb betrachten. Wir sprechen auch nicht über die Teilnehmer, die bereits am Ende eines Seminars durch ihre Äußerungen zu erkennen geben, dass sie schon jetzt nicht daran glauben, irgendetwas davon im Arbeitsalltag anwenden zu können. Es sind Sätze wie: »Das war alles ganz interessant. Müsste ich mal versuchen umzusetzen.« Oder: »Meine Mitarbeiter wissen schon, dass ich nach den ersten zwei Wochen wieder in mein altes Verhalten zurückfalle.« Diese weichgespülten Aussagen haben eine Verbindlichkeit wie ein Gummiring. Am Ende dieser Ausführungen mögen Sie nun einwenden, dass es aber doch Leute gibt, die, unterstützt von der Systematik, sehr gewissenhaft ihre Vorsätze in die Tat umsetzen. Mag sein. Aber wie hoch genau ist der Prozentsatz? Und rechtfertigt dieser eine oder andere, eine solche Maschinerie der Umsetzungssteuerung in Gang zu bringen?

Blick in die Glaskugel: Prognose für den Weiterbildungserfolg

Im Grunde ist doch die bittere Erkenntnis, dass man selbst bei bester Struktur und bei allen Nachhaltigkeitsbestrebungen nicht wirklich Einfluss darauf hat, ob, wie viel und was ein Mitarbeiter aus einer Schulung mitnimmt. Das Einzige, was man in der Tat sagen kann, ist, dass es Menschen gibt, die im Sinne des beschriebenen Veränderungsmodells von James Prochaska, John Norcross und Carlo Diclemente starke Umsetzer sind. Leute also, die eine erhöhte Wahrscheinlichkeit ausweisen, neues Wissen und Verhalten bei sich zu etablieren. So sieht es auch die Personalentwicklerin eines Maschinenbauherstellers: »Es gibt einfach Typen, die Lerninhalte schnell adaptieren und anwenden. Dafür werden es andere nie tun. Es ist aber schwierig, dies im Vorfeld herauszufinden.« Folglich müsste man diese Schwierigkeit überwinden. Es bräuchte ein Prozedere, wie man diese umsetzungsstarken Menschen im Unternehmen identifizieren kann, um nur noch ihnen die Früchte der Weiterbildung angedeihen zu lassen. Eine Studie von Sandra Debo und Dr. Christian Montel zeigt hierzu erste Ansatzpunkte auf.[38] Die Untersuchung gibt einen Hinweis, welche Merkmale Top-Umsetzer haben. Eigentlich wollten die beiden herausfinden, ob eine Führungskräfteentwicklung das Commitment beziehungsweise die Organisationsverbundenheit der Teilnehmer zum Unternehmen erhöht. Es ging also um die Frage, ob die Führungskräfte sich durch die Maßnahme stärker mit der Firma identifizieren, sich mehr engagieren und trotz vielleicht verlockender Angebote vom Markt dem Unternehmen treu bleiben. Im Rahmen eines Vor- und Nachtests an den 17 Teilnehmern der Führungskräfteentwicklung war die überraschende Erkenntnis: Ein hohes Commitment wirkt sich positiv auf den Erfolg des Programms aus und nicht umgekehrt. Dabei muss man relativieren, dass diese Studie nicht den testtheoretischen Kriterien empirischer Forschung standhält. Weder in Bezug auf Forschungsdesign noch in Bezug auf Stichprobengröße. Ebenfalls fraglich ist, wie der Erfolg des Programms messtechnisch erfasst wurde. Aber immerhin. Klingt erst mal wie ein guter Gedanke. Man sollte nur Leute mit hohem Commitment trainieren.

Noch einen Schritt weiter ist Dr. Stephan Buchhester im Rahmen seiner Promotion gegangen.[39] Er hat ein neues Schlagwort kreiert, das sich im Jahr 2005 einen Platz in der Fachpresse erobert hat: Proaktives Bildungscontrolling.[40] Für die Erfolgsvorhersage einer Seminarteilnahme hält Dr. Buchhester drei Faktoren für maßgeblich:

- *Personenmerkmale:* Ein wichtiger Punkt dabei ist die Überzeugung, durch eigenes Handeln das Umfeld beeinflussen zu können. Hinzu kommt auch eine positive Einstellung zu dem Seminar.
- *Organisationsmerkmale:* Dazu gehören die Unterstützung des Seminars durch den Vorgesetzten und besonders die Bindung des Mitarbeiters an seine Aufgaben und sein unmittelbares Tätigkeitsfeld (»Involvement«).
- *Zielvereinbarungen:* in Bezug auf das, was mit dem Seminar erreicht werden soll.

Mithilfe des von Dr. Buchhester entwickelten Test-Systems namens M.E.N.T.A.L ist er – seinen Aussagen zufolge – in der Lage, die Wirksamkeit eines Kurses vorauszusagen. »Wenn alle Vorfeld-

Faktoren positiv sind, ist der Seminarerfolg zu 40 Prozent sichergestellt.« Bei diesem Test muss ein Mitarbeiter vor dem Besuch einer Maßnahme 69 Aussagen auf einer sechsstufigen Skala beantworten. Beispielaussagen sind: »Ich habe gemeinsam mit meiner Führungskraft besprochen, welche Weiterbildung für meine berufliche Entwicklung sinnvoll ist.« Oder: »Wenn ich etwas plane, dann bin ich mir auch sicher, dass es so in der Praxis durchgeführt wird.«

Und vielleicht denken Sie beim ersten Lesen, dass es ein interessantes und vielversprechendes Instrument ist. Bei genauerer Betrachtung ist es jedoch auch keine Lösung, um vergeudete Weiterbildungsgelder zu vermeiden. Ich will Sie dabei gar nicht mit wissenschaftlichen Gütekriterien quälen, die den Test infrage stellen. Aber es fängt schon damit an, dass er voraussetzt, dass ein Mitarbeiter bereit ist, diesen vor jeder Maßnahme wahrheitsgemäß zu beantworten und somit eine volle Transparenz seines Innenleben zu gewähren. Wie sieht das denn aus? »Ach, Sie sind jemand, der bei dem geplanten Seminar keinen Erfolg haben wird? Na, wem geben wir denn dann die Maßnahme, wenn nicht Ihnen?« Doch wer weiß – es soll ja auch Menschen geben, die da mitspielen. Viel entscheidender ist die Frage, was ein Unternehmen macht, wenn es wirklich mithilfe solch eines Tests feststellt, dass die Mehrheit der Mitarbeiter keinen Seminarerfolg haben wird. Nehmen wir doch mal an, der Test wäre zu 100 Prozent treffsicher und nicht nur zu 40 Prozent. Wenn es an den nötigen Persönlichkeitseigenschaften mangelt, wird man wohl kaum ein Seminar machen können, in dem die Leute erfolgreich lernen, wie sie umsetzungsstark werden. Laut Testergebnis dürfte man sie dort nicht hinschicken. Wenn also besagtes Unternehmen erkennen würde, dass die Mehrzahl der Mitarbeiter nicht umsetzungsstark ist – würde es dann nur die wenigen weiterbilden, bei denen der Erfolg anzunehmen ist? Das widerspricht den grundsätzlichen Interessen von Personalentwicklung. Denn sie zielt doch gerade darauf ab, die Mitarbeiterschaft in der Gesamtheit für die Interessen eines Unternehmens fit zu machen. Doch selbst wenn es in der Firma nur Mitarbeiter gäbe, die ein vielversprechendes Profil für die Umsetzung von Seminarinhalten hätten – es würde immer noch nicht ausreichen. Denn ein Test kann zwar die Eigenschaften messen, aber nicht, ob sie in entsprechenden Situationen auch gezeigt werden. Der Mensch ist immer im Spannungsverhältnis zwischen persönlichen Eigenschaften und der Situation, in der er sich befindet. Eindrucksvolle Studien aus der Sozialpsychologie beweisen, wie hoch der Einfluss einer Situation auf das Verhalten von Menschen ist. Sie verhalten sich unter bestimmten Umständen komplett anders, als man es von ihnen erwarten würde. Die wohl bekannteste Studie dazu ist das Milgram-Experiment aus den 1960er Jahren, an dem etwa 2 000 Menschen teilnahmen. In ihrer Rolle als Lehrer hatten die Versuchspersonen Fehler, die ein »Schüler« machte, zu bestrafen. Dieser saß in einem anderen Raum. Eine Sprechanlage stellte die Verbindung her. Die »Lehrer« sollten jeden Fehler durch einen Elektroschock sühnen. Dabei wurde die Intensität mit jedem Fehler gesteigert. Das Ziel der Untersuchung sei – so die Instruktion an die »Lehrer« – herauszufinden, wie das Zusammenspiel von Belohnung und Bestrafung die Gedächtnisleistung beeinflusst. Sie ahnten nicht, dass sie selbst die Testpersonen waren und nicht der für sie unsichtbare Mensch im Nebenraum. Das schockierende Ergebnis der Studie war schließlich, das fast zwei Drittel der »Lehrer« den stärksten und somit lebensgefährlichen Elektroschock von 450 Volt verabreichten. Die »Lehrer« hatten trotz lauten Protests oder Schreiens des »Schülers« den Anweisungen des Versuchsleiters gehorcht, mit dem Experiment fortzufahren. Sie hatten sich von der Situation beeinflussen lassen. Und so wissen wir aus dieser und anderen Studien der Sozialpsychologie, dass Situationen einen stärkeren Einfluss haben als persönliche Eigenschaften.

Daher ist die Eigenschaft eines Top-Umsetzers auch keine Garantie für Lernerfolg im situativen Umfeld des operativen Geschäfts. Wenn er im Zeit- und Ressourcenkonflikt mit seinem Tagesgeschäft ist, wird auch er die Prioritäten dem Dringlichen zuordnen – wozu das Üben und Nachbereiten von Seminarinhalten nicht gehört. Und so bleibt eigentlich nur noch ein Aspekt übrig, unter welchen Bedingungen Menschen neues Verhalten und Wissen lernen. Äußerer Leidensdruck.

Leidensdruck: Verbrenne die Schiffe, um zu neuen Ufern zu kommen

Irgendjemand hat mal gesagt, dass man die situativen Rahmenbedingungen rigoros ändern muss, damit Menschen den nötigen Druck haben, sich etwas Neues anzueignen. Wenn es kein Zurück mehr gibt, bleibt nur der Weg nach vorn offen. Denken Sie nur an den Film *Verschollen* mit Tom Hanks. Darin spielt er Chuck Noland, den Top-Manager eines weltweit tätigen Logistikunternehmens. Für ihn zählen Schnelligkeit, Pünktlichkeit und Zuverlässigkeit mehr als sein Privatleben. Nach einem Flugzeugabsturz landet er auf einer einsamen, unbewohnten Insel und überlebt. Denn er lernt wie Robinson Crusoe notgedrungen die erforderlichen Verhaltensweisen. Da stellt sich nun die Frage, ob auch Teilnehmer von betrieblichen Weiterbildungsveranstaltungen den nötigen Leidensdruck haben, um Neues zu lernen. Dazu sprach ich mit einem sehr erfahrenen HR-Manager. Er kannte nur einen Fall, bei dem der Druck groß genug war, um sich wirklich vermitteltes Wissen einzupauken. Ein Bekannter von ihm ist bei einer großen deutschen Fluggesellschaft dafür verantwortlich, die Flieger nach der Wartung abzunehmen. Nur wenn er den Stempel mit der Freigabe gibt, darf sich ein Flugzeug in die Lüfte erheben. Um diesen verantwortungsvollen Job zu erfüllen, sind permanente Schulung und Lernzielkontrolle erforderlich. Er muss in bestimmten zeitlichen Abständen bei einem Audit des Flugzeugbauers in Atlanta sein Wissen nachweisen. »Das sind vier dicke Leitz-Ordner in englischer Sprache«, erzählte der HR-Manager. Fällt man durch die Prüfung, gibt es noch eine letzte ultimative Wiederholungschance. »Wenn man es dann immer noch nicht draufhat, kann man den Job vergessen. Da gibt es den digitalen Zwang. Entweder du schaffst es oder du fliegst raus.« Eine derartige Praxis ist im üblichen Leben der Weiterbildungslandschaft in Firmen äußerst selten anzutreffen. Es gibt zwar die einen oder anderen Wissenstests, aber die Konsequenzen sind nicht wirklich weitreichend, wenn sich eklatante Lücken zeigen. Was soll auch passieren? Schlechte Bewertung im Jahresbeurteilungsgespräch? Eintrag in die Personalakte? Abmahnung wegen Lernverweigerung? Ich kenne kein Unternehmen, dass diese Register zieht oder sogar Gehaltserhöhungen davon abhängig macht. Vermutlich auch deshalb, weil in Windeseile der Betriebsrat vor der Tür stünde und beklagen würde, dass die Teilnehmer zu wenig Unterstützung bekommen haben, um die Inhalte richtig zu lernen. Und über diesen Punkt kann man sich dann herrlich streiten.

Folglich gibt es keinen Leidensdruck in Unternehmen, um das Implementieren von Wissen voranzutreiben. In Hinblick auf Verhaltenslernen sind die Möglichkeiten noch dünner. Da kann man nicht mal eine schriftliche Lernzielkontrolle einsetzen. Man könnte höchstens mittels eines Assessment-Centers bestimmte Verhaltensweisen überprüfen. Doch der Ansatz ist aufgrund von Kosten und Aufwand nicht praktikabel. Die einzige Organisationsform, die einen gewissen Leidensdruck für das Verhaltenslernen aufbauen kann, ist das Call-Center. Denn wie in keinem anderen Umfeld sind die Leistungen eines Mitarbeiters ständig transparent und messbar. Hinzu kommt häufig eine Armada von Coaches, die in steter Routine mit den Telefonagenten über ihre aufgezeichneten Gespräche sprechen und Verbesserungen aufzeigen. Hier ist ein Stück weit der gläserne Mitarbeiter Wirklichkeit. Wer sich nicht bewegt, wird nicht übersehen. Und das drückt sich dann auch klar in Leistungsbeurteilungen aus. Doch auch hier gibt es Grenzen des Leidensdrucks. Der Leiter eines Call-Centers erzählte mir von einer Mitarbeiterin, die am Telefon unheimlich freundlich und kundenorientiert auftritt. Die Kunden sind begeistert von ihr. Doch die Telefonagentin überschritt chronisch die geforderte Gesprächszeit von durchschnittlich drei Minuten. Ein großes Manko in der Produktivität. Sie schmälerte nämlich dadurch die Erreichbarkeit für weitere Anrufer. Alle Trainingsbemühungen, ihr aufzuzeigen und verständlich zu machen, wie sie ihre Gespräche kürzen und trotzdem weiterhin kundenorientiert bleiben könnte, scheiterten auf der ganzen Linie. Auch Druck auf die Mitarbeiterin führte nicht zum gewünschten Ergebnis. Auf der anderen Seite waren ihrem Chef die Hände gebunden, da die Kollegin nur in diesem bestimmten Ausschnitt ihrer Arbeitsrolle nicht zu bewegen war. Und eine engere Führung – das verhüllende Wort für Psychoterror am Arbeitsplatz durch beständiges Nerven und Fordern – schied bei ihm aus ethischen Gründen aus. Andere schrecken davor aber im Notfall auch nicht zurück.

Die Praxis zeigt, dass es genügend Mitarbeiter in Unternehmen gibt, die gegenüber Leidensdruck ausgesprochen stabil sind. Sie sind robust, weil sie das Kündigungsschutzgesetz ganz genau kennen. Ich sprach bereits im zweiten Kapitel davon. In besonders harten Fällen helfen weder Abgruppierungen, Abmahnungen noch Versetzungen. Diesen Mitarbeitern geht es nur um eines: in der Komfortzone ihres Arbeitsplatzes zu bleiben. So erzählte mir ein Gruppenleiter von einem Mitarbeiter, der nachweislich die Teamatmosphäre vergiftete. Erste Maßnahmen zielten darauf ab, ihm durch ein Training eine Sensibilität für die Zusammenarbeit zu verschaffen. Fehlanzeige. Der Vorgesetzte erzählte mir: »Er bringt genau die Leistung in seinem Job, bei der man ihm nichts ankreiden kann.« Punkt 18 Uhr lasse er jedoch den Griffel fallen, schalte sein Handy aus und sei für keinen mehr erreichbar. Die übliche Teamkultur sei aber, dass man sich einbringe, flexibel einspringe und die eigene Arbeit auch am Bedarf orientiere. Darüber hinaus verbreite der Mitarbeiter negative Schwingungen. Seine Äußerungen gingen in die Richtung: »Alles ist so schwer. Die Kunden sind blöd. Die Firma ist böse und macht mit den Mitarbeitern böse Sachen.« Resigniert konstatierte der Gruppenleiter: »Er kennt alle seine Rechte. Er ist obendrein noch deshalb super abgesichert, weil er im Betriebsrat ist.« Obgleich dieser Fall sicherlich extrem ist, so macht er zumindest eines deutlich: Die Umsetzung von Schulungsinhalten ist nie überlebensnotwendig. Es besteht auch keine existenzielle Gefährdung, wenn neue Verhaltensweisen nicht gelernt oder Gewohnheiten nicht geändert werden. Oder haben Sie schon mal gehört, dass jemand gefeuert wurde, weil er das Vier-Ebenen-einer-Nachricht-Modell[41] der Kommunikation von Friedmann Schulz von Thun nach einer Schulung nicht angewendet hat? Oder kennen Sie Fälle, in denen jemand abgruppiert wurde, weil er bei Kunden nur einen Bruchteil der gelernten Fragetechnik einsetzt? Die Rahmenbedingungen der Weiterbildung sind also komplett anders als im eingangs erwähnten Film *Verschollen*. Es fehlt der ultimative Leidensdruck, damit Mitarbeiter die Inhalte betrieblicher Weiterbildung in die Tat umsetzen, und deshalb passiert auch nichts. Das verlangt nach einem neuen Modell der Personalentwicklung. Es könnte, makaber gezeichnet und selbstverständlich nicht zur tatsächlichen Umsetzung empfohlen, so aussehen: Der Mitarbeiter wird nach erfolgtem Training chronisch mit einer Videokamera überwacht, um die Umsetzung der Inhalte zu dokumentieren. Seine Gedanken werden zusätzlich mittels eines innovativen Thought-Analysers registriert. Wenn ihm die Umsetzung nicht gelingt, wird er erschossen. Das würde Bewegung ins Spiel bringen und obendrein das Problem der hohen Arbeitlosenzahlen lösen.

Teil II

Die Manager

Kapitel 4

Die Zeitfalle

Getrieben vom operativen Geschäft

Es war 15 Uhr. Draußen strahlte die Sonne. Die beiden Führungskräfte saßen in gespannter Erwartung vor dem Flip-Chart. Was würde auf sie zukommen? Es hieß nur, es sei eine intensive, anspruchsvolle und herausfordernde Führungsaufgabe. »Suchen Sie sich mit Ihrem Team eine Organisation vor Ort und machen Sie eine Kulturanalyse über drei Hierarchieebenen«, erklärte ihnen der Auftraggeber. Danach folgten noch diverse Ergänzungen. »Morgen früh um 9 Uhr ist Abgabeschluss«, beendete er seine Ausführungen. Teamleiter Karsten Blum, 35 Jahre, hatte schon die ganze Zeit unruhig auf seinem Stuhl gesessen. Dann sprang er wie von einer Tarantel gestochen auf. Die Zeit drängte. Woher jetzt auf die Schnelle eine Organisation nehmen? Im Vergleich zu ihm war ein Ameisenhaufen die Ruhe selbst. Alles, was in der nächsten Stunde noch kam – Teamzusammenstellung oder ergänzendes Briefing zur Aufgabenstellung –, war bei ihm geprägt von Atemlosigkeit und Hektik. Der andere Teamleiter dagegen ging entspannter vor. »Immer wieder eindrucksvoll«, dachte ich – der Trainer und Auftraggeber. »So ein lebensechtes Planspiel im Seminar bringt am besten die Stärken und Schwächen von Teilnehmern auf den Punkt.« Am Ende gab es drei zentrale Lerneffekte für Karsten Blum. Er hatte den Auftrag nicht geklärt, sondern sich reinem Aktionismus hingegeben. Dadurch produzierte er eine enorme Blindleistung. Zum anderen setzte er sich selbst und sein

Team durch seine eigene Anspruchshaltung unter überflüssigen Zeitdruck. Und schließlich holte er für die Aufgabe sein Team nicht ins Boot, sondern bügelte deren Vorbehalte einfach über. Die Folge war Motivationsverlust.

Mit diesen Eindrücken ging Karsten Blum wieder in seinen Arbeitsalltag als Leiter Materialmanagement. Er war dankbar, dass sein Chef ihm dieses dreitägige Training ermöglicht hatte. Sein erstes Führungstraining. Zugegeben – die Einladung dazu hatte ihn sehr überraschend per E-Mail ereilt. Anfangs wollte er gar nicht hingehen. Sein Chef hatte sich mit ihm nicht über das anstehende Training und die damit verbundenen Entwicklungsziele unterhalten. Zu einem Nachgespräch kam es auch nicht. Bald verblassten die guten Vorsätze und alles blieb beim Alten. Das Tagesgeschäft hatte ihn eingeholt. Und damit erging es Karsten Blum wie den meisten Weiterbildungsteilnehmern. Deren Chefs stehen so sehr unter operativem Druck, dass Entwicklungsgespräche hinten herunterfallen. Dass Führungskräfte unter extremen Zeitmangel leiden, belegt auch eine Studie des Verlages für Deutsche Wirtschaft AG aus dem Jahr 2007.[42] Mit 97 Prozent gaben die 1787 befragten Führungskräfte verschiedenster Branchen nahezu einmütig zu, dass sie nicht genügend Zeit für ihre Mitarbeiter haben. Als Hauptfolgen nannten sie: kein Feedback (93 Prozent) und Konflikten wird ausgewichen (78 Prozent). Doch die Folgen sind noch viel weitreichender, wenn es um das Thema Fortbildung geht. Dadurch, dass sich Chefs aus Zeitnot zu wenig mit ihren Mitarbeitern befassen, kennen sie deren Qualifizierungsbedarf zu wenig. Als Folge werden die falschen Trainings gebucht und Erwartungen enttäuscht. Und selbst wenn die Seminare ganz gut passen, fehlt es an der notwendigen Konsequenz, die Umsetzung des Gelernten auch zu kontrollieren beziehungsweise einzufordern. Vorgesetzte hoffen auf das Prinzip Selbstverantwortung beim Mitarbeiter – und wie Sie aus dem vergangenen Kapitel wissen, hoffen sie da vergebens. Und weil Vorgesetzte ihrem Entwicklungsauftrag nicht nachkommen, kann man sich die Gelder für Weiterbildungsmaßnahmen auch sparen.

Chefs im Hamsterrad: Entwicklungsgespräche sind Zeitdiebe

Vorgesetzte sind eine bedauernswerte Spezies. So kommt es mir jedenfalls immer wieder vor, wenn ich mit Führungskräften verschiedenster Hierarchieebenen spreche. Sie stehen unter starkem operativem Druck und müssen zunehmende Komplexität managen. Eine Klage beherrscht die Szenerie: »Ich bin nicht Herr meiner Zeit.« Als naiver Mensch mag man da fragen: Wenn nicht Führungskräfte ihre Zeit bestimmen können, wer dann? Sind sie nicht die Menschen, die entscheiden und die Macht im Unternehmen haben? Doch das ist offensichtlich zu kurz gedacht. Führungskräfte sind wild verstrickt in einem Netzwerk von Prozessen und anderen Menschen: Mitarbeiter, übergeordnete Manager und natürlich der Kunde. Und jeder hat Anforderungen, Erwartungen und Vorstellungen. Alles ist wichtig. Besonders natürlich der Kunde. Ein Manager erzählte mir jüngst, er habe 123 verschiedene Projekte auf seinem Schreibtisch liegen. Alle oberste Priorität. Er sei kurz vor dem »Absaufen«. Und da alles sehr wichtig ist, ist kein Platz mehr für Mitarbeiterführung. Wie bitte? Das Thema Mitarbeiterführung hat ebenfalls oberste Priorität! Keine Führungskraft würde dem widersprechen. Wenn nur nicht die Zeit so knapp wäre. Die Chefs, aber auch deren Mitarbeiter stehen unter dem Zwang, in immer kürzerer Zeit immer mehr leisten zu müssen. Egal, in welche Unternehmen man hineinhört – die Aussagen wiederholen sich. »Ich soll bei immer mehr Arbeitsvolumen immer bessere Qualität bringen. Dabei verkürzen sich die Zeitzyklen. Hinzu kommen termingetriebene Kundenanforderungen. Und das alles soll ich mit immer weniger Personen leisten.« So formulierten es kürzlich Führungskräfte aus einem Zulieferunternehmen der Automobilindustrie, die ich in diversen Workshops traf. Gleichzeitig ist der Arbeitsalltag geprägt von einer Informationsflut. Gesetzliche Vorgaben, Regeln, Prozessbeschreibungen, interne Informationen und vieles mehr. »Man kann gar nicht alles lesen, weitervermitteln oder gar umsetzen.« Gebetsmühlenartig ertönen immer wieder die gleichen Klagen. Die Chefs kommen nicht aus dem Hamsterrad heraus. Das Tagesgeschäft verlangt vollen Einsatz. Da muss entschieden, geregelt und koordiniert werden. Dringliche Aufgaben oder Spontaneinsätze bestimmen das Geschehen. Und so verwundert es nicht, dass der Mitarbeiter von seinem Chef nur dessen Schatten sieht oder es im Büro ein bisschen nach Gummi riecht, weil der Boss wie ein Roadrunner mit qualmenden Sohlen von einem Meeting zum anderen hetzt. Von anderen Chefs muss man sich ein Bild auf den Schreibtisch stellen, damit man nicht deren Gesicht vergisst.

Angesichts dieser Situation ist es verständlich, dass der Dialog zwischen Vorgesetztem und Mitarbeiter in Bezug auf Entwicklungspotenziale auf der Strecke bleibt. Diesen Umstand verdeutlicht auch das Langzeitforschungsprojekt Arbeitsweltmonitor. Es startete im Jahr 2006. Im Pilotjahr wurden in 14 Unternehmen insgesamt 1290 Einzelabfragen durchgeführt. Darauf aufbauend finden Folgebefragungen statt. Der Studie zufolge meinen über 60 Prozent der Befragten, es gebe nicht ausreichend Gespräche mit der eigenen Führungskraft zur persönlichen Entwicklung.[43] Und genau das ist der Grund, weshalb Weiterbildung nicht funktioniert, meinen Trainer und Personalentwickler übereinstimmend. Einer meiner Kollegen aus der Versicherungsbranche bringt auf den Punkt, was ich von vielen anderen gehört habe: »Die wenigsten Führungskräfte haben ein dezidiertes Bild davon, was die Mitarbeiter brauchen und wohin die Reise geht.« Auch der Leiter Personalentwicklung eines Unternehmens für mechanische und elektronische Antriebe bestätigt, »dass sich Chefs zu wenig mit ihren Mitarbeitern beschäftigen, um den genauen Bildungsbedarf zu kennen«. Und damit beginnt der Kreislauf vergeudeter Mittel. Ist der Bedarf nicht klar, kann nicht zielgerichtet geschult werden. Das merkt aber keiner, weil sich die Chefs auch nicht mit dem Mitarbeiter beschäftigen, wenn er von einer Schulung zurückkommt. Doch: »Ohne gute Kontrollen verpuffen die Maßnahmen schnell.

Leider ist das die Regel. Die meisten Teilnehmer lassen Weiterbildung an sich vorüberziehen.« Darüber besteht Einigkeit in Trainerkreisen. Auch der Personalentwicklungsleiter eines Reiseveranstalters sagt: »Nur ein Bruchteil von dem, was sich jemand im Seminar selbst vorgenommen hat, kommt in die Umsetzung, wenn es nicht zu vielen kleinen Nachcoachings durch den Chef kommt.«

Um den nötigen Dialog zwischen Vorgesetztem und Mitarbeiter anzukurbeln, setzen besonders größere Unternehmen auf formalisierte Prozesse. Sehr zum Leidwesen der Chefs, die nämlich stöhnen: »Ich muss zig Formulare ausfüllen und zig Gespräche führen«. Recht haben sie. Denn es gibt jährliche Mitarbeitergespräche, Zielvereinbarungsgespräche, Reviews oder Gespräche mit Low Performern, die wieder auf Leistungskurs gebracht werden sollen. Angesichts der Administration hört natürlich der Spaßfaktor auf. Viele Vorgesetzte lösen das Problem pragmatisch. Trotz offizieller Prozesse lassen sie es einfach. So kennt es auch der eben erwähnte Personalentwicklungsleiter: »Ich habe vier Jahre intensiv dafür gekämpft, dass überhaupt jährliche Beurteilungsgespräche stattfinden. Nun bin ich gerade mal bei 40 Prozent Beteiligung angekommen.« In einer früheren Führungsposition in einem anderen Unternehmen war er oft der einzige von zehn Kollegen, der diese Aufgabe erfüllte. Andere Chefs wahren nach außen die Form. Die Gesprächsqualität ist jedoch fraglich. Konsequenzen hat beides in der Regel nicht, wenn es auf oberster Management-Ebene keinen starken »Sittenwächter« gibt, der konsequent die Umsetzung der Prozesse einfordert. Dennoch kann am Ende des Tages keiner wirklich prüfen, ob ein ausgefülltes Formular nun auf einem qualitativ hochwertigen Gespräch beruht und ob die darin vermerkten Inhalte richtig oder falsch sind. Das ist halt Sache des Vorgesetzten. Und so hängt es vom Anspruchsniveau des jeweiligen Chefs ab, was er aus der Sache macht – also nichts, wenn er an knallharten operativen Zielen gemessen wird.

Man halte sich nur einmal kurz die Situation eines Meisters aus der Fertigung vor Augen. Er ist mit seiner Mannschaft das letzte

Glied in der Kette, bevor das Produkt zum Kunden rausgeht. Sein wichtigstes Ziel ist, dass die Produktion nicht stillsteht. Auf 300 Quadratmetern Fläche sind 50 Mitarbeiter damit beschäftigt, Kundenaufträge schnell, pünktlich und fehlerfrei abzuwickeln. Aufträge kommen vom Disponenten, der die Maschine belegt. Oft bewegt sich die Maschine an der Auslastungsgrenze. Eine neue müsste her, ist aber zu teuer, da es auch Zeiten mit weniger Auslastung gibt. Wenn die Auftragslage jedoch sehr gut ist, sind Probleme an der Maschine vorprogrammiert. Der Fertigungsmeister ist voll gefordert. Auslieferungstermine werden gekippt, Dringlichkeitsanfragen erfordern die Abstimmung mit dem Vertrieb, der Materialnachschub muss sichergestellt werden und vieles mehr. Aufgrund dieser Aufgaben verbringt der Fertigungsmeister die meiste Zeit in seinem kleinen Büro vor dem Bildschirm, statt in Kontakt mit seinen Mitarbeitern auf der Fläche zu sein.

Vor diesem Hintergrund ist es verständlich, dass der Vorgesetzte alles andere zu tun hat, als die Leistungen seiner Mitarbeiter genau zu beobachten oder Entwicklungsgespräche zu führen. Das liegt nicht nur am operativen Druck, sondern zusätzlich daran, dass der Meister eine sehr hohe Führungsspanne mit 50 Mitarbeitern hat, die er in einer großen Halle nicht ständig zu Gesicht bekommt. Noch schwieriger haben es Chefs, die sogenannte virtuelle Teams führen. Die Mitarbeiter sind an verschiedenen Standorten ansässig. Oft sogar im Ausland. In diese Kategorie fallen auch Mitarbeiter, die im Außendienst arbeiten, klassischerweise im Vertrieb. Aber auch Monteure im Bereich Telekommunikation oder Stromversorgung gehören dazu. Nicht zu vergessen Ingenieure oder Consultants, die projektbezogen viel unterwegs sind. Und so fällt gern der Satz: »Ich weiß gar nicht, was mein Mitarbeiter braucht, ich habe kaum eine Gelegenheit, ihn bei seiner Arbeit zu sehen.« Natürlich sagt das keiner laut. Wer will sich schon als Chef das Armutszeugnis ausstellen, dass er die Entwicklung seiner Mitarbeiter nicht gemanagt bekommt. Aber die Folgen dieser Führungssituationen sind allerorten erkennbar.

Das Tür-auf-Tür-zu-Prinzip: »Gehen Sie mal dahin!«

Da die Zeit knapp ist, fallen Vorgespräche zu Trainingsmaßnahmen ganz aus, passieren zwischen Tür und Angel oder per E-Mail. Diese Erfahrung teilt auch ein Verkaufstrainer aus der Getränkeindustrie. Da wird ein Kommunikationsseminar angeboten und es heißt: »Geht mal da hin, da könnt ihr was lernen.« Besonders beliebt sei diese Praxis, wenn es einen Getränkeverband gibt, der die Fortbildung auch noch subventioniert. Er habe es oft erlebt, dass Leute einfach mal wieder auf ein Seminar geschickt wurden und dann breit grinsend vor ihm saßen. Denn was sie lernen sollten und warum, war ihnen nicht bewusst. »Irgendwas mit Verkaufen halt.« Für ihn ist angesichts solcher Antworten sofort klar, dass weder der Bedarf ermittelt noch mit den Mitarbeitern über den Grund der Teilnahme näher gesprochen wurde.

»Die Teilnehmer wissen oft nicht, um was es im Seminar geht«, erzählte mir auch ein 42-jähriger Trainer aus der Versicherungsbranche. Und eine unserer Kolleginnen bestätigte mir: »Die Teilnehmer kommen mit einem Fragezeichen im Kopf in die Seminare.« Alle sprechen aus, was im Grunde jeder Trainer immer wieder erlebt. Die Mitarbeiter werden von Fortbildungen überrascht und sind schlecht informiert. Das geht sogar so weit, dass sich Teilnehmer im Seminar beschweren: »Mein Chef spricht nicht mit mir.« Und so ergibt sich bei der internen Trainerin einer Bank immer wieder der Eindruck: »Die Ziele einer Maßnahme werden gar nicht oder nicht richtig kommuniziert. Ich habe das Gefühl, dass Trainer Dinge vermitteln sollen, über die die Chefetage selbst keine klaren Vorstellungen hat.«

Mangelnde Einstimmung trägt dazu bei, dass Fortbildung nicht funktioniert. Wenn der Chef so wenig Interesse zeigt, dass der Mitarbeiter gut vorbereitet und motiviert in ein Seminar geht, überträgt sich das auf den Mitarbeiter. Er misst dem Ganzen nicht viel Bedeutung bei und leistet pflichtgemäß die Schulung ab. Denn auch er hat im Alltag viel zu tun. Angesichts dieses Vorgehens passiert es dann natürlich leicht, dass ein Mitarbeiter mit völlig falschen Erwartungen in eine Veranstaltung geht und von ihr auch noch maßlos enttäuscht ist. Die Freude an nächsten Seminaren kann man sich an fünf Fingern abzählen.

Trotz allem sieht die Praxis so aus, dass Mitarbeiter von anstehenden Weiterbildungsmaßnahmen »kalt erwischt« werden. Mit einer Einladung per E-Mail. In ergreifender Schlichtheit ploppt plötzlich das Symbol eines Briefkuverts am Bildschirm unten rechts auf, in dem folgende Nachricht steckt: »Sehr geehrte Herren, wie bereits angekündigt laden wir Sie herzlich zur Veranstaltung ›Moderatorentraining‹ ein.« Es folgen einige Angaben zu Zeit, Ort, Dauer und zwei Sätze zum Inhalt. »Wir wünschen Ihnen einen erfolgreichen Veranstaltungsverlauf und verbleiben mit freundlichen Grüßen. Ihre Personalentwicklung.« Für das Auge des Betrachters ergeben sich gleich mehrere Fragen: Wer hat dieses Training wann angekündigt? Wieso soll ich moderieren lernen? Wie soll ich das noch zeitlich unterbringen? Das ist bereits in zwei Wochen. Ein Anruf bei der Personalentwicklung ergibt, dass der Vorgesetzte dazu hätte informieren sollen. Apropos Vorgesetzter. Lange nicht mehr gesehen. Man arbeitet zwar in einer Abteilung, aber es gibt nicht viele Berührungspunkte. Zumal er oft unterwegs ist. Also schreibt der Mitarbeiter eine Mail mit seinen Fragen. Bald kommt die Antwort: »Hatte ich Ihnen das nicht gesagt? Sorry. Ich habe Sie als Moderator im Rahmen unseres internen Kulturprojektes vorgesehen. Da sind im Hause diverse Workshops zu leiten. Gehen Sie mal zum Seminar, da erfahren Sie alles Nähere. Gruß Müller.« Im Mitarbeiter formieren sich erste Ausflüchte. Er könnte sich krank melden. In seinem Bauch grummelt es. Anscheinend eine aufkommende Magen-Darm-Grippe. Dazu gesellen sich einige nervöse Anzeichen. Er hat noch nie eine Workshop-Gruppe geleitet, höchstens mal eine Besprechung. Dann kommt ein positiver Gedanke: Vielleicht kann man das Gelernte ja auch noch anderweitig gut gebrauchen.

Etwa so ähnlich war es den Mitarbeitern aus einem großen

Unternehmen ergangen, die ich kürzlich in einem Seminar vorfand. Zu Beginn fragte ich ahnungslos, was sie für die anstehende Moderatorenaufgabe motiviere. Die bittere Antwort: »Gar nichts. Das war eine Idee von meinem Chef.« Unmut gepaart mit Sorgen entlud sich dann noch einmal nach den ersten drei Seminarstunden kurz vor dem Mittagessen. Eine Traube von fünf Teilnehmern scharte sich um mich. Einige stießen Fragen hervor wie: »Warum lässt man solche wichtigen Workshops von uns als Laien machen?« Oder: »Da muss ein Profi wie Sie ran. Wenn wir das machen, wird mehr Schaden als Nutzen angerichtet.« Als Trainer ist man dann in der Pflicht, eine Stampede zu vermeiden und beruhigende Worte wie eine schützende Decke um das erregte Volk zu legen. Und selbst wenn es gelingt, passende Worte zu finden – richtige Weiterbildungsfreude kommt dennoch nicht auf.

Eine andere beliebte Form, die Mitarbeiter über anstehende Schulungsmaßnahmen zu informieren, nenne ich das bereits erwähnte Tür-auf-Tür-zu-Prinzip. Der Chef steckt die Nase ins Büro des Mitarbeiters hinein, »Da ist die Schulung XY, gehen Sie mal dahin«, und ist blitzschnell wieder entschwunden. Zurück bleibt der verdutzte Mitarbeiter, der für sich in der Stille verdaut, was er gerade gehört hat. So erging es auch einem jungen Mann, den ich vor ein paar Wochen traf. Der 23-Jährige arbeitete in einem Logistiklager. Sein Chef, der Hallenmeister, hatte ihn mal kurz zur Seite genommen und ihm völlig überraschend mitgeteilt, dass er zu einem mehrtägigen Führungstraining gehen sollte. Der junge Mann war natürlich voller Begeisterung gewesen, als er erfuhr, dass er Karriereaussichten hatte. »Ich wusste gar nicht, dass mein Chef mir das zutraut«, erzählte er mir erfreut und pikiert zugleich. Die gute Nachricht hatte für ihn einen negativen Beigeschmack, weil es keinerlei Vorzeichen für sein Führungstalent gab. Sein Chef erwähnte nie etwas, obwohl er bereits seit zwei Jahren im Betrieb arbeitete. Natürlich hatte er auf informellem Wege hier und da mal ein Wort von Lob und Kritik erfahren, wenn es um die tägliche Arbeit ging, aber eine genaue Standortbestimmung, in der ihm Stärken und Schwächen aufgezeigt wurden, hatte es nicht gegeben. »Ich hätte mich selbst viel mehr darum gekümmert, was ich für Schulungen interessant finde, und mich auch aktiver eingebracht«, meinte der Lagermitarbeiter. So war er vor vollendete Tatsachen gestellt worden. Seine Interessen und Bedürfnisse wurden nicht berücksichtigt. Ihm gefiel auch nicht, dass er nicht in Erfahrung bringen konnte, wie es nach dem Training weitergehen sollte. Natürlich hatte er vorsichtig nachgehakt, wann er Führungsaufgaben übernehmen sollte. Die lakonische Antwort war jedoch gewesen: »Geh' erst mal in das Seminar und dann werden wir mal sehen.« Angesichts dieser fehlenden Klarheit und Transparenz ist keine zielgerichtete Weiterbildung möglich. Hinzu kommt das Problem, dass der Mitarbeiter gar keine direkte Möglichkeit hat, das Gelernte anzuwenden. Und damit ist die ganze Maßnahme sinnlos. Im Fall des Lagermitarbeiters gab es zumindest bei ihm eine Motivation für das Seminar. Oft passiert der gegenteilige Effekt, wenn ein Mitarbeiter ohne lange Vorrede zu einer Maßnahme geschickt wird. Es gibt eine distanzierte Haltung gepaart mit Sprüchen wie: »Ich weiß gar nicht, was hier soll, mein Chef hat mich geschickt.« Oder: »Bis eben wusste ich noch nicht mal, worum es geht.« Und in Bruchteilen von Sekunden weiß man, dass das Training den gleichen Sinn haben wird, wie Perlen vor die Säue zu werfen. Auch die Personalentwicklerin eines Maschinenbauherstellers weiß aus Erfahrung: »Wenn einem Mitarbeiter ein Training aufgedrückt wird, ohne dass vorher persönliche Zielsetzungen und Bedürfnisse besprochen werden, fehlt die Identifikation. Dann findet kein Trainings- oder Wissenstransfer statt.«

Am Bedarf vorbei: Weiterbildung als schönste Nebensache der Welt

Chefs wissen also zu wenig über ihre Mitarbeiter, als dass sie sagen könnten, welche Weiterbildungsmaßnahmen genau passen. Angesichts der erwähnten Zeitnot gibt es nur zufällige Momentaufnahmen. Dazu gesellen sich manchmal Beschwerden über den Mitarbeiter. Sei es von Kollegen, anderen Abteilungen oder Kunden. Aus dem Bauch heraus wird eins und eins zusammengezählt: Der Mitarbeiter bringt sich bei Engpässen nicht flexibel ins Team ein, also braucht er ein Teamfähigkeitstraining. Im anderen Fall ist er bei schwierigen Kunden am Telefon immer so gereizt – also muss ein Telefontraining her. Auf den ersten Blick erscheinen diese Entscheidungen über den Fortbildungsbedarf plausibel. Doch gestandene Personalentwickler und Trainer wissen, wie sich oberflächlich erkannter Bedarf um 180 Grad dreht, wenn man intensiver die Ursachen und Zusammenhänge klärt. Wie kommt es zum Beispiel, dass eine Mitarbeiterin am Telefon immer so gereizt ist? Ist es die Zahl der Telefonate? Liegt es daran, dass ihr das Verhalten nicht bewusst ist? Oder hat sie vielleicht die Einstellung »Das Einzige, was stört, ist der Kunde«? Vielleicht fehlt es ihr nicht an Freundlichkeit, sondern sie braucht ein Seminar zum Umgang mit persönlichem Stress. Stellen Sie sich vor, man schickt Sie in ein Telefontraining, bei dem Sie einen Spiegel auf den Tisch gestellt bekommen. Sie sollen damit das »Lächeln am Telefon« lernen, um freundlich zu wirken. Sie wissen aber, dass Sie Freundlichkeit beherrschen. Nur mit 80 Telefonaten am Tag kommen Sie nicht klar.

Spätestens, wenn man im Mitarbeitergespräch konkrete Ziele für eine Weiterbildung definiert und bespricht, woran man die Zielerreichung genau erkennt, wandelt sich das Bild. Um aber derart in die Tiefe gehen zu können, braucht der Vorgesetzte selbst eine klare Vorstellung, was im Training passiert. Werden gegenseitige Erwartungen nicht besprochen, ist hinterher die Enttäuschung groß. Doch die Zeit fehlt. Statt Auftrags- und Bedarfsklärung ist das beliebte Ankreuzen angesagt. Üblicherweise läuft Anfang des Jahres ein Seminarkatalog durch die Abteilungen. Die Vorgesetzten suchen sich das vermeintlich Passende heraus und melden den Kollegen bei der Personalabteilung an. »Schnell wird irgendetwas für die Mitarbeiter angekreuzt. Nach einer Viertelstunde ist der Spuk vorbei«, erläuterte mir die Personalleiterin eines Telekommunikationsunternehmens die gängige Praxis.

Wie wenig die Chefs wirklich über ihre Mitarbeiter wissen, erfuhr die Personalentwicklerin eines Dienstleistungsunternehmens am eigenen Leib. Noch heute schüttelt sie den Kopf über eine Begebenheit aus ihrer Zeit als Vorstandsassistentin. »Eines Tages fragte mich meine Chefin, ob ich nicht auch zu einem Protokollworkshop gehen möchte, weil ich doch das Aufsichtsratprotokoll als Tätigkeit geerbt hätte. ›Das ist doch ein guter Vorschlag‹, kommentierte ich ihre Ausführungen und erntete einen Aufschrei. Sie erklärte mir, dass der Protokollworkshop von Auszubildenden und Bürokaufleuten angefordert worden war, die sich für ihre Aufgabe als Teamassistenten fit machen wollten. Das Lernziel des Workshops war, Ergebnisprotokolle von Meetings oder andere Gesprächsprotokolle zu verfassen. Ein Aufsichtsratprotokoll dagegen sei in seiner Komplexität und Bedeutung überhaupt nicht mit einem 08/15-Protokoll vergleichbar. Das liege einfach an der Funktion des Aufsichtsrats als die höchste Instanz in einem börsennotierten Unternehmen. Angesichts dieser Erläuterungen begriff ich auch, dass dieses Seminarangebot meiner Chefin wie ein Schlag ins Gesicht anmutete. Die Wirkung war so ähnlich, als hätte man Franziska van Almsick einen Schwimmkurs für Anfänger angeboten.«

Hört man die Aussage des Personalleiters eines Unternehmens für Unterhaltungselektronik, dann kann man zu dem Schluss kommen, dass es gut ist, wenn die Chefs überhaupt Überlegungen anstellen und Angebote machen. Er berichtete: »Es kommt häufig vor, dass die Führungskräfte sich gar keine Gedanken darum machen, jemanden zu entwickeln.« Die Botschaft an den Mitarbeiter laute: »Kümmern Sie sich selbst darum und wenn es einigermaßen passt, dann schicke ich Sie zu der Fortbildung.« Dabei kann es einem allerdings so gehen wie einem befreundeten Gruppenleiter. Die Mitarbeiterin kam auf ihn zu und sagte: »Ich würde mich gerne weiterbilden. Ich habe da an ein Seminar zum Thema Buchhaltung gedacht.« Erfreut sondierte der Gruppenleiter die Angebote und offerierte der Mitarbeiterin ein hochwertiges 3-Tage-Seminar in Hamburg. »Da bin ich ja drei Tage von zu Hause weg. Gibt es nicht etwas direkt vor der Haustür?« Und vorsichtig fügte sie noch hinzu: »Am besten während der Arbeitszeiten?« Erstaunt fragte der Chef: »Wieso das denn? Sie haben doch keine Kinder.« Mitarbeiterin: »Das nicht, aber wenn mein Mann abends nach Hause kommt, muss ich ihm was kochen.« Als der Gruppenleiter seinen Unwillen kundtat, stellte sich heraus, dass der Mitarbeiterin die Fortbildung dann doch nicht so wichtig war. Nur gut, dass die beiden darüber gesprochen hatten. Denn Chefs haben nur zu oft ein ganz anderes Verständnis davon, wie ihre Mitarbeiter ticken.

Manche lassen sich bei der Auswahl von Seminaren von guten Kontakten zu einer Agentur beeinflussen, die sie ganz toll finden, berichtete mir eine Personalentwicklerin aus der Automobilbranche. »Da wird von oben entschieden, was passt«, konstatiert sie. Sie musste sehenden Auges erleben, wie einer jungen Führungsmannschaft ein Training »mit allem Schicki Micki und Outdoor und sonst noch welchen Geschichten« verabreicht wurde. »Statt den jungen Leuten zu helfen, erst mal ihre Führungsrolle zu begreifen, wurden kreative Bilder gemalt und Schwertkämpfe auf der grünen Wiese ausgefochten.« Das Ende vom Lied war, dass die Nachwuchsführungskräfte völlig verunsichert waren und obendrein noch Häme aus dem Umfeld ernteten. Die Mitarbeiter hatten nämlich nur eins verstanden, so die 32-Jährige: »Da werden zu irgendwelchen Führungsleitsätzen nette bunte Bilder gemalt, aber mein Chef ist immer noch der gleiche Idiot, der mir nicht richtig zuhört oder nicht da ist, wenn ich ihn brauche.«

Ja, ja – die Chefs. Wie wichtig Weiterbildung wirklich ist, sieht man immer, wenn sie den operativen Druck direkt an die Mitarbeiter weitergeben. In einem Versandhandelsunternehmen gab es ein Intensiv-Englischtraining für fünf Kollegen aus verschiedenen Bereichen. Die Personalabteilung hatte einen Englischlehrer eingekauft, der zweimal die Woche für anderthalb Stunden in die Firma kam. Bald fiel auf, dass die zwei Mitarbeiter aus dem Marketing dem Unterricht häufig fernblieben. Ohne Absage versteht sich. Und ihr Vorgesetzter tolerierte dieses Verhalten. Als ihn die zuständige Personalreferentin darauf ansprach, meinte er hektisch: »Das müssen Sie verstehen, die Kampagne musste dringend ...« Sie verstand aber nur eines, wenn sie die andere Seite hörte. Nämlich die Mitarbeiter. In ihren Augen galt der Marketingleiter als Prototyp für Chaosmanagement. Aktionen erfolgten auf die letzte Minute und waren dann hoch dringlich. Seine Mitarbeiter mussten in Hauruck-Aktivitäten den Karren aus dem Dreck ziehen. Wie unschwer zu erkennen ist, lernt man auf diese Weise kein Englisch, sondern verschleudert Geld.

In anderen Unternehmen ist es vergleichbar. Das Daily Business ist einfach wichtiger als profane Weiterbildungen. Morgens zum Seminarbeginn steht der Trainer vor gelichteten Reihen. Einer fehlt. Bisweilen auch zwei bis drei Teilnehmer. Ob und wann sie kommen, weiß keiner. Allerdings gesellen sich schon mal Erfahrungen hinzu, wie sie ein lieber Trainerkollege von mir bei einem Antriebsmaschinenhersteller machen musste. Er hatte 14 Teilnehmer auf der Liste. Dann die Überraschung: Es waren ganze sechs erschienen. Einige Anrufe brachten Klarheit: Die fehlenden Techniker und Ingenieure hätten gerade sehr viel zu tun. Doch in Wirklichkeit gibt es nie einen richtigen Zeitpunkt für Seminare. Termindruck ist einfach immer da. Zusätzlich schießt sich manche Personalabteilung noch ein Eigentor. Sie schickt die Einladung zu einem Seminar drei Wochen vor einem Termin heraus. Dann ist es besonders leicht zu sagen: »Kam alles zu knapp.« Doch auch langfristige Einladungen sind ernüchternd. Und so bleibt das Resümee: Weiterbildung ist sowieso nur die schönste Nebensache der Welt.

Quick and Dirty: Alles muss schnell gehen

»Das muss Quick-and-Dirty gehen.« Das ist sicher einer der beliebtesten Sätze, den Manager im Repertoire haben. Und wenn etwas

»schnell und schmutzig« gehen soll, ist nicht das beste *Vorgehen* gefragt. Der Anspruch ist, in möglichst kurzer Zeit das beste *Ergebnis* zu erzielen. Bei diesem Ansatz schwingt immer ein bisschen »Mission Impossible« mit. Quick-and-Dirty wollte es auch mal mein früherer Chef. Vor allem dirty. Bei der Bundeswehr. Da hieß es: »Panzerschütze Gris. Ab ins Gehölz und Feind ausspähen. Tiefste Gangart. Aber zackig. Erwarte Ihren Bericht in 10 Minuten. Wie Sie das machen, ist mir egal.« – »Jawoll, Herr Unteroffizier.«

Das gleiche Prinzip regiert in den Unternehmen, wenn es um Weiterbildung geht. Quick-and-Dirty – und sonst nichts. Die Zeit ist knapp. Erst kürzlich wurde ein Trainerkollege von mir sehr hellhörig, als er sich mit dem Manager einer mittelständischen Firma unterhielt. Es gab interkulturelle Probleme zwischen den Teams in Deutschland und Spanien. Um eine bedarfsgerechte Maßnahme zu entwickeln, empfahl der Trainer Interviews mit verschiedenen Teammitgliedern. Es sei wichtig, die verschiedenen Sichtweisen zu berücksichtigen. Auf der Basis der Informationen sollte dann das konkrete Konzept folgen. Der Manager war irritiert. Wofür der ganze Aufwand? Ihm schwebte als Lösungsmaßnahme ein Workshop vor: »Das ist doch sicher mit einem halben Tag am Freitag samt Abend und einem halben Samstag bis 14 Uhr getan.« Alles in allem kam er auf einen Honorartag. Natürlich geht es bei solchen Gesprächen auch immer um Geld. Doch es kommt auch eine bestimmte Denkhaltung zum Ausdruck, die so typisch ist für Manager. Sie glauben, menschliche Probleme lassen sich mal eben, schnell und einfach, wegtrainieren. Da kommen zwei kulturell verschiedene Teams über ein Jahr lang nicht miteinander klar und eine Freitag-Samstag-Session richtet alles wieder. Hinter diesen Vorstellungen steckt zusätzlich das Ansinnen, die Mitarbeiter bloß nicht zu lange aus dem Tagesgeschäft zu ziehen. Die Chefs vergessen jedoch vor lauter Zeitdruck die Psychologie der Veränderung, die Sie bereits in den vorigen Kapiteln kennen gelernt haben. Besonders Kaufleuten, Naturwissenschaftlern, Technikern und IT-Experten sagt man nach, dass sie wenig Verständnis für solche

Zusammenhänge hätten. Doch das stimmt nicht. Auch helfende Berufe machen da keine Ausnahme. Und die verstehen bekanntlich mehr von Psychologie. So bekam ich folgende Anfrage aus einem Krankenhaus: »Können Sie in der Zeit der Mittagsübergabe in zwei Stunden unsere 40 Pflegekräfte in patientenorientierter Kommunikation fit machen?« Klar, gerne doch. Unmögliches wird sofort erledigt. Wunder dauern etwas länger.

Doch nicht nur für das Training hat man keine Zeit. Es hapert auch an einem vernünftigen Vorgespräch und Briefing, das sicherstellt, dass der Trainer mit seinen Inhalten bei den Teilnehmern richtig andockt und die gewünschten Weiterbildungsziele realisiert. Eine bittere Erfahrung machte ich mit einem Verkaufstraining zu Handelskennzahlen für einen Spielwarenhersteller. In Abstimmung mit dem Personalleiter und den Gebietsverkaufsleitern konzipierte ich einen eintägigen Kurs, der bei allen drei Trainingsgruppen in Deutschland gut ankam. Die Inhalte sollten dann auch in einem gemeinsamen Seminar an die Kollegen aus der Schweiz und Österreich vermittelt werden.

Um das Training auf die Bedürfnisse der ausländischen Kollegen abzustimmen, sendete ich deshalb an deren jeweilige Chefs sämtliche Unterlagen inklusive Leitfaden. Sie sollten sich alles in Ruhe anschauen. Dann rief ich die Herren noch einmal persönlich an. Der Schweizer war ganz zugänglich. Der Österreicher begegnete mir, als hätte ich ihm gesalzenen Apfelstrudel angeboten. Ich konnte mit ihm nur in geraffter Form den Trainingsablauf, die Inhalte und dessen gewünschte Beteiligung besprechen. Der Rest der knappen Gesprächszeit ging durch seine Klagen über Zeitnot verloren. Bis auf ein paar Marginalien war aus Sicht der Gebietsverkaufsleiter alles in Ordnung. Dann kam der Tag des Seminars. Alles lief scheinbar normal. Doch dann passierte es: Eine halbe Stunde vor Seminarende brach das Unwetter in Form des österreichischen Gebietsverkaufsleiters über mich herein, dass die Alpen wackelten. In ätzendem und arrogantem Ton schmetterte er mir im Teilnehmerkreis seine Kritik entgegen, in die dann auch seine Mitarbeiter einstimmten. Plötzlich kamen Punkte auf den Tisch, die er in der Trainingsvorbereitung hätte sagen müssen. Mir fehlten die Worte. Mein Gesicht glühte. Ich verstand die Welt nicht mehr. Hinzu kam, dass ich mit dem Schweizer noch am Abend zuvor einige Ergänzungen im Ablauf besprochen hatte. Der Österreicher war jedoch sehr spät angereist. Sein Interesse galt dann nur noch einem Bier. Da bewahrheitete sich der alte Satz: Keine Zeit heißt andere Prioritäten. Und die Vermutung liegt nahe, dass er die Unterlagen zum Training gar nicht gelesen oder nur überflogen hatte.

Solch eine Erfahrung befriedigt natürlich weder den Trainer noch den Auftraggeber. In der Regel ist aber der Trainer schuld. Denn er will ja die Aufträge haben und muss die Leistung bringen. Und die Erfahrung zeigt: Die Erwartung der Chefs ist, dass ein paar Schlagworte ausreichen müssen, damit der zuständige Personalentwickler oder Trainer eine passende Maßnahme strickt. Es braucht also hellseherische Gaben, um zu wissen, was in den Köpfen der Auftraggeber vor sich geht. So hat es auch ein Anbieter für Unternehmenstheater erlebt. Die Lernkurve für die Theatertruppe war, sich nicht durch ein zu kurzes Briefing oder durch halbherzige Informationen abspeisen zu lassen. Doch zu Beginn ihrer Tätigkeit vor zwölf Jahren sei die Konfliktbereitschaft einfach nicht ausgeprägt gewesen: »Wir haben uns damals nach dem Wunsch des Auftraggebers gerichtet, auch wenn wir wussten, dass das sehr wahrscheinlich in die Hose geht. Aber es war nun mal ein großer Kunde und wir haben den Auftrag gebraucht.«

Wenn die Auftragsklärung und -besprechung zu dünn ausfällt, sind Fehleinkäufe an der Tagesordnung, weiß auch eine Personalentwicklerin aus einem Bau- und Heimwerkermarkt. So geschehen, als ein Trainer zum Thema »Zeitmanagement« eingebucht wurde. Der spulte offensichtlich sein Standardprogramm herunter und lag damit voll neben der Zielgruppe der Marktmitarbeiter. Er erzählte etwas von den Zusammenhängen zwischen Leistung und Biorhythmus und wie man seinen Schreibtisch organisieren solle. Nach der zweiten Stunde ließ dann ein mutiger Teilnehmer verlauten: »Wir haben Nachtumbauten. Bei uns im Schichtdienst interessiert es auch keinen, was ich für einen Biorhythmus habe oder ob ich besser morgens arbeiten kann. Und übrigens, wir im Markt haben keinen Schreibtisch, sondern teilen uns zu viert einen Informationsstand.« Und die Moral von der Geschichte: Danke. Tschüss. Das war es.

Das Risiko eines Fehlkaufs lässt sich erfahrungsgemäß einschränken, wenn der Vorgesetze selbst einen Trainer live und in Farbe erlebt. Dann gibt es keine bösen Überraschungen zur Person und zum Trainingsstil. Und wenn der Chef nicht die Empathie eines Holzpferdes hat, kann er auch einschätzen, ob der Trainer bei seinen Mitarbeitern ebenfalls ankommt. Doch angesichts von Zeitnot ist das Interesse gering, sich mit Trainern und Weiterbildungsangeboten auseinanderzusetzen. Da werden sogar die E-Mails aus der Personalentwicklung einfach weggeklickt, statt die Angebote zu studieren. So erging es laut einem Fachartikel[44] den Personalentwicklern eines großen Herstellers von Hausgeräten. In dem Betrieb, an dessen Standort rund 56 000 Steuergeräte am Tag gefertigt werden, stehen die 200 Führungskräfte enorm unter Zeitdruck. Sie müssen sich um das Tagesgeschäft kümmern und gleichzeitig zusätzliche Standorte im Ausland aufbauen. »Und das in Zeiten, in denen der Wettbewerbsdruck auf die Automobilindustrie enorm zugenommen hat«, so der Personalleiter in dem Bericht. Aus diesem Grund gingen die Personalentwickler neue Wege und organisierten eine interne Weiterbildungsmesse mit 17 Anbietern, auf der sich ihre Führungskräfte über Fortbildungsoptionen informieren konnten. Für mich ist das so ähnlich, wie wenn man den Jagdhund zum Jagen trägt. Wenn schon am Anfang die Initiative fehlt, wo soll dann am Ende die Nachhaltigkeit herkommen?

Einen toten Hund tritt man nicht: **Null Interesse am Lerntransfer**

»Einen toten Hund tritt man nicht.« Dieser Spruch aus der Werbung hat mich beeindruckt, als ich ihn das erste Mal gelesen habe. Er bringt sehr gut auf den Punkt, dass Menschen nur für etwas Aufmerksamkeit zeigen, das sie interessiert. Wenn man dieses Bild auf Unternehmen überträgt, kann man sich des Eindrucks nicht erwehren, dass zahlreiche Chefs ihre Mitarbeiter als tote Hunde wahrnehmen beziehungsweise ausblenden. Denn wenn diese frohgemut und voll von Eindrücken aus einem Seminar heimkehren, interessiert sich der Vorgesetzte nicht für sie. Warum sollte er es auch jetzt tun, wenn schon die Vorgespräche dazu dünn ausgefallen sind? Vielleicht trifft der Mitarbeiter den Chef zufällig auf dem Gang und er fragt: »Hallo. Wieder zurück? Wie war's?« Und weil der Chef irgendwie in Eile zu sein scheint, sagt der Mitarbeiter kurz: »Gut.« Der Chef: »Freut mich. Sie müssen mir mal später bei Gelegenheit Näheres dazu erzählen.« Dann entschwindet er wieder in einem Kondensstreifen. Und jeder weiß: Später heißt nie.

Wer ohnehin keine Lust auf eine Fortbildung hatte, ist ganz froh, sich nicht erklären zu müssen. Ihm kommt es ganz gelegen, wenn sich der Mantel des Schweigens um ihn hüllt. So sollte es aber nicht sein. Denn gerade jetzt, kurz nach dem Seminarbesuch, besteht die größte Chance, die Lernimpulse aus dem Kurs in die Praxis zu bringen. Das kommt auch in allen Gesprächen mit Kollegen zum Ausdruck. »Weiterbildung funktioniert nicht, wenn Führungskräfte kein Interesse an den Maßnahmen zeigen und deren Umsetzung nicht einfordern«, meinte eine 39-jährige selbstständige Trainerin. Ein anderer Kollege, der bei einer Versicherung arbeitet, findet verwunderlich, dass Chefs so wenig daran interessiert sind, was ihre Mitarbeiter bei einer Fortbildung erlebt haben und umsetzen wollen. »Es wird so gut wie nie nachgefragt. Dabei wären Fragen das Normalste von der Welt. ›Wie hat es Ihnen gefallen? Was war wichtig für Sie? Was wollen Sie verändern? Was hat es für Ihren Job gebracht?‹« Doch nichts passiert. Schweigen im Walde. Erst kürzlich habe ich einen Trainerkollegen getroffen, der bei einem Finanzdienstleister angestellt ist. Ihn ärgert es, dass die Vorgesetzten immer wieder aufs Neue beweisen, dass sie nichts tun. »Die ganze Trainingsarbeit, die man initiiert, kann man auch sein lassen, wenn die Chefs nicht nachhalten.«

Die Rolle der Führungskräfte beim Lerntransfer betont auch Prof. Dr. Sabine Seufert. Ihr zufolge gelingt es 77 Prozent der Seminarteilnehmer nicht, gelernte Inhalte in ihren Arbeitsalltag zu transferieren. Auch sie nennt als zentrale Gründe fehlende Motivation oder Zeit aufseiten der Mitarbeiter.[45] Wie wichtig sie in dem Spiel sind, macht ein Beispiel aus einem Bau- und Heimwerkmarkt deutlich. Die Mitarbeiter kehrten reich beschenkt mit geistigen Gütern aus einem Training zurück. In den 300 Märkten sollte ein neuer Umgang mit den Kunden erfolgen, so lautete die Zielrichtung des Programms, von dem mir die Personalentwicklerin erzählte. Das freut Kunden wie mich, die mit zwei linken Händen in solche Geschäfte tapsen und nach kompetenten Kräften Ausschau halten. Sie kennen das. Man stellt eine simple Frage an das Personal, wie: »Kann man mit dem Klebstoff auch kleben?« Der dienstbeflissene Baumarktmitarbeiter schaut darauf überaus akribisch auf der Rückseite der dazugehörigen Schachtel nach, um verlauten zu lassen. »Ja. Da steht es auf der Packung.« Wer lesen kann, ist also klar im Vorteil. Diese Erzählung hätte ich mir jedoch besser gespart. Denn die Personalentwicklerin unterstrich, dass ihre Leute nicht so seien. Vielmehr ging es bei ihnen um die Kompetenzerweiterung im Umgang mit Reklamationen. Ein typischer Fall: Ein Kunde kommt ins Geschäft, knallt seine Bohrmaschine auf den Tisch und klagt, dass sie nach nur anderthalb Jahren und 15 Minuten Laufzeit das Zeitliche gesegnet hat. Dazu murmelt er etwas von Garantie und Gewährleistung. Bisher hatte es der Baumarktmitarbeiter leicht. Mit gewinnendem Lächeln verbannte er den Kunden aus seinem Dunstkreis und schickte ihn zum Informationsstand: »Das machen die Kollegen da hinten. Dritter Gang rechts, an den Tapeten vorbei, dann schräg hinten, unten bei den Bohrmaschinen, fünfte Tür neben Bad und WC. Da hängt ein Schild.« Für den Kunden war an diesem Punkt klar: »Besten Dank. Ich schmeiße die Bohrmaschine weg und kaufe zukünftig bei Ihrer Konkurrenz ein«.

Solche Zeiten sollten nach dem Training vorbei sein. Aber nicht jeder Mitarbeiter war Feuer und Flamme. Wenn man nämlich zu mehr befähigt wird, muss man auch mehr machen. Diese Haltung war der Personalentwicklerin wohl bewusst: »Die guten Verkäufer, die bisher auch schon gut verkauft haben, die nehmen das auch an. Aber die, die wir eigentlich damit erreichen wollen – nämlich die, die noch Potenzial haben –, die haben 100 000 Punkte dagegen.« Solche Einwände lauteten: »Wann soll ich denn das noch machen?« Oder: »Das ging doch bisher auch ohne.« Und jetzt erinnern Sie sich bitte noch einmal kurz an das vorherige Kapitel. Da sprach ich über die sechs Phasen der Veränderung und dass es dabei sowohl auf den Mitarbeiter als auch auf dessen Chef ankommt. Was müsste also der Marktleiter beziehungsweise der zuständige Abteilungsleiter machen, wenn die trainierten Kollegen wieder in den Baumarkt gehen? Genau dann zur Stelle sein, wenn ein Kunde einen Mitarbeiter auf eine Reklamation anspricht. Ihn dabei in der Umsetzung des Gelernten beobachten. Ihm Rückmeldung geben. Die Eindrücke dokumentieren, um eine Entwicklung nachverfolgen zu können. Und das alles so oft, bis eine hohe Wahrscheinlichkeit besteht, dass er für den Großteil der Fälle kompetent auftritt. Dabei muss der Chef natürlich eine genaue Vorstellung von den Trainingsinhalten haben – also am besten selbst am Training teilgenommen haben und »alles selbst auf dem Kasten haben«.

Am besten testet der Vorgesetzte die Mitarbeiter auch noch kurz nach dem Training und zwischendurch mit möglichen Kundenszenarien – nach dem Motto: Stellen Sie sich mal vor ... was sagen Sie dann? Die Praxis sieht aber so aus, dass er und auch die Mitarbeiter für diese intensive Arbeit gar keine Zeit haben. Denn das Geschäft läuft ja weiter und irgendwann wollen die Leute nach Hause.

Trainer sind sich einig, dass die Beobachtung von Teilnehmern in der »freien Wildbahn«, also im Tagesgeschäft, eine zentrale Rolle für den Transfer bedeutet. Denn im Gespräch oder im Training zeigt sich oft ein ganz anderes Bild. Ein Kollege von mir erlebte einen sonst bedächtig und überlegt redenden Prozessleiter im Umgang mit seinen Mitarbeiter ganz anders. »Da fuhr er seinen Leuten über den Mund, war oftmals kritisch und abwertend, riss die Themen an sich und gab seinen Leuten wenig Bewegungsfreiheit.« Doch die Beobachtung von Mitarbeitern kostet viel Zeit und ist auch nicht immer machbar.

Um die nötige Nachhaltigkeit anzustoßen, gehen die Personalentwickler in den Unternehmen immer mehr in die Offensive: »Ich mache es mittlerweile so, dass ich nach etwa drei Monaten zur Führungskraft gehe und nachfrage, inwiefern sich etwas verändert hat«, erzählte mir die Personalentwicklerin einer Bank. Die Erkenntnisse seien jedoch frustrierend: »Üblicherweise ist nichts passiert. Es kommen nur Lippenbekenntnisse im Sinne: ›Ja, ja das mache ich.‹ Oder: ›Ich kümmere mich darum.‹ Andere sagen: ›Ich habe keine Zeit.‹« Zudem haben Personalentwickler oft den Eindruck, dass die Chefs gern den Weg des geringsten Widerstandes gehen. Sie sagen pauschal, der Mitarbeiter habe sich positiv verändert, und damit ist es gut. So richtig greifbar ist dieser gefühlte Nutzen dann aber nicht. In großen Unternehmen erfolgt die Umsetzungsabfrage meist per Mail oder webbasiert. Doch der Informationsgehalt ist insgesamt auch nicht besser. Es liegt in der Hand der Vorgesetzten, wie ehrlich sie antworten. Und wer zeigt schon mit dem Finger auf sich und sagt, die Umsetzung ist ins Leere gelaufen, weil ich mich selbst auch nicht darum gekümmert habe? Und so scheitern alle Versuche, Nachhaltigkeit zu forcieren oder Umsetzungsergebnisse zu dokumentieren. Bei den leisesten Anzeichen von Mehrarbeit formiert sich eine Welle des Protests nach dem Motto: »Bloß nicht noch mehr Administration. Ich habe jetzt schon so viel zu tun.« Im Zweifel wird gar nicht auf solche Bestrebungen reagiert. Personalentwickler geben selbst zu, dass es an Konzepten fehlt, wie man den Transfer wirklich schafft. »Da sind wir nicht gut«, sagt der Leiter Personalentwicklung eines Unternehmens für mechanische und elektronische Antriebe selbstkritisch.

Kapitel 5

Kuschelkultur

Lieber fortbilden als streiten

FEINSCHMECKEROASE leuchtet es über der Eingangstür. Marika Mohn ist begeistert. Und auch das Gebäude ist ganz nach ihrem Geschmack. Klassizistischer Stil mit großzügig geschnittenen Fenstern. Manfred Fabris hält ihr galant die Tür auf. Das Restaurant wirkt sehr einladend. Kerzenschein, Blumen auf den Tischen, dunkles Holz und elegantes Design sorgen für Gastlichkeit. »Wollen wir uns da hinten in die Nische setzen?«, fragt er. Sie nickt, während ihr Blick neugierig durch den Raum gleitet. Traditionelle Gerichte mit kreativem Pfiff soll es hier geben. Nachdem die beiden ihre Speisen ausgewählt haben, eröffnet Manfred Fabris das Gespräch. Seine Stimme ist von leiser Bar-Jazz-Musik aus den Lautsprecherboxen untermalt. »Marika, wir wollen ja heute über deine Performance sprechen und auch darüber, welche Weiterbildungen für dich anstehen könnten.« Für Marika ist es eine vertraute Situation, in stilvollem Rahmen über ihre Leistungen der vergangenen Zeit zu sprechen. Die Mitarbeiterin eines Telekommunikations-Shops ist froh, dass ihr Chef das Gespräch nicht im 20 Quadratmeter großen Ladengeschäft führt. Dort sind die Bedingungen dafür nämlich alles andere als gut. Entweder wird man dauernd von Kunden gestört oder man muss sich in einen engen Lagerraum zurückziehen. Als Sitzgelegenheiten gibt es da nur ein paar staubige Kisten.

Ein Mitarbeitergespräch im Restaurant oder Café zu führen ist übliche Praxis, wenn keine geeigneten Büros oder Konferenzräume zur Verfügung stehen. Doch egal, ob im Restaurant oder im Büro, die meisten Mitarbeitergespräche sind von Friede-Freude-Eierkuchen-Atmosphäre geprägt. Zu tief sitzt die Angst bei Vorgesetzten, ihre Mitarbeiter durch klare Ansagen zu demotivieren, High Performer zu verlieren oder sich durch die Ablehnung von Fortbildungswünschen unbeliebt zu machen. Ein schnuckeliges Restaurant lässt da erst recht keine harten Worte aufkommen. Denn stellen Sie sich mal vor, unsere Mitarbeiterin bringt schlechte Verkaufsleistungen. Auch das letzte zweitägige Verkaufstraining hat keine Verbesserung in den Zahlen gebracht. Nicht zu vergessen, dass sie häufig gegenüber Kunden genervt ist und morgens immer mal wieder zu spät in den Shop kommt. »Ah, lecker. Da kommt das Steak. Schön medium. Mit Kräuterbutter.« Wo waren wir gerade stehen geblieben? Soll man der Mitarbeiterin nun vor oder nach dem Dessert die gelb-rote Karte zeigen und ihr unmissverständlich klarmachen, dass die Zusammenarbeit so nicht mehr tragbar ist?

»Also Manfred, das Essen schmeckt hervorragend. Du hast ein tolles Restaurant ausgesucht«, lobt Marika ihren Chef. »Übrigens, ich habe da eine klasse Verkaufsschulung im Allgäu gefunden. Damit werde ich jetzt bestimmt meine Zahlen in den Griff bekommen.« Manfred Fabris antwortet mit breitem Grinsen: »Schön, dass du dich so engagierst, um deine Verkaufszahlen nach vorne zu bringen. Gute Idee. Ach übrigens, sieh mal zu, dass du in Zukunft morgens pünktlich da bist.«

Harmoniesüchtige Chefs sind der Grund, weshalb Schulungs- und Entwicklungsmaßnahmen nicht ihr Geld wert sind. Sie missbrauchen Weiterbildungen, weil ihnen die Argumente fehlen. Und weil sie fürchten, Konflikte selbst anzusprechen, versuchen sie diese »Drecksarbeit« von anderen machen zu lassen. Sie schicken dazu ihre Mitarbeiter in ein teures Development-Center oder auf ein Psycho-Seminar. Und das alles ist möglich, weil die zuständigen Personalentwickler zahnlose Papiertiger sind, mit denen man alles machen kann.

Konfliktvermeidung:
Piep-Piep-Piep – wir haben uns alle lieb

»Guildo hat euch lieb« – so sang einst Guildo Horn beim Eurovision Song Contest 1998. Mit diesem sinnfreien Liedchen belegte er einen respektablen 7. Platz und schrieb damit deutsche Musikgeschichte. Doch der langhaarige Sänger mit dem kahlen Scheitel legte damit auch den Grundstein für das inzwischen geflügelte Wort »Piep, Piep, Piep, wir haben uns alle lieb«. Kein anderer Spruch wird so gern in deutschen Unternehmen zitiert, um eine »Kuschelkultur« zu beschreiben. Sie ist geprägt von einem freundlichen und netten Miteinander. Es gibt kein böses Wort. Vorgesetzte drücken lieber beide Augen zu – samt Hühnerauge –, statt Tacheles zu sprechen. Harmonie ist wichtiger als klare Worte. Und genau da liegt das Problem. Denn Personalentwicklung setzt Konfliktfreude voraus. Der Vorgesetzte muss sich mit dem Mitarbeiter über dessen Leistung und Verhalten auseinandersetzen. Zum einen bevor er jemanden zu einer Schulung schickt, zum anderen aber auch danach, wenn es um den Lerntransfer in die Praxis geht. Doch die Vorgesetzten tun nichts dergleichen.

Hier fehlt es klar an sozialen Skills, meinte mir gegenüber eine Personalleiterin aus der Stahlindustrie. »Das sind Chefs, die keine Lust haben, mit Mitarbeitern in den Dialog zu treten. Das Einzige, was die bei der Arbeit stört, sind die Menschen drum herum.« Diese Vorgesetzten seien sicherlich fachlich sehr kompetent, aber nicht in der Lage, »gefahrenfrei mit den Mitarbeitern zu kommunizieren«. Ähnliches berichtete auch der Bereichsleiter Personalentwicklung eines Anlagenbauunternehmens. Auch er kennt die Chefs, die sich in fachlichen Themen zu Hause fühlen, aber nicht kommunikativ sind. Solche konfliktscheuen Vorgesetzten wunderten sich dann, wenn es zwischen ihnen und den Mitarbeitern irgendwann knallt. »Da haben Leute fast acht Jahre zusammengearbeitet, aber nicht miteinander darüber gesprochen, was sie geärgert hat.« Vorgesetzte wüssten zwar klar, was ihnen ein Dorn im

Auge ist, thematisierten es aber nicht deutlich. »Denen platzt dann irgendwann die Hutschnur. Aber vorher haben sie nie die Verhaltensweisen gespiegelt, die sie gestört haben.«

Doch woher kommt es, dass in so vielen Unternehmen eine Kuschelkultur vorherrscht? Die Gründe lassen sich auf drei Faktoren verdichten: Angst, zu freundschaftliche Beziehungen und Bequemlichkeit. Angst spielt dabei sicherlich die größte Rolle. Führungskräfte fürchten, dass Mitarbeiter ihre Leistungen herunterschrauben oder gar das Unternehmen verlassen, wenn sie Klartext reden. Besonders Leistungsträger will man nicht vergällen. Da wird lieber eine Weiterbildung mehr genehmigt als zu wenig. Vorgesetzte haben auch Angst, ihr Gesicht zu verlieren, weil sie nicht überzeugen können. Leicht passiert es, dass der Chef in einen kommunikativen Notstand gerät, weil der Mitarbeiter das argumentativ bessere Arsenal auffährt. Eine Personalentwicklerin aus dem Bereich Bau- und Heimwerkermärkte sieht das Problem darin, dass der Mitarbeiter seinem Chef exzellent vorbereitet erklärt, warum eine Fortbildung zwingend für die Erfüllung seines Jobs erforderlich ist. Im Kopf des Vorgesetzen ergibt sich angesichts dieser rhetorischen Brillanz ein Vakuum, das sich etwa in den Worten ausdrückt: »Mist, der hat es so gut vorgebracht. Ich habe da nichts logisch entgegenzusetzen.« Um nicht als Sturkopf dazustehen, der nur unbegründet sagen kann: »Nee, geht nicht«, wird dann den vorgetragenen Weiterbildungsmaßnahmen zugestimmt.

Beispiele dazu gibt es zuhauf. So erzählte mir ein Personalentwickler aus dem Bereich Medizintechnik die Geschichte von einem Marketingleiter, dem das Rückgrat fehlte. Drei seiner Mitarbeiter wollten bei dem teuersten deutschen Weiterbildungsanbieter zu einem zweitägigen Präsentationsseminar gehen. Das Gespräch muss sich in etwa wie folgt zugetragen haben. Marketingleiter: »2 000 Euro am Tag pro Person. Ist das nicht ein bisschen teuer? Da gibt es doch bei der IHK bestimmt auch schon was für 350 Euro«. Mitarbeiter: »Das kann schon sein. Aber die sind nicht so gut. Wenn wir hier die Topleistungen bringen sollen, müssen wir zu einem Premium-Anbieter. Der Trainer hat Bücher geschrieben und war immer wieder als Experte im Fernsehen zu sehen. Der Mann ist erstklassig.« Marketingleiter: »Das sagt ja nichts.« Mitarbeiter: »Und ob das was sagt. Selbst die Kollegen von unserem Wettbewerb gehen dahin. Ich habe gerade neulich mit einem gesprochen. Der hat gesagt, es sei ein Spitzenseminar gewesen. Da dürfen wir nicht zurückstehen.« Marketingleiter: »Dann lassen Sie es uns doch so machen, dass einer hingeht und es den anderen hinterher beibringt.« Mitarbeiter: »Wie soll das denn gehen? Es ist doch komplett etwas anderes, ob man ein Seminar mitmacht oder nur hinterher ein paar Handouts durchgeht. Und übrigens, bei den Kollegen im Produktmanagement sind die Teilnahmegebühren auch kein Problem gewesen. Die waren erst neulich auf einem ganz teuren Seminar auf der Wartburg.« Nach dieser Killer-Argumentation hat der Marketingleiter erschöpft die Segel gestrichen und die Fortbildung genehmigt. Warum noch lange streiten, wenn es andere im Haus auch tun.

Andere Vorgesetzte haben leidvoll erfahren, dass sich plötzlich der Betriebsrat vor der Bürotür einfand, weil sich Mitarbeiter ungerecht behandelt fühlten. Ich habe selbst erlebt, wie sich ein Betriebsrat schützend vor einen Mitarbeiter stellte und um dessen Rechte auf Weiterbildung kämpfte wie Enten um dahingeworfene Brotkrumen. Der Vorgesetzte wusste zwar aus der Zusammenarbeit, dass bei dem Mitarbeiter die natürlichen Grenzen erreicht waren, beugte sich aber dem Druck und stimmte einer entsprechenden Maßnahme zu.

Konflikte auszutragen und auszuhalten wird auch dadurch erschwert, dass in Abteilungen oder im ganzen Unternehmen eine sehr freundschaftliche Atmosphäre herrscht. Menschliche Wärme, Herzlichkeit und Hilfsbereitschaft sind hohe Werte. Man duzt sich, unternimmt teilweise sogar private Aktivitäten. Der Chef ist mehr ein Kumpel als eine Autorität. »Wir sind hier wie eine große Familie«, ist zu hören. Vorgesetzte, die dann auf Leistung pochen und Mitarbeiter zu businessmäßig anpacken, sind schnell im Abseits. Dass der Chef rechnerisch kühl Entwicklungsbereiche aus Kosten-Nutzen-Erwägungen beleuchtet und die Umsetzung von Maßnahmen einfordert und kontrolliert, passt nicht so recht ins Bild.

Schließlich ist nicht zu vernachlässigen, dass Konfliktmanagement Zeit kostet und anstrengend ist. Und wie bereits im vergangenen Kapitel erörtert, ist Zeit das knappste Gut einer Führungskraft. Man muss sich detailliert mit dem Mitarbeiter auseinandersetzen, Fakten sammeln, Argumente zurechtlegen, viele Gespräche führen und dokumentieren. So viel Aufwand will überlegt sein. Eine Führungskraft gestand mir: »Man muss sich angesichts des vollgestopften Arbeitsalltags sehr genau überlegen, wie viele Konflikte man sich erlauben kann. Da lässt man es lieber laufen oder hofft auf einen Erkenntnisgewinn bei Schulungen.« Die Bequemlichkeit siegt also.

Wenn es keine Grenzen gibt, wird es beliebig und sinnlos. Das ist besonders an Englisch- und EDV-Trainings sichtbar, wie hinter vorgehaltener Hand zu hören ist. Sie werden dann gern gewährt, wenn der Mitarbeiter sich beschwert und sagt: »Jetzt bin ich auch mal mit einer Fortbildung dran.« Für Englischtrainings gibt es immer eine gute Allroundbegründung. »Es ist gut, weil wir immer internationaler werden.« Dabei ist von vornherein klar, dass vielleicht einmal in 100 Jahren ein Engländer, Amerikaner oder Japaner anruft. Und dann sind sowieso alle gelernten Vokabeln weg – vor Schreck. Genauso sinnlos wird Geld bei EDV-Schulungen verplempert. Da werden Mitarbeiter in Excel oder PowerPoint geschult, ohne dass sie deren Funktionen groß bräuchten. Interessanterweise lässt sich beobachten, dass es im wirklichen Bedarfsfall auch ohne zweitägige Schulung geht. Schnell ist ein kompetenter Kollege gefunden, der einem das Nötigste beibringt. Stellt sich die Frage, wer dem Treiben Einhalt gebieten könnte. Von Amts wegen doch eigentlich die Damen und Herren aus der Personalentwicklung.

Wachsweich: Personalentwickler sind Papiertiger

Übrigens, da ich gerade über Personalentwickler spreche: Haben Sie schon einmal das Wort »Papiertiger« gehört? Denken Sie jetzt nicht gleich an Origami, die japanische Kunst des Papierfaltens. Aber genau wie Origami hat auch das Wort »Papiertiger« seinen Ursprung in einem Land mit mandeläugigen Menschen. Es wurde von einem führenden Politiker der Volksrepublik China – nämlich dem berühmt-berüchtigten Mao Tse-tung – geprägt. Papiertiger ist das Synonym für Macht- und Einflusslosigkeit. Und genau das kennzeichnet die Situation von Personalentwicklern. Sie haben nichts zu sagen, sondern sehen dem verschwenderischen Umgang mit Fortbildungsgeldern tatenlos zu. Und wenn sie doch einmal ein kritisches Wort erheben, gibt es etwas zwischen die Augen. Die Personalentwicklerin eines großen Software-Unternehmens war in ihrer langjährigen Berufspraxis immer wieder mit Forderungen wie dieser konfrontiert: »Ich möchte das Seminar XY für die Mannschaft machen!« Als pflichtbewusste Personalentwicklerin stellte sie natürlich Fragen zum Hintergrund der Maßnahme: »Was möchten Sie mit der Schulung genau erreichen? Inwiefern ist das für alle Ihre Mitarbeiter ein Thema? Warum zum jetzigen Zeitpunkt?« Natürlich wusste die Führungskraft nichts Rechtes darauf zu sagen. In die Enge getrieben wie ein scheues Reh, reagierte der Mann mit Flucht nach vorn: »Ich weiß schon, was für meine Mitarbeiter gut ist. Melden Sie mal meine Leute an.«

An dieser Stelle zu kämpfen sei vergebens, bestätigte mir auch die Personalentwicklerin eines Bau- und Heimwerkermarktes. Selbstkritisch sagte sie: »PE müsste häufiger Nein sagen. Aber der Stellenwert der PE im Unternehmen ist so, dass wir nicht weisungsbefugt sind. Wir haben nur eine Beratungsfunktion.« Auch andernorts zeigt die Praxis, dass die Damen und Herren aus der Personalentwicklung entweder nicht gehört oder gar nicht erst gefragt werden. Fachabteilungen buchen Trainer oder Veranstaltungen auch gerne ohne Rückfrage. Denn wer will schon mit jemandem sprechen, der einem die gute Idee ausreden könnte?

Die Personalentwicklerin des Bau- und Heimwerkermarktes würde gern dem Management die Meinung sagen, wenn sie sieht, dass den Mitarbeitern Work-Life-Balance-Seminare angeboten werden, obwohl der Rahmen dafür fehlt. »Überstunden sind bei uns an der Tagesordnung. Die Kollegen sind zwangsläufig ausgepowert.« Deshalb orderten Vorgesetzte für ihre Mitarbeiter Seminare. Sie merkten, dass diese so viel arbeiten und irgendwie verbraucht aussehen. Die vermeintliche Lösung: »Da müssen wir mal Work-Life-Balance schulen, damit die Mitarbeiter alles besser auf die Kappe kriegen.« Die Personalentwicklerin kann angesichts dieser Vorstellungen nur den Kopf schütteln. Denn nach einem Seminar purzeln die Teilnehmer beseelt wieder zurück in die Praxis und merken, dass die Arbeitstage immer noch von 8 bis 23 Uhr gehen. Es sei ja auch nicht so, dass sie nicht wüssten, dass es neben der Arbeit auch ein Privatleben gebe – nur erlaube es das Firmenumfeld nicht, erklärte mir die Personalentwicklerin. »Uns würde es aber in 1000 Jahren nicht einfallen, den gestandenen Vorgesetzten zu sagen, dass sie kein Work-Life-Balance-Seminar für ihre Mitarbeiter bekommen, weil das Unternehmen dazu nicht passend tickt. Diese Entscheidungsbefugnis haben wir nicht.«

Nun könnte man meinen, dass Personalentwicklungsmitarbeiter einen Chef haben, der die entsprechenden Haare auf den Zähnen hat und weder Konflikt noch Auseinandersetzung fürchtet, um auf höherer Hierarchieebene die nötigen Grenzen zu setzen. Doch weit gefehlt. Die Chefs haben auch kein besseres Standing. Ein Personalleiter begründete mir das mal mit den Worten: »Wissen Sie, kein anderer Bereich im Unternehmen ist so prädestiniert dafür, dass jeder denkt mitreden zu können. Jeder glaubt, Ahnung von Personalentwicklung zu haben und es besser zu wissen.« Was er nicht zum Ausdruck brachte ist der bedauerliche Zustand, dass im Personalbereich vielerorts Menschen sitzen, die nicht Rasierklingen an den Ellenbogen haben oder gar den Biss eines Pitbulls.

Menschen aus der Personalentwicklung ticken einfach anders. Fleischer sind ja auch andere Typen als Krankenpfleger. Meistens jedenfalls. Menschen aus der Personalentwicklung haben oft einen (sozial-)pädagogischen oder psychologischen Fachhintergrund. Sie besitzen alle eine Stärke: Sie fühlen sich in die Menschen ein, kümmern sich und haben viel Verständnis. Hört man Kursteilnehmern oder Kollegen quer durch die Branchen zu, kommt zum Ausdruck, dass gerade deshalb die Akzeptanz schlecht ist. Vertretern dieses Berufsstandes werden eine sozialromantische Ader und ein verklärter Blick auf das Businessgeschehen unterstellt. Es fehle das unternehmerische Denken. Wenn Personalabteilungen nur aus Psychologen bestehen, läuten alle Alarmglocken. So geht es zumindest einer Personalleiterin – übrigens Betriebswirtin. »Nichts gegen Psychologen«, sagte sie mir – obwohl sie wusste, dass ich auch einer bin. »Einen in der Gruppe finde ich auch sinnvoll. Mir sind die gute Mischung und die Qualität wichtig. Das darf nicht abgehoben sein.« Das schlechte Standing der Personaler beruhe auch darauf, dass die PE als Abteilung gesehen wird, in der Mitarbeiter abgestellt oder geparkt werden, erzählte mir eine Trainerin aus dem Bankensektor. Klassisches Szenerio: Herr Müller soll weg. Kollegen fragen: »Wo ist er denn hin? – Ach, in die Personabteilung.« Das heißt: »Allen ist dann intern klar, dass Herr Müller weg sollte. Sprüche wie ›Dann geh' halt in die PE, da findest du schon ein Plätzchen‹ sind mir öfters im Bankenbereich begegnet«, plauderte die Trainerin aus dem Nähkästchen. Und auch von anderer Seite ist zu hören, dass der Personalbereich als ein Sammelbecken für gescheiterte Existenzen verrufen ist. Da fände man Juristen, die zu schlechte Noten für eine Kanzlei hätten.

Aber auch das Alter von Personalentwicklern ist ein Grund, dass sie keiner ernst nimmt. Eine Akademieleiter meinte: »Oft sind Mitarbeiter der Personalentwicklung noch nicht einmal 30 Jahre alt und kommen frisch von der Universität. Sie haben nicht die Tiefe und die nötige Erfahrung.« Die Praxis sieht dann oft dergestalt aus, dass einem aus der Bürotür eine junge Brünette entgegenschaut.

Sie hat schulterlange, glatte braune Haare und ist etwa 175 Zentimeter groß. Mit ihrem gewinnenden Lächeln unterstreicht sie ihre natürliche Attraktivität. Die schwarze eckige Hornbrille gibt ihr einen Anstrich von Seriosität. Das taillenbetonte Businesskostüm macht glauben, dass sie älter als 27 Jahre alt ist. Auf jeden Fall aber unter 30. »Jung, dynamisch, frisch, frech, lösungsorientiert und keine Ahnung«, so hat mal ein Trainerkollege diese Kategorie von Personalentwicklerinnen bezeichnet.

Ob nun Pädagogen, Sozialpädagogen, Psychologen oder Verbannte, manchmal auch Lehrer, Theologen, Soziologen oder ehemalige Weinverkäufer – sie alle eint ein brennendes Verlangen: mehr Gehör und Einfluss zu bekommen. Ein Blick auf eine Seminarbörse im Internet zeigt, wie groß der Bedarf dazu ist. Seminartitel wie »Personalarbeit ins richtige Licht rücken – Selbst-PR für Personalleiter, Personalentwickler und Personalreferenten« oder »Wie werde ich als HR-Manager ein akzeptierter Businesspartner des Managements in Augenhöhe?« verheißen Hoffnung für alle Personaler, die ihr Standing im Unternehmen beklagen. Doch solange Personaler denken, sie seien nicht in der Position, unsinnige Fortbildungen zu unterbinden, schaffen sie eine sich selbst erfüllende Prophezeiung und eigene Realität. Wer will schon auf einen hören, der durch jede Pore Opfergeruch ausstrahlt und durch vorsichtige Formulierungen seine Unsicherheit signalisiert? Es braucht Selbstbewusstsein und kommunikatives Geschick statt einer Konfliktvermeidungsstrategie, die lautet: »Ich würde ja, wenn ich könnte ...«

Licht ins Fahrrad hängen: Von hinten durch die Brust ins Auge

Und so kommen wir automatisch wieder zurück zu dem Punkt, an dem vordergründig nette Vorgesetzte hinterrücks die Tools der Personalentwicklung verwenden, um nicht selbst mit ihren Mitarbeitern in einen Konflikt gehen zu müssen. In jedem Führungsratgeber ist zwar nachzulesen, dass die Güte eines Vorgesetzten an dessen Klarheit und Konsequenz abzulesen ist, aber Papier ist geduldig. Versetzen wir uns doch mal kurz in die Perspektive eines Chefs. Da gibt es Mitarbeiter, die schon zehn Meilen gegen den Wind als komplizierte Charaktere auszumachen sind. Leider sind sie eine Erblast vom Vorgänger, der anscheinend in einem Zustand geistiger Umnachtung die Probezeit ungenutzt verstreichen ließ. Warum sollte man es sich antun, diesem Mitarbeiter »ein Licht ins Fahrrad zu hängen«, wie es mal ein Seminarteilnehmer sehr schön formulierte? Da ist der Konfrontationskurs programmiert. Viel geschickter ist es doch, eine neutrale Instanz mit dieser heiklen Aufgabe zu betreuen – also einen Trainer. Und siehe da: Für den Mitarbeiter gibt es ein Team- oder Kommunikationstraining. Genau das dachte sich auch ein Abteilungsleiter aus dem Bereich Produktmanagement. Er klagte mir sein Leid über einen Mitarbeiter, der ein absoluter »Muffelkopf« war. Der Mann hinterließ keine penetranten Duftspuren, wie man vielleicht angesichts des Wortes glauben könnte, sondern war maulfaul, wirkte unfreundlich und ließ es an normalen Höflichkeitsformen fehlen. Sein Verhalten hatte zum Leidwesen des Abteilungsleiters bereits weite Kreise gezogen: »Neulich hat mich sogar der Geschäftsführer angesprochen, dass Herr Weiden ihn nicht gegrüßt hat. Er soll mit sturem Blick an ihm vorbeigegangen sein.« Auch im Team war der Mann nicht besonders beliebt. Morgens ging er grußlos durch das Großraumbüro und verschanzte sich hinter seinem Bildschirm. Seine Kollegen monierten außerdem sein miserables Informationsverhalten. »Ich glaube, ich schicke ihn mal zu einem Kommunikationstraining, damit er die Basics lernt«, dachte der Abteilungsleiter laut. Ich fragte zurück: »Haben Sie ihm schon mal eine Rückmeldung zu seinem Verhalten gegeben?« – »Ja natürlich, ich habe ihm schon mal gesagt, dass er ein bisschen kommunikativer sein soll.« Wie sich im weiteren Gespräch herausstellte, hatte der Mitarbeiter in seinem vergangenen Beurteilungsgespräch im Punkt »Kommunikation« die Note »normal erwartete Leistung« erhalten. Und der

Eindruck vertiefte sich, dass es bisher kein ernsthaftes Gespräch mit klarer Rückmeldung und klaren Vereinbarungen gegeben hatte. Auf Mitarbeiterseite kann es dann eigentlich nur Verwunderung auslösen, wenn der Chef ein Kommunikationsseminar verordnet, obwohl es keinen Grund zur Klage gibt.

Diese Vorgehensweise birgt besonders zwei Risiken und Nebenwirkungen. Einmal braucht der Mitarbeiter hellseherische Gaben, um aus dem Training das Wissen herauszuziehen, dessen Fehlen sein Chef an ihm im Geheimen bemängelt. Zum anderen kann der Schuss komplett nach hinten losgehen, wenn der Mitarbeiter merkt, dass der Chef ihm sozusagen »von hinten durch die Brust ins Auge« ein Feedback geben wollte. Dadurch geht jedes Vertrauensverhältnis den Bach hinunter. So ist es in einem haarsträubenden Fall passiert, den mir eine Personalentwicklerin aus der Automobilbranche erzählte. »Die Frau war aufgrund ihrer Persönlichkeit schon extrem schwierig«, gibt sie zu. Nach ihrer Beschreibung war die Dame noch sehr jung und hatte nicht die geringste Führungserfahrung. Als sie die Verantwortung übernahm, ergaben sich recht schnell große Schwierigkeiten mit den Mitarbeitern und ihrem direkten Chef. Das lag daran, dass sie einen sehr hohen Leistungsanspruch an sich selbst anlegte, den sie automatisch auf alle anderen übertrug. Sie zeigte weder Feingefühl noch Verständnis, dass andere nicht nach ihrem Maßstab lebten. Die Personalentwicklerin: »Sie war unglaublich ungeschickt. Sie hat Leute in einer Weise mit Feedback konfrontiert, die nicht angemessen war.« Deren Chef fühlte sich anscheinend überfordert. Er wusste nicht, wie er seiner Mitarbeiterin ihre persönlichkeitsbezogenen Eigenheiten näherbringen sollte. Deshalb schickte er sie zu einem Seminar – nach dem Motto: »Du hast ein persönlichkeitsbezogenes Defizit, das ich dir nicht kommunizieren kann, und ich hoffe, die tun das in dem Workshop.« Für die Personalentwicklerin ist klar: »Der hat sie auf ein absolutes Psycho-Seminar geschickt. Die Teilnehmer waren vier Tage von aller Außenwelt abgeschlossen, in irgendeinem Schloss, wo sich die Teilnehmer gegenseitig knallhartes Feedback gaben.«

Nun muss ich an dieser Stelle die Ausführungen etwas relativieren, weil die Personalentwicklerin ihre Informationen auch nur aus Sicht der betroffenen Frau bekommen hat. Doch im Grunde ist es gleichgültig, wie es sich tatsächlich abgespielt hat. Entscheidend ist, was diese Maßnahme bei der Führungskraft ausgelöst hat. Und danach muss es so gewesen sein, dass auch die anderen Teilnehmer nicht wussten, warum sie zu dem Seminar eingeladen worden waren. Nur eines kristallisierte sich für die Betroffenen heraus: Wir werden hier von drei Psychologen betreut. Das läuft irgendwie auf Gehirnwäsche hinaus. Was die bloß mit uns vorhaben? Am Ende der vier Tage hatte die Frau begriffen, dass ihr Chef ihr mit dem Seminar eine Botschaft geben wollte. Die bekam sie aber komplett in den falschen Hals, weil der Chef nicht das direkte Gespräch mit ihr gesucht hatte. Die Personalentwicklerin berichtete mir, dass die Frau nach dem Seminar komplett neben sich stand. »Sie war verwirrt, sie war alleine gelassen.« Immer wieder habe sie sich gefragt: »Wenn mein Chef nicht zufrieden mit mir ist, warum hat er es mir nicht gesagt, sondern mich zu dem Seminar angemeldet?« Angesichts dieser Begebenheit kommen ethische Bedenken auf. Für die Personalentwicklerin ist das alles menschlich verwerflich – auch wenn sie zugesteht: »Sicherlich war die Frau eine schwierige Person. Aber ich habe einfach miterlebt, was diese Maßnahme mit ihr gemacht hat.« Von außen betrachtet ist es nicht verwunderlich, dass sich dieser verdeckte Konflikt zu einer Streubombe entwickelte. Es ist normal, dass unter dem Teppich gehaltene Konflikte irgendwann mit Macht ausbrechen und dann weite Kreise ziehen. Und die Geschichte der Dame hat weite Kreise gezogen. Sie war die Attraktion auf dem Flurfunk. Für sie, die sich so ungerecht behandelt fühlte, war es die einzige Chance, etwas von ihrem Druck und Frust loszuwerden. Und so erzählte sie und erzählte sie und erzählte sie ihr Erlebnis immer wieder. Auch ganz typisch. Denn wo Konflikte nicht offen auf den Tisch gebracht werden, machen sie sich auf andere Weise Luft. Dabei fängt alles so harmlos an. Am Anfang ist es ein Bauchgrummeln, dass heruntergeschluckt wird. Man bagatellisiert Kritikpunkte. Doch ab einem gewissen Grad an Verärgerung kommt es zu einem Dauerdilemma. Einerseits hat man nicht den Mut, den Konflikt offen auf den Tisch zu bringen, andererseits ist man aber auch nicht bereit, seine Verärgerung abzuhaken und die Sache auf sich beruhen zu lassen. So geht es auch dem Chef, der sich über das Verhalten seines Mitarbeiters aufregt. Als Folge kommt es zu emotionalen Wänden zwischen den Beteiligten, zu zynischen Zwischenbemerkungen oder anderen verdeckten Bestrafungen. Man lässt jemanden absichtlich warten oder schreibt lieber Mails, als telefonisch oder persönlich zu kommunizieren. Und irgendwann ist die Wand so groß, dass man überhaupt keinen Ansatzpunkt mehr sieht, das Problem zu thematisieren. Aus dieser Sicht finde ich es verständlich, wenn ein Vorgesetzter zum Rettungsanker Fortbildung greift. Nur leider zieht dieser Anker noch tiefer in den Sumpf herunter.

Aber nicht nur Seminare werden aus Gründen der Konfliktvermeidung zweckentfremdet. Eine ganz andere Praxis erfuhr ich von einer Personalentwicklerin aus der Finanzdienstleistungsbranche. Sie hat es oft erlebt, dass Führungskräfte ihre Mitarbeiter ins Development-Center schicken, damit sie dort mal die Wahrheit über sich erfahren. Dem Mitarbeiter wird gesagt: »Gehen Sie mal zum DC, das ist gut für Sie. Das ist eine Entwicklungsmaßnahme.« Im Kopf haben sie aber den Gedanken: »Dann bekommen Sie endlich mal das nötige Feedback.« Das Stichwort Development-Center führt uns nun geradewegs zu Nachwuchsförderungsprogrammen. Auch sie werden missbraucht.

War for Talents: Im Krieg sind alle Mittel erlaubt

Ein martialischer Begriff macht seit einigen Jahren die Runde in der Unternehmenslandschaft: War for Talents. Geprägt wurde der Begriff 1997 von den Unternehmensberatern Ed Michaels, Helen Handfield-Jones und Beth Axelrod.[46] Gemeint ist damit der Kampf um die besten Hochschulabsolventen. Diese sogenannten High

Potenzials, kurz HiPos, werden im Informationszeitalter als die wichtigste und gleichzeitig knappste Ressource des Unternehmenserfolgs gesehen. Deshalb richten sich alle Bemühungen darauf, diese HiPos zu bekommen beziehungsweise bereits gewonnene Leistungsträger zu halten. In diesem Zusammenhang spielt Weiterbildung als Lockmittel eine wichtige Rolle. Im Jahr 2007 überraschte mich im Weiterbildungsmagazin *managerSeminare* ein Artikel mit der Überschrift »Firmen wollen High Potentials mit Weiterbildung locken«.[47] Darin war zu lesen, dass laut einem internationalen Beratungsunternehmen 60 Prozent von 430 befragten Firmen mehr Geld für die Trainings- und Entwicklungsmaßnahmen ihrer Mitarbeiter ausgeben wollen, um HiPos zu locken und zu binden. Was nicht im Artikel stand, ist die Kehrseite der Medaille. Leistungsträgern werden Karrierechancen suggeriert, obwohl es keine gibt. Doch im Krieg sind alle Mittel erlaubt. Kurzum. Es wird kräftig Geld in kostenintensive Fortbildungsprogramme gepumpt, die die Betreffenden in dem guten Glauben lassen, dass sie wichtig sind und gebraucht werden. Auch das ist eine Konfliktvermeidungsstrategie, die die Unternehmen in mehrerer Hinsicht teuer bezahlen. Einmal sind es die Maßnahmen selbst, zum anderen ist es aber auch die Tatsache, dass die Leistungsträger irgendwann merken, dass sie nichts als heiße Luft erfahren haben, und dem Unternehmen enttäuscht den Rücken kehren. Diese Erfahrungen hat der ehemalige Personalentwicklungsleiter eines großen Reiseveranstalters hinter sich. »Es war vom Vorstand so gewollt, parallel mehrere Führungs- und Nachwuchsführungsprogramme auf unterschiedlichsten Ebenen zu initiieren. Für Berufseinsteiger, für Leute mit etwas mehr Berufserfahrung, für Leute mit erster Führungserfahrung, Abteilungsleiter und Hauptabteilungsleiter. Allen wurde suggeriert, dass es mit der Karriere weiter nach oben geht«, verrät der Insider. »Es wurden Aufstiegschancen vermittelt, die so nie einhaltbar waren. Obwohl man nicht sagen konnte, ob und wo in zwei bis drei Jahren Vakanzen im Unternehmen seien und inwiefern jemand für die entsprechenden Stellen geeignet sei, wurden alle so geschult, als gäbe es hierzu absolute Klarheit.« Geld verbrannt und Mitarbeiter frustriert, lautet das knappe Resümee des Personalentwicklungsleiters. Denn nach ein bis zwei Jahren zerplatzten die Karriereträume wie Seifenblasen.

Die Referentin Personalentwicklung einer Kette von Bau- und Heimwerkermärkten kennt diese Situation ebenfalls. »Wenn sich jemand zu einer nächsthöheren Ebene entwickeln will, haben wir interne Förderprogramme. Man investiert sehr viel in diese Entwicklung. Es sind verschiedene Seminarwochen. Außerdem werden die Teilnehmer aufwändig getestet, ob sie geeignet sind. Die Kosten pro Teilnehmer betragen etwa 4000 Euro.« Selbstkritisch sagt die Referentin: »Wir entwickeln zwar, aber am Ende sind die Zielpositionen gar nicht frei. Dann kommt es zu Wartezeiten und am Ende ist das Ganze nicht mehr aktuell. Die Motivation der Mitarbeiter verpufft.«

Von ähnlichen Erfahrungen berichtet die Referentin der Personalentwicklung einer Bank, die mit 600 Mitarbeitern mittelständischen Unternehmenscharakter hat. Auch hier werde geschult, obwohl die Stellen nachweislich gar nicht da sind. »Der Frust ist programmiert, weil natürlich jeder, der in eine Entwicklungsmaßnahme geht, erwartet, dass es die Karriereleiter möglichst bald nach oben geht.« Aus der Not heraus würden manchmal auch neue Führungspositionen im Unternehmen aus der Taufe gehoben, um die guten Leute zu halten. Eine Gruppenleiterstelle könne man immer mal brauchen. Die Personalentwicklerin hat schon verschiedene berufliche Stationen hinter sich. Sie war zuvor in einer Bank mit 16000 Mitarbeitern. In größeren Unternehmen sind aus ihrer Sicht bessere Chancen für das Weiterkommen gegeben. Aber gerade bei kleinen und mittelständischen Unternehmen sei jedes Nachwuchsförderprogramm ein anderes Wort für Geldverschwendung. Und zusätzlich erhebt sich dann noch die Frage: »Muss es das Seminar für 5000 Euro in der Schweiz sein oder reicht nicht auch das Drei-Tage-Seminar in Norddeutschland?«

Der Missbrauch von Nachwuchsförderprogrammen treibt merkwürdige Blüten, weiß auch eine andere Personalentwicklerin zu berichten. »Das geht sogar so weit, dass man Mitarbeiter in ein Development-Center oder Management Audit schickt, obwohl von vornherein klar ist, dass die Stärken-Schwächen-Analyse einen negativen Befund bringt. Dem Mann oder der Frau wird aber mitgeteilt, dass er oder sie in Zukunft zu Höherem berufen ist.«

Nun könnte man auch die Sicht vertreten, dass dieses Prinzip ja zumindest eine Zeit lang gut funktioniert und das Unternehmen davon profitiert. Doch das ist zu kurz gedacht. Die Leistungsträger nutzen nämlich die Schwächen des Systems konsequent aus. Sie fordern. Sie sind sich ihrer Bedeutung bewusst. Sie nehmen an Schulungen mit, was geht. Sie tanken ordentlich den eigenen Marktwert auf und sagen dann bei passender Gelegenheit »Tschüss«.

Die bereits erwähnte Personalentwicklerin der Bau- und Heimwerkermarktkette erlebt immer wieder, dass Kollegen sehr teure Personalentwicklungsmaßnahmen bezahlt bekommen. »Das sind zum Beispiel MBA-Programme, die rund 20 000 Euro kosten.« Der Sinn ist allerdings fraglich. Bei den Anbietern des Studiums Master of Business Administration (MBA) ist nachzulesen, dass der zweijährige Fernstudiengang eine fundierte und praxisbezogene Vorbereitung für eine gehobene Führungsposition im nationalen und internationalen Management bringt. Die Personalentwicklerin fragt zu Recht, ob man solch ein Studium als Marktleiter eines Bau- und Heimwerkermarktes braucht. Ihr nachvollziehbarer Verdacht ist, dass Mitarbeiter diese und ähnliche Maßnahmen als Sprungbrett für ihre Karriereambitionen nutzen. Denn für die Position als Marktleiter wäre ein normaler Realschulabschluss mit sehr viel Berufserfahrung wesentlich mehr wert als jemand, der sich mit wissenschaftlichen Arbeiten befasst. »Hier werden eindeutig Gelder verprasst«, sagt die Personalentwicklerin. Doch die Entscheidung über die Teilnahme an solch einer Maßnahme liegt beim direkten Vorgesetzten. Die Strafe folgt dann meistens auf dem Fuß. Der Mitarbeiter quittiert seinen Dienst und steigt in einem anderen Unternehmen ein.

Doch Vorgesetzte hoffen anscheinend immer wieder, dass die Bindung an sie und das Unternehmen groß genug ist, wenn sie ihren Mitarbeitern Gutes tun. Die Rechnung geht aber nicht auf. Denn die Führungskräfte vermeiden den echten Dialog mit den Potenzialträgern. Die ehrliche Botschaft müsste nämlich lauten: »Ich möchte gern mit Ihnen zusammenarbeiten. Ich schätze Ihre Leistungen. Aber leider kann ich Ihnen keine Entwicklungschancen anbieten.« Jemand hat mal gesagt, es könne nicht nur Häuptlinge geben, sondern es braucht auch Indianer. Aber diese Klarheit wird gescheut. Und das rächt sich, wie die Personalentwicklerin aus einer Bank weiß. »Fast 9 000 Euro pro Person kostete unser Nachwuchs-Führungskräfteprogramm«, erzählt die Referentin. »Wir haben mittels eines Assessment-Centers eine Hand voll Nachwuchsführungskräfte im Unternehmen entwickelt und dann eine wirklich strukturierte und – wie ich finde – geniale Maßnahme aufgesetzt«, schwärmte sie. Nach einem Jahr kam jedoch die Stunde der Wahrheit. Mit den Hoffnungsträgern war nämlich nicht klar besprochen worden, dass sie im Bedarfsfall auch an andere Standorte gehen müssten, um Karriere zu machen. »Und das war dann auch der Grund, weshalb eine ›supertolle‹ Nachwuchsführungskraft aus dem Entwicklungsprogramm das Unternehmen verlassen hat.« Der Hintergrund war, dass man diesem Kandidaten in einer Berliner Filiale einen passenden Job angeboten hatte. Ein absoluter Aufstieg, wie die Personalentwicklerin findet. Doch die Chance schlug er aus. Obwohl ihm die angebotene Position gefiel, wollte er nicht von München nach Berlin umziehen. Ein halbes Jahr später hatte der Mann die Bank verlassen und einen Job im Umfeld von München gefunden, wo er seinen Aufstieg machte.

Seminartourismus: Mitarbeiter bei Laune halten

Nachwuchsförderungsprogramme ohne Aufstiegschancen sind nur eine weitere Spielart des Missbrauchs, der mit Weiterbildung betrieben wird. Genauso werden einzelne Seminare eingesetzt, um Mitarbeitern mal etwas Gutes zu tun. Nicht Personalentwicklung ist der Aufhänger, sondern der fordernde Mitarbeiter, der bei Laune gehalten werden muss. So sieht es auch Dr. Maximillian Kern. In einem Artikel in *management&training* vertritt er die Ansicht, dass Seminare nichts mit zielgerichteter Qualifizierung zu tun haben, wenn sie nur dazu dienen, Mitarbeitern eine Belohnung beziehungsweise ein Dankeschön zu geben oder weil sie einfach mal an der Reihe waren.[48] Und wieder wird deutlich, dass Weiterbildung dazu dient, Konflikte zu vermeiden. Das kostet nicht nur Geld, sondern hat auch den Haken, dass der Mitarbeiter die Seminarinhalte nicht anwenden kann und dann enttäuscht ist. So hat es der Personal- und Organisationsentwickler eines IT-Unternehmens erlebt. Als wir uns zu dem Thema austauschten, erzählte er mir: »Meistens sind es Soft-Skill-Fortbildungen, die als Incentive verwendet werden. Da wird jemand auf einen tollen Präsentationslehrgang geschickt, obwohl er das Gelernte in seinem Berufskontext überhaupt nicht anwenden kann. Wenn er etwas präsentieren muss, dann betrifft es das Tagesgeschäft. Dazu ist aber wenig Vorbereitung nötig.« Die Krux sei: Der Mitarbeiter könne zwar hervorragende Präsentationen machen, die aber haben keinen Abnehmer.

Das Training als Goodie kennt auch ein Personalentwickler aus dem Medizintechnikbereich. »Trainings sind ein Benefit, das man dem Mitarbeiter geben möchte, um ihn einfach mit seiner Motivation bei der Stange zu halten. Streng genommen ist die Maßnahme irrelevant.« Am beliebtesten seien Seminare zu Themen, die man immer mal gebrauchen könne. Kurzum: »Mach' mal eine PowerPoint-Schulung oder Ähnliches.« Besprochen werden diese Aktivitäten im jährlichen Mitarbeitergespräch. Und hier regiert das Prinzip: »Wer am lautesten und eindringlichsten nach Weiterbildung kräht, findet Gehör.« Ein beliebtes Argument ist: »Ich möchte auch mal etwas machen. Die anderen durften letztes Jahr Kurse besuchen. Für mich ist nichts abgefallen. Jetzt bin ich aber auch mal dran.« Nach dem Motto »Wünsch-dir-was« wird dann der Mitarbeiter gefragt, in welcher Hinsicht er sich fortbilden möchte. In der Regel bekommt er auch, was er will. Dahinter steht die Einstellung, dass der Kollege schon weiß, was er braucht. Ist er unschlüssig, findet sich schon etwas Geeignetes – vielleicht ein Präsentationsseminar oder eine PowerPoint-Schulung. Aber den Punkt hatten wir ja bereits. Auf jeden Fall wird nicht über Sinn und Unsinn von Maßnahmen diskutiert. Da wäre nur ein Motivationskiller.

Auch die Personalentwicklerin eines Maschinenbauherstellers bestätigt die Praxis, dass Führungskräfte ihren Mitarbeitern gerne eine schöne Trainingsmaßnahme anbieten, »als Zuckerl oder zum Ruhigstellen«. Von anderer Seite habe ich übrigens erfahren, dass Seminare auch gerne eingesetzt werden, um Nullrunden bei Gehaltserhöhungen zu kompensieren. Wie auch immer – der Mitarbeiter hat auf jeden Fall das Gefühl, er ist wertvoll und es wird in ihn investiert. Die eben zitierte Personalentwicklerin meinte dazu: »Für den Moment ist der Mitarbeiter zufrieden und glücklich, wenn er ein Seminar bekommt. Das ist aber zu kurzfristig gedacht.« Denn hinzu kommt, dass solche Maßnahmen nicht nachgehalten werden, sondern versprengte Einzelaktivitäten sind, deren Nutzwerte ohnehin fraglich sind. Die Betriebsratsvorsitzende einer Bank ist angesichts von Incentive-Seminaren ebenso kritisch eingestellt. Die 47-Jährige sagt: »Wenn man sich sein Seminar nach Lust und Laune aussucht und das Ganze nicht jobbezogen ist, funktioniert Weiterbildung nicht.«

Unterstützt wird die Praxis der Incentive-Seminare dadurch, dass Führungskräfte zum Jahresende oft in dem Dilemma sind, dass sie ihr Budget noch nicht ausgereizt haben. Der kluge Vorgesetzte weiß natürlich, dass es nicht ratsam ist, sich nun zurückzuhalten. Denn ist das Budget erst einmal gekürzt, besteht in Zukunft kaum die Chance, dass es wieder aufgestockt wird. Schon gar nicht in Zeiten von Sparkursen. Um diesen Konflikt zu vermeiden, gibt er lieber das Geld aus. Das Phänomen des auszuschöpfenden Jahreshaushalts kennt der Leiter Personalentwicklung eines Wasserentsorgungsunternehmens nur zu gut. Die Firma gehört zu einer Stadtverwaltung – also zum öffentlichen Dienst. »Jeder Bereich, ob Technik oder kaufmännischer Bereich, hat ein Budget, in dessen Rahmen er handeln kann. Es ist immer sehr positiv, wenn man das ausschöpft, weil man sonst bei der nächsten Budgetplanung unangenehme Fragen zu erwarten hat. Zum Beispiel stehen 5 000 Euro für einen kleinen Bereich zur Verfügung.« Neugierig fragte ich nach, welche unangenehmen Fragen das wären. »Wenn man für das nächste Jahr 5 000 Euro Budget beantragt, aber im vergangenen Jahr nur 3 500 Euro gebraucht hat, kommt die Frage: Wieso brauchen Sie jetzt mehr, Sie sind ja auch mit 3 500 Euro klargekommen. Was gibt es denn jetzt für Gründe, das Budget aufzustocken?« Solche Gespräche vermeidet man natürlich lieber. Stattdessen schaut man suchenden Blickes auf diverse »offene Baustellen«, in die man die verbliebenen Gelder versenken kann. Plötzlich fällt einem ein, dass im Grunde jeder aus dem Personalbereich das Seminar zum Thema »Lohn- und Gehaltsbuchhaltung« absolvieren sollte. Wegen der Aktualisierungen. »Natürlich gibt es eine Häufung solcher Seminarteilnahmen zum Jahresende«, erzählte er mit einem Lächeln.

Von komfortablen Budgets profitieren natürlich voller Freude Trainer und Weiterbildungsanbieter. »Ich habe zwei Themen und Budget«, so schallte es neulich einem Trainerkollegen aus dem Telefonhörer entgegen. Gepriesen sei dieser Kunde. Und die Personalentwicklerin eines Zeitungsverlages erzählte aus der Zeit, als sie noch bei einem Trainingsinstitut angestellt war. »Wir haben ja nicht umsonst Trainings für eine bestimmte Zielgruppe – nämlich neue Führungskräfte – am Timmendorfer Strand angeboten.« Das Institut hatte immer im letzten Quartal das höchste Arbeitsaufkommen, weil die Chefs im Unternehmen merkten: »Da ist noch Geld da. Schnell weg damit.« Der Weiterbildungsanbieter trug natürlich dem Bedarf seiner Klientel Rechnung und bot Seminare an schönen und interessanten Orten an. »Die Ostsee war sehr beliebt«, meinte die Ex-Trainerin. Kann man auch verstehen.

Schönes Essen, schönes Wetter, schöne Möwen. Kurzum Seminartourismus. »Das war immer der Frust für die Trainer, weil schnell erkennbar war, dass die Leute ohne echtes Anliegen kamen. Aber das Hotel war spitze und man konnte viel Spaß haben, wenn man alles nicht so ernsthaft betrachtete.« Ich selbst habe auch schon das eine oder andere Erlebnis dieser Art gehabt. Einmal hatte ich einen Auftrag, der mich direkt an die Nordsee führte. Der Ort des Geschehens war nicht unbedingt eine Nobelherberge. Das Erste, was mir bei meiner Ankunft entgegenkam, war ein schwarzer, strubbeliger Hund. Er kam direkt aus der Küche. Und auf dem Flur muffte es nach nassem Fell. Aber das Nordsee-Umfeld war natürlich herrlich. Bis spät abends hockten die Teilnehmer an der Bar. Am nächsten Morgen saßen sie dann alle mit trüben Augen da. Einer bemerkte: »Irgendwie bekommt mir die Meeresluft nicht. Mir ist so kodderig.« Ich weiß nur noch, dass ich schnellstens wieder nach Hause wollte. Doch egal. Am Ende zählt das Geld. Und genau wie es die erwähnte Personalentwicklerin erlebt hat, kennen es auch andere Weiterbildungsanbieter. Wer den richtigen Draht zu den Unternehmen hat, kann mit ausgefallenen Trend-Seminaren oder Outdoor-Veranstaltungen gutes Geld verdienen. Gefragt sind ausgefallene Events, die im Gedächtnis haften bleiben. Denn nur so kommen am Ende alle schwer begeistert zurück. Natürlich lässt dieser Effekt ganz schnell nach. Doch die Kreativität der Anbieter kennt keine Grenzen: Führungstrainings zusammen mit blinden Menschen in einem stockdunklen Raum, Teamtraining als Krimifall, Seminare 250 Meter unter der Erde in einer Kohlegrube, Lach-Seminare für mehr Gesundheit, Rentierschlittenfahrten in Skandinavien, Schwitzen in der Sauna, Persönlichkeitsentwicklung aus schamanischer Sicht, Strategiefindung und Selbsterfahrung in der Wüste bei Sonne und Sandsturm – es gibt nichts, was es nicht gibt. Und wer bezahlt es? Die Firmen mit konfliktscheuen Chefs.

Kapitel 6

Der Fisch stinkt vom Kopf her

Top-Manager als schlechtes Vorbild

»Meine sehr geehrten Damen und Herren, jeder Kunde, mit dem wir in Kontakt kommen, trägt für uns ein unsichtbares 10 000-Euro-Schild auf der Stirn. Wir müssen unsere Kunden begeistern, damit sie immer wieder bei uns kaufen und zu aktiven positiven Empfehlern werden. Dazu müssen wir alle noch kundenorientierter werden. Über alle Hierarchie-Ebenen hinweg. Sie müssen zu ›Menschenverstehern‹ werden.« Der Geschäftsführer schaute prüfend in die Gesichter bei der Belegschaftsversammlung, um die Wirkung seiner Worte zu erkunden. Versteinerte Mienen. Die Botschaft hatte also gesessen. Die Mannschaft fühlte sich ertappt. Zufrieden fuhr er fort: »Fast jeder im Unternehmen kann heute direkt oder indirekt zur Anlaufstelle für den Kunden werden. Deshalb braucht nicht nur das Sales-Team, sondern jeder einzelne Mitarbeiter im Unternehmen kundenorientiertes Denken und Handeln. Auch der Lagerarbeiter, die Aushilfe und die Putzfrau. Selbst Mitarbeiter, die selten oder nie Kundenkontakt haben, können davon nicht ausgenommen werden.« Einige Wochen nach dieser strategischen Rede startete im Unternehmen die Initiative »König Kunde«. Flächendeckend waren Seminare zum Thema Kundenorientierung vorgesehen. »Was wollen Sie uns denn noch beibringen? Wir sind schon alle sehr kundenorientiert!«, schallte es mir in einem Seminar entgegen. »Eigentlich müsste unser Geschäftsführer hier sitzen und Kundenorientierung lernen«, meinte ein bärtiger Mittvierziger aus dem Innendienst. »Der parkt nämlich immer auf einem der vier Kundenparkplätze direkt vor dem Haus, weil er nicht so weit laufen will.« An dieser Stelle sacken dem sturmerprobten Trainer die Knie weg. Er erkennt die ins Unermessliche reichende Motivation der Mitarbeiter, die anstehenden Seminarinhalte umzusetzen. Verständlich, wenn sich der oberste Chef nicht einen Deut um seine eigenen Anforderungen schert. Da passt dann auch wieder die ebenso alte wie wahre Redewendung, dass der Fisch vom Kopf her stinkt. Wenn das Top-Management sein Tun nicht in Übereinstimmung mit den eigenen Aussagen bringt und umgekehrt, wird es zu Recht nicht ernst genommen. Von einer Vorbildwirkung für die Belegschaft, von Mitarbeitermotivation oder gesundem Wirtschaften ganz zu schweigen. Hinzu kam, dass der Geschäftsführer und seine oberste Führungsetage nicht an der Seminarreihe teilnahmen. Begründung: »Keine Zeit.« Top-Manager unterminieren mit ihrem Handeln den Erfolg von Weiterbildungsmaßnahmen. Dabei sind die Zusammenhänge so simpel. Schon das Kleinkind schielt mit Argusaugen zu den Eltern und guckt sich deren Verhalten ab. Und genauso orientieren sich Mitarbeiter daran, wie ihre obersten Chefs mit Weiterbildungsmaßnahmen umgehen. Was sie sehen, lässt Personalentwicklung zur Lachnummer verkommen. Beliebigkeit statt Nachhaltigkeit. Da werden Maßnahmen hoch priorisiert, aber von oberster Stelle nicht wirksam verfolgt. Die Richtung für Personalentwicklung wird genauso oft gewechselt wie die Socken an den Füßen. Plötzlich kommt es zu einem Wechsel in Top-Managementpositionen oder es ergeben sich neue Markteinschätzungen. Aufwändig inszenierte Programme verschwinden nach einem Aktionismus-Schub auf Nimmerwiedersehen in den Aktenschränken. Und schließlich erhalten Mitarbeiter Alibi-Schulungen, obwohl längst die Entscheidung gefällt ist, dass ihre Abteilung geschlossen wird oder sie für einen Job nicht geeignet sind. Die horrenden Summen von verbranntem Geld spielen jedoch keine Rolle. Hauptsache, man hat sich gut verkauft und die

Kapitalgeber glauben, dass es sich lohnt, in die Firma zu investieren. Am Ende zählen satte Gewinne und Spitzenrendite.

Ist ja irre: Die Doppelbotschaften der Firmenbosse

Und weil wir gerade über Geld reden, schlagen wir gleich den Bogen zum Thema Unternehmensethik. Die Bestechungsaffären bei Ikea, Siemens oder VW zeigen: Korruption ist kein Einzelfall. Trotzdem sind Kontrollmechanismen in Unternehmen eher selten. Größere Unternehmen haben zumindest einen Code of Conduct, einen Verhaltenskodex, der im Sinne einer freiwilligen Selbstkontrolle Ordnung ins Geschäft bringen soll. Und natürlich gibt es zu diesem Thema auch Schulungen für die Führungskräfte. Und die sollen wiederum ihre Mitarbeiter schulen. Während die Firmenbosse nach außen hehre Taten versprechen, sieht die interne Welt ganz anders aus. Das wissen besonders die Mitarbeiter aus dem Vertrieb. Im Kontakt mit Kunden wäscht nämlich eine Hand die andere und an bestimmte Aufträge kommt man oft ohne die notwendigen Aufwendungen nicht heran. Besonders im Ausland, wie mir einige Seminarteilnehmer verrieten. Diese Zusammenhänge kennen natürlich auch die Vorstände von Unternehmen. Der Zweck heiligt am Ende die Mittel. Denn sie werden vom Kapitalmarkt daran gemessen, ob ehrgeizige Gewinnvorgaben in kurzer Zeit erfüllt werden. Und so wird offiziell der Code of Coduct propagiert und hinter den Firmentoren vor allem Kasse gemacht. Denn wer im Ausland nicht schmiert, geht leer aus. Das bestätigt auch eine bundesweite Befragung unter Managern.[49] Mal geschieht dies mehr und mal weniger am Rande der Legalität. Falls jemand dabei auffliegt – Pech gehabt. Einzelschicksal. Schulung nicht verstanden.

Mitarbeiter reagieren sehr sensibel darauf, was die Herren im feinen Zwirn vorleben. Eine Trainerin aus dem Bankenbereich bringt es auf den Punkt, was bereits weiter oben in Bezug auf den Fisch anklang: »Für mich liegt das große Hauptproblem bei den Führungskräften. Wenn sie Dinge einfordern, die sie selbst nicht vorleben, funktioniert Weiterbildung nicht.« Die Begründung dafür liefert die Theorie des Modell-Lernens von Alfred Bandura.[50] Der kanadische Psychologe hat in den 1960er Jahren herausgearbeitet, von wem wir uns Verhalten abgucken. Besonders beobachtet werden Menschen, die viel Macht oder hohes Ansehen haben. Auch an sympathischen und attraktiven Menschen orientieren wir uns. Die Nachahmungsbereitschaft wird außerdem gefördert, wenn es eine gute Beziehung oder eine Abhängigkeit zwischen Beobachter und Modell gibt. Und weil die Vorbildwirkung so wichtig ist, liest man darüber auch in Unternehmensleitbildern. »Unsere Führungskräfte sollen eine Sogkraft ausüben, dass unsere Mitarbeiter ihnen mit Freude folgen. Sie sollen ein Vorbild sein, dem man gerne nacheifert.« Die Kraft des Vorbilds auf die Motivation beweist auch eine aktuelle Online-Umfrage einer Unternehmensberatung unter 3 200 deutschen Arbeitnehmern. Danach gehört zu den Top-Treibern der Mitarbeitermotivation, dass das Senior-Management Vorbild im Sinne der Unternehmenswerte ist.[51] Und weil alles auf eine gute Führungskraft ankommt, investieren die Unternehmen munter in Leadership-Programme und formulieren Führungsleitlinien nach dem Motto: »Vertrauen ist das Maß aller Dinge«. Und: »Zeigen Sie Initiative.« Oder: »Setzen Sie Mitarbeiter ins Bild.« Gehen wir doch mal gut 2 000 Jahre zurück. Hat der karthargische Feldherr Hannibal eigentlich auch ein Leadership-Performance-Excellence-Training genossen, bevor er seinen Tross von mehr als 50 000 Soldaten, 9 000 Reitern und 37 Kriegselefanten über die winterlichen Alpen führte?[52] Wahrscheinlich hat der Militärstratege seiner Truppe vor der großen Wanderung auch einen Hochglanz-Papyrus unter die Nase gehalten, auf dem zu lesen war: »Uns ist kein Weg zu weit.« Vielleicht hatte er ja auch Sangeskünste wie Xavier Naidoo, der zur Fußballweltmeisterschaft 2006 sang: »Dieser Weg wird kein leichter sein. Dieser Weg wird steinig und schwer.«

Was ich damit sagen will? Das Training von Führungsleitlinien kann man sich sparen, wenn der Initiator dieser Aktivität nicht vorangeht und sich selbst nicht darum schert. So erlebte es auch die Personalentwicklerin eines Verlagshauses. Sie erstellte in Workshops gemeinsam mit Führungskräften aller Ebenen Gedanken über Führungsleitlinien. Als dann vom Geschäftsführer der Satz kam »Gut, was Sie da erarbeitet haben. Dann halten Sie sich auch mal schön daran«, war für sie dessen Haltung glasklar. Er nahm sich selbst aus, indem er nicht »wir«, sondern »Sie« sagte. Diese Sichtweise zementierte er auch dadurch, dass er an der folgenden Seminarreihe nicht teilnahm, sondern nur ein kurzes Grußwort sprach. Seine Gegenwart wäre aber nicht nur aufgrund der Vorbildwirkung sinnvoll gewesen, sondern auch, um zusammen mit seinen direkt untergeordneten Führungskräften darüber zu sprechen, wie man diese Leitlinien im Firmenalltag gemeinsam mit Leben füllt. »Solch eine Maßnahme macht dann wenig Sinn«, erläuterte mir die Personalentwicklerin. Sie habe im Laufe ihres Berufslebens immer wieder festgestellt, dass die nachfolgenden Ebenen nur umsetzen, was die oberste Ebene vorlebt. »Ich unterstelle meinem Geschäftsführer gar keine böse Absicht«, sagte die Verlagsangestellte und fügte hinzu: »Er hat ein offenes Ohr für Personalentwicklung, aber er steckt einfach wahnsinnig tief im operativen Geschäft. Er hat keine Zeit, seine eigentliche Führungsaufgabe wahrzunehmen.« Wozu ist eine hochbezahlte Führungskraft dann da, wenn sie ihre Aufgaben nicht wahrnehmen kann? Und den anderen Managern im Unternehmen ging es im Prinzip genauso. Die Botschaft war klar. Der Chef nimmt sich keine Zeit, also brauche ich es auch nicht zu tun. Die Bilanz des frohen Schaffens lautete: 650 Manntage ins Projekt gesteckt. Dabei musste jede der 60 Führungskräfte ein Training von insgesamt sieben Tagen durchlaufen. Aufgeteilt in zwei Module. Danach war wieder alles beim Alten.

Neben Führungsleitlinien gibt es noch ein anderes brandheißes Thema in den Unternehmen, das von der Vorbildwirkung von Seniormanagern, Geschäftsführern und Vorständen lebt. Es ist das Instrument der Zielvereinbarung. Diese Managementmethode erfreut sich großer Beliebtheit in den Unternehmen. Es wird viel Zeit und Geld investiert, um ein entsprechendes System zu definieren. Dazu kommen mehrtägige Trainings und bisweilen sogar Einzelcoachings. Die Führungskräfte lernen etwas über wohlgeformte Ziele, konstruktive Zielvereinbarungs- und Reviewgespräche mit den Mitarbeitern und den Prozess der Zielkaskadierung. Und bereits ab diesem Punkt beginnt das System zu wanken. Denn offensichtlich durchlaufen die Seniormanager nicht das Programm oder – wenn überhaupt – sehr sporadisch. Ein Verdacht kommt auf: Die Herren, die das System haben wollten, setzen es selbst nicht um. Solche demoralisierenden Vorbilderfahrungen kennt auch ein Personalentwicklungsleiter, der nicht näher benannt werden möchte. In einem ersten Schritt sollten die 15 Direct Reports des Geschäftsführers bis zu einem bestimmten Termin Ziele für ihre Mitarbeiter definieren. Als dann alle bestens vorbereitet im Meeting zusammentrafen, meinte der Geschäftsführer: »Entschuldigung, meine Herren, ich bin leider nicht dazu gekommen, die Ziele für Sie vorzubereiten. Aber das können Sie ja auch noch nach unserer Sitzung selbst nachholen, Sie kennen ja unsere strategischen Unternehmensziele.« Die langen Gesichter der Direct Reports kann man sich vorstellen. So sollte der Prozess laut Schulung nicht sein. Und sie selbst hatten es ja auch geschafft, sich die Zeit aus den Rippen zu schälen. Hört man in die Unternehmen rein, gleichen sich die Aussagen. Dialog und Orientierung sind Mangelware: »Wie soll ich die Ziele kaskadieren, wenn mein Chef keine Ziele mit mir bespricht?« – »Das Gespräch hat 15 Minuten gedauert. Mein Chef war überhaupt nicht vorbereitet.« – »Ich habe Ziele, die sich überhaupt nicht mit meiner Arbeit decken.« – »Das Zielvereinbarungsgespräch fand ad hoc am Jour Fixe statt. Er hat mir kurz ein paar Stichworte hingeworfen. Es gab keine Gelegenheit, in eine Diskussion einzusteigen und Ziele zu besprechen. Eine Vereinbarung war es auch nicht.« Und so wird die Idee des Systems konterkariert. Noch einmal: Wenn Chefs nicht leben, was ihre Mitarbeiter lernen sollen beziehungsweise was man von ihnen erwartet, bleibt jedes

Commitment auf der Strecke. Die Kritik geht immer wieder dahin, dass sich die Granden erst einmal an die eigene Nase fassen und bei sich selbst anfangen sollen, bevor sie den Mitarbeitern diverse Dinge abverlangen. Für eine Personalentwicklerin aus der Automobilindustrie ist deshalb klar: »Ich brauche kein Projektmanagement einzuführen oder für ein Thema teure Berater einzukaufen, wenn ich die Punkte nicht mal ansatzweise selbst verwirkliche.« Kurzum: Es herrscht große Einigkeit über die Rolle von Top-Managern für den Erfolg von Weiterbildungsmaßnahmen. Nur sie selbst kümmern sich nicht darum. Warum auch. Ihr Chef lebt es ihnen ja auch nicht vor.

Wie ein Wendehals: Ein neuer Chef kommt, das PE-Programm geht

Chefs haben ganz andere Sorgen, als sich um ihre Vorbildrolle zu kümmern. Umsatz, Gewinne und Rendite. Darum geht es. Besonders die börsennotierten Unternehmen sind sehr ergebnisgetrieben. Mit dem Ziel der Gewinnmaximierung dreht sich dann auch immer wieder das Personenkarussell. Die Zahl der Chefwechsel wegen mangelnden Erfolgs hat sich einer Untersuchung zufolge von 1995 bis 2006 mehr als verdreifacht. Die Verweildauer der Unternehmenslenker im Amt in Europa in den vergangenen Jahren ist von gut acht auf weniger als fünf Jahre gesunken.[53] Der Chefsessel deutscher Top-Manager ist also immer häufiger ein Schleudersitz. Und dieser Sachverhalt führt uns zu der Preisfrage, was ein rindenfarbener, graubrauner Vogel mit Top-Managern und Weiterbildung zu tun hat. Der gefiederte Freund wiegt etwa 50 Gramm, hat eine Körperlänge von ungefähr 17 Zentimetern und sieht auf den ersten Blick wie eine Singdrossel aus. Haben Sie erraten, um wen es sich handelt? Es ist der Jynx torquilla. Kennen Sie nicht? Bei rund 9800 bekannten Vogelarten kann das schon mal passieren. Vielleicht ist Ihnen das deutsche Wort geläufig. Die Rede ist vom Wendehals. Und an dieser Stelle kommt die Weiterbildung wieder ins Spiel. Denn ähnlich auffällig, wie dieses Vögelchen seinen Hals verdrehen kann, gibt es auch bei Personalentwicklungsprogrammen komplette Kehrtwendungen. Nachhaltige Personalentwicklung? Fehlanzeige. Vielmehr ist Weiterbildung wie ein Spielball, den man mal rechts oder mal links ins Feld kickt. Manchmal auch ins Aus. Denn jede Geschäftsführung hat andere Vorstellungen. Immer wieder haben mir Personalleiter oder -entwickler von diesem Phänomen berichtet. Da kommt ein neuer Kopf und die bisherige Arbeit war für den Papierkorb. Besonders bei Wechseln im Vorstand oder auf der Bereichsleiterebene. »Das kenne ich aus allen Unternehmen«, bestätigte mir auch eine Personalentwicklerin aus dem Bankenbereich. »Jeder hat seine eigenen Vorstellungen und Ideen. Er glaubt, was der Vorgänger gemacht hat, ist wertlos.« Sie hat selbst erlebt, wie erarbeitete Leitsätze für Führung und Zusammenarbeit nicht mehr von Interesse waren. Das Gerüst von Aussagen war gerade fertig und wurde in den Einheiten weiter diskutiert und reflektiert, als ein neuer Vorstand antrat. Es kam nicht mehr dazu, alle Gedanken und Anregungen zusammenzuführen und in Leitsätzen zu verdichten, die die Basis für Trainings darstellen sollten. Der neue Vorstand wollte das Ganze nicht mehr vorantreiben. »Da haben wir richtig Arbeit und Geld reingesteckt«, erzählt die Personalentwicklerin. »Wir haben rund 30 Workshops mit externer Unterstützung gemacht. Es war alles sehr teuer, sehr aufwändig und am Ende haben wir nichts damit gemacht.«

Und so heißt es ganz schlicht: Ab in die Schublade und warten, bis der Nächste kommt. Ein neuer Kopf, ein neues Glück. Oft auch Pech, wenn wieder ein hoch priorisiertes Trainingsprogramm eingestampft wird. Bei dieser Praxis verpuffen nicht nur Zeit und Geld wie Seifenblasen. Auch Motivation und Bereitschaft der Mitarbeiter, sich zu engagieren, sinken. Denn wie heißt es so schön: Für den ersten Eindruck gibt es keine zweite Chance. Oft habe ich von langjährigen Mitarbeitern Sätze gehört wie: »Das habe ich schon mal vor einigen Jahren als Gedanken eingebracht und es ist nichts damit passiert.« Kollegen, die jahrzehntelang im Unternehmen sind, können ein Lied davon singen, dass alles Gute wiederkommt. Insofern sind die abrupten Kurswechsel von neuen Top-Managern vergleichbar mit einem Hasen, der auf der Wiese Haken schlägt. Irgendwann ist er wieder auf der ursprünglichen Spur.

Eine drastische Form des Postenkarussells habe ich von dem Personalleiter eines Unterhaltungselektronik-Unternehmens erfahren. Er berichtete mir über die Eigenheiten japanischer Unternehmen mit einem japanischen Top-Management. »Da ist es üblich, dass der Kollege aus Japan für zwei bis drei Jahre nach Europa beziehungsweise Deutschland geht.« Der Druck sei groß, in kurzer Zeit passable Ergebnisse zu liefern. Die maximale Verweildauer betrüge fünf Jahre. Danach ginge er wieder in sein Heimatland zurück oder würde in anderen Staaten für weiterführende Aufgaben eingesetzt. »Auf deren Agenda stehen hauptsächlich Umsatz- und Profitmaximierung. Eng damit verbunden lautet die Devise: Runter mit den Kosten. Da ist Personalentwicklung ein wesentlicher Kostenblock.« Jedes Mal werde im Businessplan die Frage aufgeworfen, ob man das Geld nicht auch sparen könne.

Kurzum: Nur gute Argumente retten bisweilen das eine oder andere Programm. Bis der Nächste kommt. Das alte Sprichwort »Neue Besen kehren gut« ist bei Top-Managern Programm. Sie sollen in den ersten 100 Tagen ihrer Amtszeit schnell Pflöcke in den Boden rammen, Fakten schaffen und durch klare Taten Duftnoten setzen. So lehren es die Gurus der Führungstrainer-Riege, wenn es darum geht, einen Kurswechsel durchzusetzen. Bei der Wortwahl fällt uns übrigens eines auf. So reden nur Männer und nicht Frauen. Das liegt daran, dass Frauen im Management selten anzutreffen sind. Gemäß der Studie »Frauen im Management 2007« des Darmstädter Dienstleisters für Wirtschaftsinformation, Hoppenstedt, haben Frauen nur einen Anteil von 15,4 Prozent an führenden Positionen in der deutschen Wirtschaft. Sehr schwach schneidet das weibliche Geschlecht in den Vorstandsetagen der deutschen Großunternehmen ab. Von annähernd 10 000 Vorständen sind gerade 300 Frauen, was die magere Quote von 3 Prozent ergibt.[54] Und da sind wir wieder beim Thema. Genau diese Vorstände sollen die Gewinne mehren. Interessanterweise lässt man für dieses Ziel so viel Geld über den Jordan gehen, dass es dem Außenstehenden graust. So erlebte es der Leiter Personalentwicklung bei einem Reiseveranstalter: »Im Nachhinein wurde keine Verantwortung seitens des Vorstands für die mit den Programmen verbundenen Versprechungen übernommen. Es wurde einfach nicht mehr nach hinten geschaut.« In mittelständischen Unternehmen sei solch eine Verschwendung schwerlich möglich. Im Konzern sei das ganz anders. »Da wird das Geld rausgehauen, weil irgendetwas getan werden muss. Aber ohne klare Zielbestimmung, fernab der Unternehmensrealität und losgelöst von der tatsächlichen Unternehmensplanung.« Und das frappiert uns schon. Denn so ein Gebahren kennt man doch nur von Räumungsverkäufen. »Alles muss raus.« Aber dass so etwas auch für Geld gilt?

Um dies zu verstehen, muss man sich die Gesetzmäßigkeiten der Börse vor Augen halten. Da steigt oft der Kurs für Absichtsbekundungen und nicht für reale Taten. Aktienwerte spiegeln nicht zwingend den Erfolg einer Firma wider, sondern reflektieren das Potenzial. Dabei handelt es sich um ein Gemisch aus Zukunftsaussichten, Spekulationen, Fantasien oder Gerüchten. Deshalb verfolgen professionelle Anleger genau, was die Firmenchefs weiter vorhaben, ob lukrative Aufträge oder sensationelle Entdeckungen zu erwarten sind. Doch solche Erkenntnisse werden selbst von den Profis ganz unterschiedlich bewertet, weswegen die einen sagen »kaufen« und die anderen lieber »verkaufen«. Und da Aktienkurse von Menschen gemacht werden, ist zu erklären, weshalb es für Firmen darauf ankommt, diesen Menschen – Investmentbankern, Firmeninhabern, Fondsmanagern und Privatanlegern – das eigene Unternehmen als höchst attraktiv zu verkaufen. Bei einem Distributionsunternehmen habe ich miterlebt, wie der Aktienkurs allein deshalb stieg, weil das Unternehmen eine neue Strategie und ein Kulturprojekt verkündete, um die stagnierenden Umsätze zu überwinden. Die Euphorie an der Börse konnte am deutschen

Standort nicht geteilt werden. Nach außen wurde fleißig mit vollmundigen Marketingaussagen geworben, dass das Sortiment um das Dreifache ausgeweitet worden war, doch intern liefen die Prozesse noch gar nicht. Die Prügel dafür kassierte der Vertrieb beim Kunden. Hinzu kam, dass der Außendienst in keiner Weise darauf vorbereitet war, wie die neue Strategie im Kundengespräch umzusetzen sei. Ebenso undurchsichtig verhielt es sich mit dem hoch aufgehängten Kulturprojekt, das die Art der Arbeit neu definieren sollte. Unternehmensweit wurden von der Muttergesellschaft Workshops anberaumt, in denen die bisherigen und die zukünftig nötigen Werte erarbeitet werden sollten. Zwei versprengte Termine dieser Art kamen mit Verspätung auch in Deutschland zustande. Dann tat sich ein halbes Jahr lang nichts. Bis auf vage Zeitpläne hüllte sich das gesamte Kulturprojekt in einen Tarnmantel. Irgendwann wurde eine Mitarbeiterbefragung ausgerollt, die den Ist-Stand der gewünschten Werte abfragte. Die Ergebnisse sahen die Mitarbeiter am Standort nur sporadisch – geschweige denn, dass damit gearbeitet wurde. Zwar bemühte sich das Unternehmen, die nötigen Prozesse glattzuziehen, doch das Thema reduzierte sich lediglich auf ein Papiermonster an der Wand. Nichts geschah, um wirklich intensiv an der Kultur des Unternehmens zu arbeiten. Ein Prozess übrigens, von dem Experten sagen, dass er vier bis fünf Jahre intensive Arbeit erfordert. Darum ging es aber nicht. Es ging um den Aktienkurs.

Mit Pauken und Trompeten:
Großes Brimborium und nichts dahinter

Ein Manager soll zum Wohle des Unternehmens etwas machen, verrät uns die Betriebswirtschaftslehre. Das leuchtet dem braven Bürger ein, wenn er sich die Millionengehälter der Firmenbosse und Top-Manager vor Augen führt. Dafür kann man eine ordentliche Leistung verlangen. Im Alltag driften jedoch Anspruch und Wirklichkeit weit auseinander.

Richten wir dazu den Blick auf ein großes Büro in einem Maschinenbauunternehmen, in dem sich folgende Geschichte abspielte:

Entschlossenheit strahlte aus den stahlblauen Augen des Mannes hinter dem edlen Nussbaum-Schreibtisch. »Das hat jetzt oberste Priorität«, sagte er, und man spürte eine Energie im Raum, als sei die Atmosphäre wie bei einem anstehenden Gewitter elektrisch aufgeladen. Dr. Moser ließ keinen Zweifel an der Wichtigkeit des Programms. Das Mitglied des Vorstands fixierte die kleine Runde der Personalentwickler wie ein Mäusebussard seine Beute. Die drei schrieben emsig mit. Jeder Buchstabe zählte. Sie kannten Dr. Moser. Wenn der sagte »oberste Priorität«, dann meinte er es auch so. Da brannte die Luft. Das wussten sie, obwohl der 45-Jährige erst einige Monate im Haus war. »Diese Kampagne«, fuhr er mit ehrfurchtgebietender Stimme fort, »wird das Unternehmen verändern. Ich habe das in meiner alten Firma erlebt. Das hat die ganze Kultur nach vorne gebracht. Das war ein Riesenerfolg.« Die Personalentwickler aus dem Maschinenbauunternehmen saßen mit roten Ohren da und nickten dienstbeflissen. Sie sahen nur den riesigen Berg vor sich, den sie abzutragen hatten. Noch heute erinnert sich eine der beteiligten Personalentwicklerinnen lebhaft an diese Szene. Danach kamen viel Arbeit, zahlreiche Workshops und Schulungen. »Die Kosten und der Aufwand waren unglaublich«, erzählte sie. »Geld spielte keine Rolle.« Als Kick-Off gab es eine Roadshow, bei der das Programm an allen 25 Standorten der Belegschaft vorgestellt wurde. Auch im Ausland. Es war ein halbes Jahr intensiver Aufwand nötig. Es summierten sich die Kosten für Reisen, Flyer, Intranet, Plakate und die Anschaffung einer speziellen Software. Die Ende vom Lied war: »Er hat gemerkt, dass das, was in der anderen Firma funktioniert hat, nicht lief«, so die Personalentwicklerin. Deshalb habe er das Projekt auch nicht mehr weitergetrieben. Es versandete ganz heimlich, still und leise. Ohne Druck von oben gab es das Ganze plötzlich nicht mehr. »Als er zwei Jahre später das Unternehmen verließ, hat kein Hahn mehr danach gekräht.«

Man könnte es auch so formulieren: Der Berg kreißte und gebar eine Maus. In dem Fall wäre es sogar angemessener zu sagen: Der Berg kreißte und gebar heiße Luft. Wie Blähungen muten auch die Personalentwicklungsprogramme in Unternehmen an. Top-Manager blasen sie verbal auf, wo und wie sie nur können. Oberste Priorität! Extrem wichtig! Unverzüglich! Nach einer Zeit kurzfristiger Awareness verzieht sich jedoch das Interesse wie besagte Bauchwinde. Erst ist alles ausgesprochen dringend und dann folgt die Ruhe auf den Sturm. Wenn es nicht läuft, wird die nächste Aktion initiiert. Oder andere Themen schieben sich in den Vordergrund. Personalentwickler ergeben sich leidgeprüft in ihr Schicksal. Und Mitarbeiter, die schon mehrfach solche Hypes erlebt haben, pflegen einen gesunden Nihilismus. Sie wissen, da schwappt wieder mal eine Welle durch das Unternehmen. Die Spezies Manager tickt halt so. Erst kürzlich traf ich einen Geschäftsstellenleiter, der voll Tatenlust flackerte. Als ich mit ihm über das Firmengelände ging, war jedes dritte Wort: »Da müssen wir auch noch ein Projekt machen.« Manager haben einfach so viele Stellschrauben, an denen sie drehen können, um den Firmenerfolg voranzubringen, dass es ganz leicht passiert, dass die Gewinde rasant abgenutzt werden. »Ich kenne meine eigene Ungeduld. Ich sehe einfach, was alles getan werden muss«, gestand mir der Geschäftsstellenleiter. Manager stehen unter starkem Leistungsdruck. Sie müssen schnell Ergebnisse und Erfolge erzielen. Also kommt es zu Aktionismus. Manager haben so viele Bälle in der Luft, dass ein Profi-Jongleur vor Neid erblasst. Die Mannschaft kommt dann allerdings nicht mehr mit. Der Manager ist wie eine entkoppelte Lok, die alle Waggons weit hinter sich gelassen hat. Bei solch einem hohen Tempo bleibt halt manches auf der Strecke. Aber das gehört vermutlich in die Rubrik »Kollateralschaden«.

Diesen Aktionismus kennt auch der Personalentwicklungsleiter eines Wasserentsorgungsunternehmens: »Von unserer Geschäftsführung kommen ganz viele Ideen.« Gegen einen solchen Ansturm setzt er die Selbstberuhigungsformel, es werde nicht alles so heiß gegessen, wie es gekocht wird. Dennoch ist es nicht leicht, wenn wieder »etwas in seine Abteilung gekippt wird«. So auch neulich, als seiner Geschäftsführung plötzlich das Licht aufging, dass die ehemals kommunale Einrichtung mehr unternehmerisch denke müsse. Gemeint war, dass Führungskräfte bei der Zeiterfassung nicht mehr wie die tariflichen Arbeitnehmer behandelt werden sollten. Es könne nicht sein, dass eine Führungskraft trotz vollen Schreibtisches nach acht Stunden heimgeht oder Überstunden beantragen muss. Der Personalentwicklungsleiter wusste jedoch, dass hier nur über die Spitze des Eisberges gesprochen wurde. Eine Umstellung erforderte viel Arbeit, unter anderem Änderungen in der Betriebsvereinbarung. »Gedanken werden auch schnell wieder fallen gelassen. Flugs ist eine neue Idee da, weil es andere auch machen«, erzählte er. Ein andermal hatte seine Geschäftsleitung etwas vom neuen Allgemeinen Gleichbehandlungsgesetz gehört. Eine Fachzeitung titelte »Alarmstufe rot für Personaler«. Es rieselten zahllose Schreiben der Weiterbildungsanbieter in den Posteingang. Alle verkündeten ein Schreckensszenario, wenn nicht schnell gehandelt werde. Es sei Vorsicht bei ungerechtfertigten Benachteiligungen bei der Personalauswahl angesagt. »Es dürfte einiges an Klagen auf die Arbeitgeber zukommen – von Menschen, die sich aufgrund eines der im Gesetz genannten Merkmale diskriminiert fühlen.« Die Panikmache funktionierte. Plötzlich sollten ganz schnell Schulungen laufen. Nach Ansicht des Personalentwicklungsleiters war es ein Schnellschuss. Denn das bereits bestehende Antidiskriminierungsgesetz habe auch schon viele Dinge geregelt. Besser wäre es gewesen, genau zu prüfen, in welchem Umfang Schulungen überhaupt erforderlich waren. Doch wo Manager zu Höchstformen wie Don Quichotte gegen die Windmühlen auflaufen, sind Bedenkenträger fehl am Platze. Sie werden weggeschwemmt wie morsches Treibholz im Rhein.

Sinkende Umsätze, zu geringe Margen, gesättigte Märkte, Lohndumping, internationaler Wettbewerb – all das sind Gründe, die Manager zu Aktivitäten treiben. Da wird nach jedem Strohhalm gegriffen, weiß der Personalleiter eines Unterhaltungselektronik-Unternehmens: »Was wir mal mit großem Brimborium inszeniert haben, war das EFQM. Das war ein Riesenthema. Das wollten wir auch machen. Es wurde mit großem Aufwand eingeführt.« Dazu gehörte zuerst eine Schulung, die allen Führungskräften vermittelte, dass sich hinter dem Kürzel EFQM eine Vereinigung namens European Foundation for Quality Management verbirgt. Die Manager lernten, dass das sogenannte EFQM-Modell für Business Excellence zum Ziel hat, den Anwender zu exzellentem Management und exzellenten Geschäftsergebnissen zu führen. Nach einem halben Jahr war das Feuer der Begeisterung beim Top-Management erloschen. EFQM war nicht mehr unter den Top 3 der Prioritäten. Verständlicherweise kam dieser Sinneswandel bei den beteiligten Führungskräften nicht gut an. Einhellige Meinung war: »Wir sind zu den Kick-Offs und den Workshops gegangen. Wir haben uns committet, etwas gemeinsam zu bewegen. Wir haben Wochen gearbeitet, und dann geht es nicht weiter.« Aus EFQM-Sicht also ein glatter Blattschuss in Hinblick auf Business Excellence. Das Thema ist tot – es lebe die Geldverschwendung. Doch zum Nachdenken ist keine Zeit. Der Markt fordert seinen Tribut.

Rechts überholt: Mit »100 Sachen« an der Personalentwicklung vorbei

Im Jahr 2005 brach ein neues Zeitalter an. Ein Begriff eroberte in Windeseile den deutschen Markt, weil er den Tarifdschungel vereinfachte: Flatrate. Eine Summe und endlos telefonieren. Ein Mobilfunkanbieter setzte darauf seine ganze Marketingpower. Die Wettbewerber konnten am Pauschalpreis nicht vorbei und zogen blitzartig nach. Bald gab es nicht nur Flatrate-Telefonieren, sondern auch Flatrate-Internetsurfen. Und schließlich entstanden sogar die – besonders bei Jugendlichen beliebten – Flatrate-Partys, auf denen zum Festpreis so lange Alkoholmissbrauch betrieben werden kann, bis der Arzt kommt. Die Flatrates waren bald kein

Unterscheidungsmerkmal mehr im Markt. Gute Ideen werden eben schnell kopiert. Irgendwann sind alle wieder auf der Nulllinie im Kampf um den Kunden. Und genau diese Gesetzmäßigkeiten verursachen das hohe Tempo in den Firmen. Man muss Tritt halten. Und wo es im Preiskampf kaum noch Spielraum gibt, ist es besser, sogar einen Schritt voraus zu sein. Weiterbildungsaktionen hinken da stets hinterher. So sieht es auch der Personalleiter einer Versicherung: »Weiterbildung erfolgt oft als ›Reparaturbetrieb‹.« Die Veränderungsgeschwindigkeit habe zugenommen. »Irgendwann stellen wir zum Beispiel fest: Hier hat sich viel verändert, hier müssen wir ein multikulturelles Seminar dranhängen«, sagte der 44-Jährige. Doch während die Konzepte mit heißer Nadel gestrickt werden, tobt das Leben draußen weiter.

Personalentwicklung ist für Top-Manager wie ein Lichtblitz am dunklen Himmel. Sie leuchtet kurz auf dem Unternehmens-Radar auf, verschwindet aber ebenso schnell wieder von der Bildfläche. Denn es regieren Zahlen, Daten und Fakten. Kosten und Gewinne sind die zentralen Größen. Um Oberwasser zu behalten wird nicht auf Weiterbildung gesetzt, sondern auf ständigen Wandel in der Organisation. Strategieänderungen, Restrukturierungen, Fusionen, Auslagerungen und Stellenabbau gehören zum täglichen Wahnsinn. In bestimmten Branchen, wie Telekommunikation oder IT, dreht sich die Welt so schnell, dass den Mitarbeitern schwindlig wird. Von Orientierung kann keine Rede mehr sein. Unternehmensvisionen und -strategien verschwimmen. Führungskräfte und Mitarbeiter fühlen sich, als würden sie in einem akuten Erdbebengebiet wohnen. Ständig kann es zu neuen Erschütterungen, Erdstößen und Veränderungen der Landschaft kommen. Man weiß bloß nicht, wann, wie und in welchem Ausmaß. Wer in der Zentrifuge des dynamischen Unternehmens seine Arbeit verrichtet, kann nicht auf Kontinuität zählen. Gerade eben traf ich eine Führungskraft, die mir erzählte: »Ich habe in diesem Monat fast 50 Organigramme gemalt, um der Situation von anstehenden Restrukturierungen Rechnung zu tragen.« Die geschundene Spezies der Personalentwickler wittert in diesen turbulenten Zeiten Morgenluft. Als weltfremde Fuzzis verschrieen, die aus der Verwaltungsecke kommen, möchten sie gerne wie Supermann aus den lauen Lüften auftauchen und zum Strategiepartner auf Top-Management-Ebene avancieren. Begründung: Wir kennen uns mit Menschen aus und wissen, was sie unter den sich ständig ändernden Umfeldbedingungen brauchen, um die Kurswechsel der Unternehmen zu stützten. Und wenn es auf Top-Management-Ebene einen entsprechenden Promotor gibt, der ein offenes Ohr für diese Abteilung hat, wird dieser Wunsch Wirklichkeit. Bloß nicht zum Wohle der Firma. »Alles wird ganz groß aufgezogen und dann ganz schnell wieder über Bord geworfen«, berichtete mir eine Personalentwicklerin. Das Problem ist nämlich, dass die schnelllebige Zeit nicht mit den Erfordernissen für eine nachhaltige Schulung zusammenpasst.

Vielzitiert ist in dem Zusammenhang das Öltanker-Phänomen. Sich ändernde Unternehmen werden gerne mit diesem Bild in Bezug gesetzt. Ein großes Unternehmen auf einen anderen Kurs zu bringen ist genauso aufwändig, wie einen trägen Öltanker um 180 Grad zu wenden. Das Ziel ist übrigens auch erreicht, wenn der Kiel oben schwimmt.

Die Arbeit der Personalentwicklung wirkt unter den gegenwärtigen Bedingungen viel zu langsam. Bis Konzepte und Programme abgestimmt und entwickelt sind, braucht sie keiner mehr. Also kann man sie sich ganz sparen. So kennt es auch eine Personalentwicklerin aus der Softwarebranche: »In IT- oder in Großunternehmen wird akademisch und gut ein Konzept aufgestellt. Man bekommt ein Budget dafür. Durch die Veränderungsgeschwindigkeit, die vom Markt getrieben ist, werden Projekte nicht zu Ende geführt. Sie sind hinfällig. Das ist dann schade, weil viel Kosten und Mühe hineingesteckt wurden. Letzten Endes kommt es aber nicht zu der Umsetzung.«

Dem betroffenen Mitarbeiter bleibt in diesem Umfeld nur der beständige Gang zur Kaffeemaschine auf dem Flur. Dort trifft man Gleichgesinnte, bespricht die Ereignisse, nimmt sich die Beichte ab und resümmiert psychologisch gekonnt: »Ist gut, dass wir mal darüber gesprochen haben.« Die Chefs dieser Mitarbeiter beklagen, dass die Performance schwindet, weil man als Unternehmen zu sehr mit sich selbst beschäftigt ist. Spekulationen sind an der Tagesordnung. Der Flurfunk rauscht unentwegt. »Wer ist der Nächste?« – »Was passiert morgen?« – »Das war bestimmt nur die erste Welle.« – »Das geht alles so weiter.« – »Wenn man wenigstens wüsste, wann es zu Ende ist.« Auf den Korridoren ist eine große Sehnsucht nach Ruhe zu vernehmen. Man wünscht sich Stabilität. Keine Veränderungen mehr. Nur Klarheit und eine Richtung.

Die Menschen im Unternehmen harren in Karnickelstarre am Arbeitsplatz aus. Teams fangen an zu mauern. Behalten Informationen für sich. Das Vertrauen schwindet. Jeder versucht seinen Besitzstand zu wahren und bestmöglich zu überleben. »Wer sich mit bedrohlichen Abbaumaßnahmen konfrontiert sieht, versucht seinen eigenen Laden sauber zu halten«, so erzählten mir Führungskräfte. Das bedeutet: Man schiebt den Schwarzen Peter anderen Abteilungen zu. »Die sind schuld.« Oder: »Die haben es schon immer falsch gemacht.« Oder: »Die haben einen Personalüberhang – das gleicht betreutem Wohnen.«

Und die Lehre aus diesen Erkenntnissen? Die Unternehmenskultur ist beim Teufel. Also ist dringend ein Kulturprojekt angesagt, das die richtigen Werte für den häufigen Wandel adressiert. Am Ende sind natürlich die Chefs schuld. Sie sind der Kopf des Fischs, sie sind die Kulturträger, sie sollen die Komplexität und Unsicherheit so managen, dass die Mitarbeiter freudestrahlend mitgehen.

In einem IT-Unternehmen wurde deshalb eine Befragung konzipiert, um davon ausgehend Schulungen für das Management abzuleiten. Jeder direkte Vorgesetzte bis hinauf zum Vorstand sollte bewertet werden. Der Betriebsrat hatte zugestimmt. Arbeitsgruppen wurden eingerichtet und ein externer Anbieter für die Erstellung des Fragebogens hinzugezogen. Es war sogar schon ein EDV-gestütztes System entwickelt worden. Doch dann kam kurz vor dem Pilotversuch das Aus. »Plötzlich war das Projekt nicht mehr so wichtig. Es wurden auch Kostengründe ins Feld geführt. Alle Unterlagen verschwanden auf Nimmerwiedersehen in der Schublade«, bedauerte die zuständige Personalentwicklerin im Gespräch mit mir. Vielleicht hatte ja auch das Top-Management angesichts bevorstehender Ergebnisse kalte Füße bekommen.

In der gegenwärtigen Arbeitswelt ist also jedes Weiterbildungsprogramm, das auf den schnellen Wandel reagieren soll, eine Fehlinvestition. Was wirklich im Strudel der Veränderungen zählt, ist eine hohe Stresstoleranz der Mitarbeiter. Sie müssen mit Unsicherheit leben können und eine hohe Bereitschaft für Anpassung und Flexibilität haben. Solche Eigenschaften hat man oder hat man nicht. Wer für sich Optionen sieht und ein optimistischer Mensch ist, sagt sich: »Es kommt, wie es kommt. Und wenn ich rausfliege, dann suche ich mir halt was anderes.« Wer diese Haltung nicht hat, klammert sich ängstlich an jeden Strohhalm, sucht täglich den Vorgesetzten heim und fleht ihn um Sicherheit an. Die kann er dem Mitarbeiter aber auch nicht geben. Denn er selbst weiß auch nicht, ob er morgen noch da ist. Und weil so viel Unsicherheit vorherrscht, gibt es im Kollegenkreis Zyniker, die das »Eene-meene-Muh-Spiel« spielen. Ein Gruppenleiter berichtete mir, wie er solch einen sarkastischen Witzbold auf frischer Tat ertappte. Der Mann hatte läuten hören, dass aus Kostengründen ein Viertel des Personals abgebaut werden sollte. Um schon mal die Auswirkungen in der Abteilung sichtbar zu machen, zählte er im Kollegenkreis ab: »1, 2, 3, und du bist die 4.« Wem da nicht der Kloß im Hals sitzt, wenn er so plastisch angezählt wird, muss klinisch tot sein.

Seminare sind hier fehl am Platz. Es braucht die richtigen Leute, die mit so etwas umgehen können. Schulung dauert viel zu lange und – so wissen Sie ja bereits – trägt ohnehin keine Früchte, wenn die falschen Leute unterrichtet werden oder die Zeit für die Umsetzung fehlt. Hier schließt sich der Kreis und wir sind wieder bei den bekannten psychologischen Gesetzen der Veränderung angekommen.

Pseudomaßnahmen: **Wenn Weiterbildung Augenwischerei ist**

Es ist schon schizophren: Da wird für etwas Geld ausgegeben, weil man Kosten sparen will. Natürlich muss man das aus langfristiger Perspektive sehen. Aber der Reihe nach. Begonnen hatte alles mit einem neuen Bereichsleiter, der einen Trainerkollegen von mir hinzuzog. Er erlebte die folgende Begebenheit: »Haben Sie mal in das Großraumbüro nebenan geschaut?« Der Mann grinste und gab den Blick auf seine Zähne frei. Er war kein Mann, der lange Federlesens machte. Nur bei einer Sache, da hatte er ein Problem. Ihm waren die Hände gebunden. Wie so vielen Managern. »Wenn ich nur könnte, wie ich wollte«, meinte er, »aber wir haben so einen starken Betriebsrat.« Mein Kollege verstand noch nicht. »Kommen Sie mal mit.« Die beiden gingen einige Türen weiter. Sein Blick streifte durch das besagte Großraumbüro. Es roch streng nach einem Gemisch aus Schweiß und den Ausdünstungen der PC-Technik. An Tischinseln saßen Mitarbeiter und Mitarbeiterinnen verschiedenen Alters. Insgesamt 24. Einige telefonierten. Andere hatten sich hinter ihren Bildschirmen vergraben. Es war der telefonische Innendienst. In der Historie des Unternehmens hatte diese Abteilung schon verschiedene Telefonaufgaben übernommen: Marktforschung, Telefoninkasso, Support für den Außendienst, Betreuung von Erstkunden und aktive Kundenansprache. Eigentlich alles, was man an Telefonaten mit Kunden führen kann. »Von denen hat keiner vertrieblichen Biss«, erklärte der Leiter nüchtern. Offensichtlich telefonierten sie, als hätten sie eine Hand auf den Rücken gefesselt und ein Ohr in der Schlinge. Die täglichen Kundenkontakte waren unterdurchschnittlich. Aber auch sonst war die Abteilung nicht sehr erfolgreich, wie der Bereichsleiter meinem Kollegen weiter schilderte. Für ihn kamen zwei Faktoren zusammen, weshalb er die Abteilung lieber heute als morgen schließen würde. In seinen Augen war sie ein ärgerlicher Kostenblock. Einmal wegen der Mitarbeitergehälter, zum anderen, weil er die Zukunft des Unternehmens in einem ausgebauten Außendienst sah. »Ich glaube nicht, dass wir mit Direktverkauf am Telefon unser Geschäft machen. Wir müssen mehr draußen beim Kunden präsent sein.« Der Fall war also klar. Doch was sollte der Trainerkollege tun, wenn die Schließung der Abteilung eigentlich schon klar war? Die Antwort kam prompt: »Ich muss nachweisen, dass mit der Abteilung wirklich kein Pfifferling zu holen ist.« Einige Schritte dazu waren bereits getan. Er hatte einen neuen Abteilungsleiter eingestellt. Der sollte den Laden auf Vordermann bringen, fuhr aber mit angezogener Handbremse, weil ein Großteil der Truppe die Agilität eines alten Mütterchens am Krückstock aufbrachte. Eine weitere Initiative war, dass der neue Abteilungsleiter ein sogenanntes Rennpferd eingekauft hatte. Einen Mitarbeiter, der zumindest vom Auftreten und seinem Potenzial dem Bild eines geeigneten Mitarbeiters entsprach. Doch der kam in der Gruppe auch nicht so recht in Tritt. Geschweige denn, dass er die anderen in ihrer Leistungsbereitschaft beflügelte. Schließlich erfolgten diverse Umstrukturierungen, damit es mehr Zeit für die aktive Kundenansprache am Telefon gab. So richtig gebracht hatte alles nichts. Am Ende der Legitimationskette stand nun noch ein Training auf dem Programm. Dabei ist zu erwähnen, dass die Mitarbeiter schon vor einigen Jahren Trainings von ein bis zwei Tagen erhalten hatten.

Ich höre schon an dieser Stelle die Gralshüter der Trainingsethik fragen, wie man so einen Auftrag annehmen kann. Liebe Gralshüter, an dieser Stelle möchte ich euch sagen, es gibt auch Menschen mit sportlichem Ehrgeiz, die etwas bewegen wollen. Und sportlich war das Ganze in der Tat. Denn die Telefon-Truppe erschien angesichts der Vorgeschichte reichlich trainingsmüde. Daher wurde der Trainingsansatz gewählt, dass nur interessierte Mitarbeiter in die Pilotveranstaltung hineindurften. Es gab keinen Zwang zur Teilnahme. Freiwilligkeit war die Devise. Das erklärte Ziel war, mit dieser motivierten Trainingsgruppe die Daseinsberechtigung der Abteilung in Zahlen sichtbar zu machen. Gar nicht so einfach. Im ganzen Unternehmen bestand das Grundsatzproblem nämlich darin, dass die Aktivitäten des Einzelnen – ob im Außendienst, Innendienst oder Marketing – nicht direkt in Umsatzzahlen messbar waren. Jeder mischte irgendwie am Kunden mit. Das beliebteste Beispiel war, das manche Verkaufsregion das stärkste Wachstum zeigte, obwohl sie über eine längere Zeit von keinem Vertriebsmitarbeiter bearbeitet wurde. Der erfolgreichste Kollege im Unternehmen war also Herr N. N. Hinter dieser Abkürzung steht der lateinische Ausdruck »Nomen nominandum«, das heißt: »der Name muss genannt werden«, die Person ist noch nicht »erkennbar«.

Trotz allem gab es das Training. Acht Mitarbeiter hatten sich aus eigenem Interesse für das dreimonatige Trainingsprogramm gemeldet. Darin enthalten waren eintägige Gruppentrainings, Einzeltrainings und intensives Training on the Job. Letzteres wurde sowohl vom Abteilungsleiter, zwei Gruppenleitern als auch von meinem Trainerkollegen begleitet. Die Grundlage waren Erfolgskriterien für die Gesprächsführung am Telefon, die zusammen mit dem Führungskreis erarbeitet wurden. Deren Umsetzung wurde auf einer Skala bewertet. Die Teilnehmer zeigten rhetorische Verbesserungen. Doch bald war ein Lernplateau erreicht. Mehr ging nicht – der Kollege musste mit Zähneknirschen konstatieren, dass gemessen an den Erfolgskriterien der Gesprächsführung das erforderliche Quentchen Vertriebsmentalität nicht trainierbar war. Kommt Ihnen das vertraut vor? Wenn nicht – blättern Sie doch mal zurück zu Kapitel 2. Da ging es um die natürlichen Grenzen. Eine Kuh kriegt man eben nicht zum Walzertanzen.

Zwischenzeitlich festigte sich hartnäckig ein Gerücht bei der zweiten Mitarbeitergruppe: Sie glaubte, dass es ohnehin nie zu einem weiteren Trainingslauf kommen würde. Sie fühlte sich schon abgeschrieben, und ich will es an dieser Stelle kurz machen: Nach etwa zwei Jahren wurde die Abteilung geschlossen. Natürliche Fluktuation, einige Aufhebungsverträge und die eine oder andere interne Versetzung verstreuten die Mitarbeiter in alle Himmelsrichtungen.

Und die Moral von der Geschicht: Es wurde also geschult, obwohl die Entscheidung zur Auflösung der Abteilung schon feststand und eigentlich im Vorfeld keine Anzeichen bestanden, dass das Training irgendwelche positiven Effekte bringen könnte. Es war eine Pseudomaßnahme. Sie wurde aber benötigt, um intern glaubhaft zu machen, dass eine betriebsbedingte Auflösung unumgänglich sei.

Aber nicht nur bei solchen geplanten Teilschließungen werden Weiterbildungen zweckentfremdet. Es passiert auch im Zusammenhang mit Auslagerungen – neudeutsch: Outsourcing. Meistens wird ein Outsourcing aus kosten- oder bilanzierungstechnischen Gründen vorgenommen. Daher ist es, genauso wie Teilschließungen, immer ein heißes Eisen. Je nach den Dimensionen wird es dankbar von der Presse aufgegriffen. So wie im Fall der Telekom, die zum 1. Juli 2007 die Auslagerung von rund 50 000 Beschäftigten in drei eigenständige Service-Gesellschaften unter dem Dach von T-Service vornahm. Hier ging es klar um Kostensenkung. Die Mitarbeiter sollten in dem neuen Bereich 6,5 Prozent weniger verdienen und zugleich 38 statt 34 Stunden pro Woche arbeiten.[55] Im Jahr 1996 gehörte der Begriff Outsourcing übrigens zu den Unwörtern des Jahres. Begründung: Es sei ein »Imponierwort, das der Auslagerung/Vernichtung von Arbeitsplätzen einen seriösen Anstrich zu geben versucht«.[56]

Wenn vor einem Outsourcing jedoch noch eine Schulung erfolgt ist das nicht Weiterbildung, sondern schlicht Augenwischerei. Es werden Entwicklungschancen suggeriert, obwohl der Zug längst abgefahren ist. »Das ist bitter«, konstatierte die Personalentwicklerin eines Maschinenbauherstellers mir gegenüber. Auch sie kennt Firmen, die Mitarbeiter noch trainierten, obwohl klar war, dass die Abteilung outgesourct wird. So sprach sie über eine Firma, die ihre Logistik und Buchhaltung in den Osten verlagern wollte. Bevor das offiziell bekannt wurde, habe man den Mitarbeitern gesagt: »Ihr müsst kundenfreundlicher werden. Es muss auch schneller und effizienter gehen.« Dafür wurden Schulungen veranstaltet. Dann war jedoch klar, dass für die Mitarbeiter in der alten Firma keine Weiterbeschäftigungschance bestand. Nur einige hatten die Gelegenheit, in der neu gegründeten Drittfirma anzufangen, die dann als externer Anbieter die bisherigen internen Aufgaben erfüllte.

Teil III

Das Umfeld

Kapitel 7

Lachnummer

Gute Vorsätze werden torpediert

Eines Morgens lag sie merkwürdig da. Auf dem Rücken. Alle viere von sich gestreckt. Tot. Arme Petra. Das war schon ein trauriges Ereignis für ihre beiden Mitbewohnerinnen. Aber sie hatte ein schönes Leben gehabt. Kati und Elsa lugten sie aus großen dunklen Augen an. Aber der letzte Hauch war bereits aus der kleinen Wüstenrennmaus gewichen. Plötzlich lag ein Schatten über ihnen. Ein Gesicht tauchte auf und nahm Konturen an. Das war die Zweibeinerin, die ihnen immer Fressen und Wasser gab. »Oh, wie schade. Sie ist tot«, tönte es von oben nach unten ins Terrarium. Kurz darauf bewegte sich die Hand der Zweibeinerin zu ihnen herunter. Mit einem silbern schimmernden Gerät wurde Petra samt Streu aufgeladen und entschwebte dem Glaskasten. Kati und Elsa glaubten, dass ihre Mitbewohnerin zur ewigen Ruhe auf einen Mäusefriedhof gebettet würde. Glücklicherweise sahen sie nicht, wie das leblose Fellknäul im Müllheimer unter der Spüle landete. Es verging einige Zeit. Dann plötzlich kam wieder die Hand der Zweibeinerin in ihr Revier. Daraus huschte eine Artgenossin. Ein Schnuppern machte schnell deutlich: Die gehört nicht zu uns. Und weil der lateinische Name von Wüstenrennmäusen so viel bedeutet wie »Krieger mit Krallen«, war es nicht verwunderlich, dass die Tiere zum Angriff übergingen, um den Eindringling zu verjagen. Wir wollen dieses grausame Naturschauspiel an dieser Stelle nicht weiter begleiten, sondern hoffen, dass besagte Zweibeinerin etwas über die Zusammenführung von Wüstenrennmäusen wusste. Da hilft nämlich nur eines: Alle Tiere so lange mit Parfüm besprühen, bis diese benebelt von Chanel oder Dior die Sterne funkeln sehen und einen kompletten Duft-Flash in den kleinen Näschen haben. In diesem Zustand erkennen sie weder sich noch andere wieder – was dann die Zusammenführung mit fremden Mäusen ermöglicht. Als Eigentümer der kleinen Nager hat man übrigens nach dieser olfaktorischen Radikalmaßnahme auch eine temporäre Geruchsparalyse.

Und nun – nachdem Sie so geduldig meinen Ausführungen gefolgt sind – verrate ich Ihnen auch, was diese Mäusegeschichte mit Weiterbildung zu tun hat. So ähnlich wie einer fremden Wüstenrennmaus ergeht es Teilnehmern, die nach einer Fortbildung wieder in den normalen Alltag zurückkehren. Sie bringen einen ganz anderen Stallgeruch mit. Und da sind Menschen ähnlich grausam wie Wüstenrennmäuse. Sie beißen zwar nicht, verletzen aber mit Verbalattacken. »Was ist denn mit dir los, warst du im Gehirnwäsche-Seminar?« Oder es geistert im Kollegenkreis der Spruch: »Der war auf einem Seminar. Lass' den mal in Ruhe. Der wird bald wieder normal. Der merkt schon, dass das bei uns nicht geht.« Statt die ersten eckigen Versuche von neuen Verhaltensweisen zu bestärken und zu unterstützen, werden sie lächerlich gemacht. Ist das Umfeld direkt betroffen, sind Konflikte programmiert. Denn die anderen spüren plötzlich ihrerseits auch eine Veränderungsnotwendigkeit. Die alte Ordnung ist bedroht. Doch das System schlägt zurück. Der Appell wird immer lauter, dass der andere wieder so sein soll wie vorher. Und auch Konsequenzandrohungen stehen spürbar im Raum. »Wenn du nicht damit aufhörst, bist du bei uns unten durch.« Und wenn der Chef dergleichen zulässt, nimmt die Gruppendynamik ihren freien Lauf. Es dauert nicht lange, da hört der Belächelte auf, gute Vorsätze in die Tat umzusetzen. Er reiht sich brav wieder in die Gruppe ein, wie ein Panzerschütze beim morgendlichen Appell auf dem Kasernenhof. Besser ist es, nicht aufzufallen. Und damit schließt sich der Kreis: Lieber eine graue

Maus als unter Beschuss von einzelnen Kollegen oder gar dem ganzen Team.

»Sind die dick, Mann«: Deutschlands Männer sind einfach Pfundskerle

Die erhebliche Schlagkraft von gruppendynamischen Prozessen habe ich vor einigen Jahren erlebt, als ich meine ersten Arbeitstage in einer Firma verbrachte. Ich kam in das kleine sechsköpfige Team einer Personalabteilung. Alle Kollegen waren nette Leute. Sie hatten aber eine unglaubliche Schwäche für Süßigkeiten und Kuchen. Irgendwo stand immer ein leckerer Verführer herum und es war ein Ritual, dass morgens einer aus dem Team einen Halt beim Bäcker machte, um Schnecken, Amerikaner, Plunder oder andere Teilchen mitzubringen. Dazu muss ich sagen: Ich hasse Kuchen. Vor zig Jahren habe ich mir abgewöhnt, Zuckerzeug einzuwerfen. Als dickes Kind von dicken Eltern hatte ich irgendwann die Kurve gekriegt und den Heißhunger auf Schokolade, Riegel und Schaumküsse in den Verzehr von Joghurts umwandeln können. Der finale Sieg ist mir dabei jedoch missglückt. Statt Naturjoghurts verzehre ich lieber Fruchtjoghurts. Aber immerhin. Meiner Linie hat es neben anderen Maßnahmen gut getan. Die ständig zu engen Hosen saßen irgendwann entspannter im Bauchbereich. Ich wagte mich sogar in eine Badehose. In diesem geläuterten Stadium kam ich nun in besagte Personalabteilung – wohl wissend, dass ich in punkto Body-Mass-Index nicht jenen traurigen Rekord unterstützte, den ich Jahre später im *Stern* las. Das Europäische Statistikamt Eurostat verkündete, dass zwei Drittel aller deutschen Männer zu dick sind. Und nicht nur das. Sie sind die Dicksten in ganz Europa.[57] Ganz einer früheren Werbung entsprechend: »Ich bin zwei Öltanks.«

Als ich also meine Dienste in der Personalabteilung aufnahm, näherte sich bald eine Kollegin und ließ verlauten »Wir sind hier übrigens ganz Süße« und kicherte in sich hinein. »Wollen Sie auch ein Stück Kuchen? Bedienen Sie sich ruhig.« Dabei zeigte sie auf einen Teller, auf dem sorgfältig aufgebahrt klebrige Plunderteilchen mit Pudding und Kirschfüllung lagerten. »Nein danke«, gab ich höflich zurück. »Ich mag nicht so gerne Kuchen.« Die Kollegin wich überrascht zurück, als hätte ich gesagt, ich würde Matjesheringe zum Frühstück vertilgen. Ungläubig und in scherzhaftem Ton gab sie zurück: »Na, da kriegen wir Sie auch noch hin, dass Sie Kuchen mögen. Bei uns ist das so üblich.« Danach begann eine Zeit, in der mir immer wieder etwas aus der Schleckereien-Dose angeboten wurde und natürlich auch Kuchen. »Wollen Sie nicht doch ein kleines Stückchen?« Oder: »Das kann doch nicht sein, dass Sie diese Nussecken stehen lassen.« Nach 107 Angeboten und neun Tagen war mein Widerstand gebrochen. Um des lieben Frieden willens nahm ich seitdem hier und da mal ein kleines Stückchen. Natürlich brachte ich auch für die Mannschaft etwas vom Konditor mit. Schließlich hatte ich ein Interesse daran, im Kreis des eingeschworenen Teams meinen Platz zu finden. Die Gefahr war zu groß, in die Isolation zu geraten und den Makel des unbeugsamen Kuchenfeinds zu bekommen. Als Neuling erwartete ich auch nicht, die Kuchen-Norm in eine Joghurt-Norm umwandeln zu können. Also gehorchte ich dem Gruppendruck »Hier wird Kuchen gegessen!«. Ich will Sie an dieser Stelle nicht mit Schilderungen zu meinem Rückfall in frühe Kindheitsstadien langweilen. Nur so viel: Der Zeiger auf der Waage rückte immer weiter in die falsche Richtung. Ich sage nur: Mandelhörnchen. Diese aromatische Marzipanfüllung mit den leicht angebackenen knusprigen Mandeln, umsäumt von einem herrlichen Schokosaum an beiden Enden. Und erst diese Käsekuchenstückchen mit Mandarinenschlitzen. Fruchtig, locker, aber auch in bissfester Konsistenz auf einem delikaten Mürbeteig, der auf der Zunge zergeht und den Geschmacksknospen wahre Verzückungen entlockt. Und wenn dann die Lippen ein Stück von dem Kuchen umschließen, sich die Zähne in die verlockende Masse eingraben und sich das Aroma mit jedem Bissen im Mund verteilt ... Ich kann nicht mehr. Es ist einfach nicht möglich, an dieser Stelle weiterzuschreiben. Mich gelüstet nach mindestens fünf Stücken Kuchen. Bis gleich. Ich bin nur mal kurz beim Bäcker.

Entschuldigung, dass Sie warten mussten. Ah – wenn Sie nur diesen Kuchen sehen könnten. Dieser Duft. Dieser Geschmack. Deliziös. Aber halt. Ich wollte Ihnen natürlich nichts über Backwaren erzählen. Es geht um gruppendynamische Prozesse. Der Begriff Gruppendynamik stammt von dem bedeutenden Psychologen Kurt Lewin, der Anfang des 20. Jahrhunderts lebte. Dahinter verbergen sich typische Vorgänge und Abläufe in einer Gruppe von Menschen. Und was ich Ihnen eben beschrieben habe, ist der ganz normale Prozess der Konformität. Menschen neigen dazu, das Verhalten und die Meinungen anderer Gruppenmitglieder anzunehmen, wenn ihnen die Gemeinschaft, in der sie sich bewegen, wichtig ist und sie nicht ausgeschlossen werden wollen. Welches Verhalten und welche Meinungen angemessen sind, bestimmen Gruppennormen. Sie haben einen sehr starken Einfluss auf das individuelle Verhalten. In jeder Gruppe gibt es übrigens solche Spielregeln. Es sind Erwartungen darüber, wie man sich zu verhalten hat. Also was richtig und was falsch ist. In dem erwähnten Team der Personalabteilung war es also absolut falsch, keinen Kuchen zu essen. Gruppennormen und Konformität sind der Grund, weshalb auch gute Verhaltensvorsätze aus Weiterbildungen keine Überlebenschance haben.

Ein Klassiker ist folgende Situation, die mir jüngst in der Disposition einer Spedition begegnete. Ein Mitarbeiter wurde zu einem Training entsandt, um kundenorientiertes Verhalten am Telefon zu lernen. Zwei Tage lang erfuhr der Kollege etwas über freundlich-dynamische Sprechmuster, kundenorientierte Rhetorik und natürlich über die richtige Meldung am Telefon. Er lernte eine bestimmte Reihenfolge beim Meldetext, damit sich der Anrufer gut aufgenommen fühlt und auch versteht, wer am anderen Ende der Leitung ist. Übrigens, falls es Ihnen entfallen sein sollte: Ich rede über die Speditionsbranche. Bekanntermaßen ein Hort des rauen Umgangstons. Wer mal die Arbeit in einer Disposition beobachtet hat, weiß, dass dort diverse Mitarbeiter mit hektisch roten Köpfen lautstark Aufträge von Kunden annehmen und unter Zeitdruck weiterverarbeiten. Kurze, knappe, bisweilen forsch-hektische Telefonate sind an der Tagesordnung. Die Kunden kennt man vielfach. Der besagte Dispo-Mitarbeiter kam also wieder vom Seminar an seinen Arbeitsplatz zurück. Voll guter Vorsätze. In aufrechter Körperhaltung nahm er mit einem Lächeln im Gesicht den Hörer von der Gabel: »Guten Tag. Spedition Kaiser. Gert Maurer. Was kann ich für Sie tun?« Seine Kollegen nahmen aus dem Ohrenwinkel diese ungewohnten Worte wahr. Auch sahen sie diese komische Körperhaltung mit dem blöden Grinsen. Die Folge waren entglittene Physiognomien, wie man sie nur nach einer intensiven Gesichtsmassage bewundern kann. Denn üblicherweise wurde der Hörer von der Gabel gerissen und leicht chronisch genervt in den Hörer gebellt: »Baldran, Spedition Kaiser.« Welten taten sich dazwischen auf. Und die Reaktion folgte prompt auf dem Fuße. »Bist du krank?« Erklärungsversuche vom Kollegen Maurer, die ins Leere gingen. »Was ist denn das für ein Quatsch? So haben wir noch nie mit den Kunden gesprochen. Die halten uns doch für bekloppt.« Menschen können so grausam sein. Sagte ich schon etwas über Wüstenrennmäuse? Es dauerte nicht lang, und der motivierte Kollege kehrte zum alten Telefonverhalten zurück. Auch alle anderen Ideen, die er aus dem Seminar mitgenommen hatte, ließ er fallen. Er befürchtete, dass sich bekannte Kunden über ihn lustig machen könnten. Außerdem wollte er sich nicht weiter dem Gespött im Kollegenkreis aussetzen. Die Macht der Gruppe hatte ihn wieder in alte Muster zurückgedrängt. Wie groß ein solcher Einfluss ist, hat in den 1950er Jahren der Sozialpsychologe Solomon Asch in einem vielzitierten Konformitätsexperiment nachgewiesen. Dabei saß eine Reihe von Personen an einem Konferenztisch. Der Versuchsperson, die diesen Raum betrat, wurde gesagt, es handle sich um andere freiwillige Teilnehmer an dem Experiment. In Wahrheit waren jedoch alle Anwesenden außer der Versuchsperson Vertraute des Versuchsleiters.[58]

Die Gruppe musste die Länge von senkrechten Linien im Vergleich zu einer Bezugslinie angeben. Es zeigte sich, dass sich die Versuchspersonen der Mehrheitsmeinung der Vertrauten anglichen – auch wenn deren Urteile objektiv falsch waren. Dabei spielte es keine Rolle, ob die Probanden sich dieser Meinung anschlossen, weil sie plötzlich ihrem eigenen Blick nicht mehr trauten und ehrlich glaubten zu irren, und oder weil sie Angst hatten, mit ihrer Ansicht für dumm gehalten und ausgegrenzt zu werden.

Zurück ins Glied: **»Bald ist er wieder normal!«**

Das Verhalten von Menschen in Gruppen ist mit dem von Lemmingen vergleichbar. Sie haben sicher auch schon von diesem Phänomen gehört, dass sich die possierlichen Nager nach einer Massenwanderung einem kollektiven Selbstmord hingeben. Der erste springt von der Klippe ins Meer, der nächste folgt und je mehr sich dem anschließen, desto größer wird der Sog für die noch Lebenden, es ihrer Sippe gleichzutun. So viele können schließlich nicht irren. Es stellt sich niemand hin und brüllt: »H-a-a-a-l-t! Stop! Ihr irrt euch! Da geht es in den Tod!« Warum auch? Es würde ja keiner hinhören. Binnen weniger Sekunden wäre der Aufrührer platter als ein Fußabtreter. Also kann er auch gleich in den Tod springen. Läuft auf das Gleiche hinaus.

Menschen müssen zwar nicht den Tod fürchten, wenn sie sich gegen tradierte Normen in der Gruppe verhalten, aber Konsequenzen gibt es auch. In dem Moment, wo sich jemand anders verhält als gewohnt, reagieren andere Menschen mindestens mit Irritation oder sogar starken Abwehrmustern. Sie können das gern selbst in einem kleinen, völlig ungefährlichen Experiment untersuchen. Gehen Sie mal mit drei Leuten für drei Tage in ein Hotel. Seien Sie als Erster am Frühstückstisch. Wählen Sie einen schönen Platz, zum Beispiel hinter einer Säule oder am Fenster, aus. Setzen Sie sich ans Kopfende. Die anderen folgen und drappieren sich um Sie herum. Am nächsten Tag das gleiche Ritual. Derselbe Tisch, die gleiche Sitzordnung. Meistens auch die gleiche Speise, wie zum Beispiel bei einem Teammitglied, mit dem ich kürzlich zusammenarbeitete. Jeden Morgen vier Nürnberger Würstchen mit Rührei und einem Brötchen. Und dann machen Sie es anders. Am dritten Tag. Seien Sie wieder als Erster da und setzten Sie sich an einen anderen Tisch. Der Rest der Gruppe wird orientierungslos durch den Frühstücksraum irren. Erfahrungsgemäß verweilt die Truppe erst mal ungläubig vor dem Tisch, an dem man sonst saß. Dann überraschte Äußerungen über den Tischwechsel. Wenn Sie jetzt noch etwas anderes essen – also statt Nürnberger Würstchen mit Rührei zum Beispiel eine gehäufte Portion frisches Obst mit Jogurt –, dann ist der Tag gelaufen.

Wie das kleine Experiment zeigt, werden Normen von den dominanten Mitgliedern einer Gruppe geprägt. Das kann der offizielle Leiter oder auch der sogenannte informelle Führer einer Gruppe sein. Und wenn erst mal bestimmte Regeln etabliert sind, dann hält sich diese Art des Miteinanders lange Zeit. Kommen neue Mitglieder in die Gruppe, üben die bereits vorhandenen sozialen Druck aus. Ich erinnere hier nur an die »Kuchen-Norm«: Auf diese Weise passiert es, dass Maßstäbe auch dann noch angelegt werden, wenn deren Begründer schon lange nicht mehr in der Gruppe sind. Diese Gesetzmäßigkeiten wurden bereits Anfang der 1930er Jahre von dem türkischen Sozialpsychologen Muzafer Serif aufgezeigt. In seinem klassischen Experiment nutzte er den autokinetischen Effekt.[59] Befindet sich eine Person in einem vollkommen abgedunkelten Raum und wird vor ihr auf eine Wand ein feststehender Lichtpunkt projiziert, dann scheint sich dieser für die Person hin- und herzubewegen. Das ist aber eine reine Sinnestäuschung. Sherif ließ die Probanden zunächst allein einschätzen, um welche Distanz sich der Lichtpunkt hin- und herbewegte. Jeder entwickelte schnell eine individuelle Norm, die sich von denen der anderen Teilnehmer stark unterscheiden konnte. Als dann die Versuchspersonen zu dritt die Lichtbewegung einschätzen sollten, pendelten sich alle drei Urteile auf einen gemeinsamen mittleren Wert ein. Kurzum: Menschen in Gruppen bilden Normen aus. Normen beschreiben das, was für eine Gruppe *norm*al ist. Und wenn Sie an Kapitel 3 zurückdenken, dann ist es für den einzelnen Menschen schon schwer genug, sich aus den gewohnten Bahnen herauszubewegen. In der Dynamik einer Gruppe ist dieses Unterfangen noch um ein Vielfaches schwieriger. Denn auch sie braucht Stabilität und Sicherheit. Alle Abweichungen von der Norm sind eine Gefährdung für die Ordnung. Folglich stehen Normen Weiterbildungseffekten im Weg. Ein beliebter Leitsatz in Arbeitsteams ist »Gute Leistungen sind selbstverständlich und brauchen deshalb kein Lob«. Oder wie es mal jemand formulierte: »Das größte Lob ist die Abwesenheit von Kritik.« Führungstrainings zielen nun oft darauf ab, den Teilnehmern genau an diesem Punkt die Augen zu öffnen. Und nachdem den Chefs klar geworden ist, dass sie angesichts des Business-Drives die Heerschar ausgehungerter Seelen um sich herum übersehen haben, wird schnell der Vorsatz gefasst, jetzt auch mal aufrichtig und intensiv zu loben. Nicht aus humanistischen Idealen, versteht sich. Nein, damit der Mitarbeiter noch mehr schuftet. Und dann passiert es. Völlig überraschend im Morgengrauen: »Was war denn das?« Sie traute ihren Ohren nicht. Gerade hatte ihr Vorgesetzter sie zur Seite genommen und gesagt: »Mein Kompliment. Wie Sie sich in den letzten Auftrag hineingearbeitet haben. Sehr gut. Zumal es ein völlig neues Aufgabenfeld war. Klasse.« Ihr Gehirn ratterte wie eine Registrierkasse. Ein Lob. Was ist das? Laut Bedeutungswörterbuch handelt es sich dabei um anerkennende Worte oder ermunternden Zuspruch. Irritation aufseiten der Empfängerin. Hatte der Chef Drogen genommen?

Sofort wird das Ereignis weiterkommuniziert. In der Raucherecke oder Teeküche bildet sich ein Pulk von Gleichgesinnten und lästert. »Weißt du, was mir gerade passiert ist? Herr Fernweh hat mich gelobt.« –»Bist du sicher?« – »Ja, aber das war ganz komisch. Das klang so aufgesetzt.« – »Bestimmt will der dir noch einen Job aufbrummen. Der macht doch nichts ohne Berechnung.« Die Personalentwicklerin eines Verlagshauses kennt nur zu gut die Sprüche, die dann fallen: »Ach komm, der war bei dem Training. Warte mal ab, der wird bald wieder normal.« Oder: »Der war auf einem Seminar. Der ist jetzt ein bisschen komisch. In zwei Wochen ist der wieder der Alte.« Mitarbeiter merken sehr deutlich, wenn Vorgesetzte neue Erkenntnisse aus einem Seminar umsetzen. Sie sind misstrauisch, was dahintersteckt. Hinzu kommt, dass sie die ersten vorsichtigen Umsetzungsversuche negativ bewerten. Statt die positive Absicht zu würdigen, wird kritisiert, dass der Vorgesetzte nicht authentisch wirkt oder sich anscheinend dabei nicht wohlfühlt. »Das ist nicht sein Ding. Das ist ihm unangenehm. Das passt einfach nicht zu seiner Person.«

Und im Grunde sehnen sich alle den Moment herbei, da der Chef geläutert von seiner Absicht wieder seine alten Muster pflegt – die man gewohnt ist, mit denen sich jeder auskennt. Die neue Situation ist einfach zu angespannt, wie mir mal eine Mitarbeiterin aus ihrer Erfahrung berichtete: »Er hat es dann auch schnell wieder sein gelassen. Ich muss ehrlich sagen, das war nicht so schlimm, weil sein neues Verhalten für uns auch sehr unangenehm war.« Es ist der Kreislauf einer sich selbsterfüllenden Prophezeihung. Der Chef macht die ersten zaghaften Versuche von Komplimenten. Die Mitarbeiter gehen innerlich auf Distanz. Der Chef spürt die Abwehr und wird noch unsicherer. Vielleicht hört er hintenrum ablehnende Worte. Und ehe es richtig peinlich wird, zieht er die Fühler ein wie eine Schnecke, der man aufs Häuschen klopft. Es kostet ohnehin nur zusätzliche Zeit und Arbeit und ist anstrengend. Und schon greifen wieder die Mechanismen, die Sie aus den vorherigen Kapiteln kennen. Wann immer andere Menschen von persönlichen Veränderungsvorhaben betroffen sind, wird die eigene Komfortzone berührt, weiß auch die eben genannte Personalentwicklerin des Verlagshauses. »Da muss ich ja auch als Mitarbeiter etwas anderes tun, wenn mein Chef sich anders verhält, und das ist nicht immer angenehm.« Da sind lobende Worte noch das kleinere Übel. Viel dramatischer ist es, wenn der Vorgesetzte oder ein Kollege lernt, geradliniger und konsequenter aufzutreten, Konflikte auszufechten oder sich stärker durchzusetzen. Dann ist Holland in Not. Und der Appell wird laut: »Du kannst dich ja gerne ändern, aber möglichst so, dass es mich nicht betrifft.« Und wenn dieser fromme Wunsch nicht fruchtet, dann zeigt sich das ganze Arsenal bösartiger Methoden, um Abweichler wieder in die alte Spur zu bringen.

Insel der Isolation: Das Martyrium des Gruppendrucks

Im Mittelalter waren die Maßnahmen gegenüber Abweichlern so einfach wie effektiv. Man wurde auf dem Scheiterhaufen verbrannt. Damit war die Norm wiederhergestellt. Heute sind die Maßnahmen durchaus filigraner – aber nicht weniger grausam. Sagte ich schon etwas über kleinhirnige Wüstenrennmäuse? Nicht nur sie haben wenig graue Zellen im Schädel. Bei einem 40 Jahre alten französischen Familienvater wurde nur die Hälfte der normalen Hirnmasse vorgefunden, als er wegen einer Beinschwäche ins Krankenhaus kam. Die Ärzte staunten nicht schlecht, so die Meldung. In seinem Kopf klafften große Hohlräume. Das schien ihn aber nicht weiter zu behindern. Er führte ein ganz normales Leben. Als Angestellter im öffentlichen Dienst.[60] Und das bringt mich zur Betrachtung von öffentlich-rechtlichen Einrichtungen. Einer Hochburg von menschlichen Abwehrmustern gegenüber Neuerungen. Dort, wo Menschen arbeiten, die vermeintlich morgens nur kommen, um die Drehtüren zu bewegen und sich nach dem hastigen Einstempeln schnurstracks zu einem ausgedehnten Frühstück in die Kantine begeben. Und der Chef schaut weg. Wenn er nicht selbst irgendwo frühstückt. Doch die Geschichte, um die es geht, könnte genauso gut in der freien Wirtschaft passieren, denn die psychologischen Mechanismen unterscheiden nicht zwischen Staatsdienern und Angestellten. Abweichler von der Norm und von tradierten Gewohnheiten sind immer gefährdet, angefeindet oder sogar systematisch tyrannisiert zu werden. Wer nicht freiwillig aus der Gruppe ausscheidet, bezahlt einen hohen Preis. Er wird krank, irre oder springt von der Brücke.

Es gibt genau beobachtbare Abwehrmuster, wenn jemand ein neues Verhalten zeigt. Zum Beispiel ausgelöst durch den Besuch eines Seminars oder nach einem Coaching. Zunächst beginnt alles harmlos. Es gibt eine Irritation im Sinne »Was ist denn mit dir los? So kenne ich dich gar nicht«. Je nachdem, wie sehr eine Veränderung die Komfortzone der anderen berührt, kommt es zu Appellen wie »Sei wieder, wie du vorher warst«. Fruchten diese Bemühungen nicht, werden die nächsten Register gezogen. Die Palette reicht von unberechtigter Kritik über Abwertungen und Verspottung bis hin zu Nachrede und oft auch Beziehungsabbruch.[61] Das hängt ganz von den Charakteren in einer Gruppe ab, besonders den dominanten informellen Leitfiguren. Alle anderen machen aus Gründen der schon erwähnten Konformität mit. Denn sie wollen nicht selbst zur Zielscheibe werden.

Diese Erfahrung machte auch Frau Schneider. Sie arbeitete seit einigen Jahren in der großen Verwaltung eines staatlichen Unternehmens. Die Sachbearbeiterin hatte eine besondere Fähigkeit. Sie fand alles wieder, was sie verlegt hatte. Für den Außenstehenden war dieses Talent nicht so offensichtlich. Da sah es mehr nach Chaos auf dem Schreibtisch aus. Ihr Ablagesystem entbehrte jeder Grundlage, die wir vernünftig nennen würden. Berge von Vorgängen stapelten sich. Überall lagen Ordner verstreut herum. Ihr Chef – ein gutmütiger Mensch, aber zugleich auch jemand, der vollen Einsatz von seinen Mitarbeitern erwartete – schickte sie aus diesen Gründen zu einem Zeitmanagement-Seminar.

Dort ging ihr ein Licht auf. Das ganze Chaos beruhte darauf, dass sie nie »Nein« sagen konnte. Und die Überstunden vor dem PC könnte sie sich auch sparen, wenn sie es nur nicht allen Leuten immer recht machen wollte. Die Folgen ihres bisherigen Handelns hatten bereits Spuren in ihrem Privatleben hinterlassen. Mangels Sport hatte ihr Körper merkwürdige Formen angenommen. Und selbst ihr Hund, ein Golden Retriever, hatte die Notbremse gezogen. Und das sollte etwas heißen. Denn diese Rasse gilt als ruhig und geduldig. Unter Retriever-Haltern gibt es sogar den augenzwinkernden Spruch: »Ein Golden Retriever vertreibt keinen Einbrecher, stattdessen freut er sich über den Besuch und hilft ihm, die Wertsachen aus dem Haus zu tragen.«[62] Aber diese Seele von Hund ist auch intelligent und merkt sehr wohl Vernachlässigungstendenzen. Und was tat der kluge Vierbeiner? Verschwand plötzlich über Nacht. Vermutlich das Herrchen gewechselt. Dieser undankbare Bastard.

Ermutigt vom positiven Zuspruch aus der Seminargruppe kehrte Frau Schneider also zurück an ihren Arbeitsplatz. Um den guten Vorsatz auf keinen Fall zu vergessen, schrieb sie sich eine gelbe Haftnotiz und klebte sie an gut sichtbarer Stelle am Bildschirm fest: »NEIN sagen«.

Erste Bewährungsprobe: 17 Uhr. »Nein, bei dieser Präsentation kann ich dir heute nicht mehr helfen. Ich bin zum Sport verabredet.« Sie ist stolz auf ihre Worte, auch wenn die Gegenseite mit Angriff reagiert: »Mensch Beate, du kannst mich doch nicht hängen lassen. Das hast du noch nie gemacht.« – »Tut mir leid. Ich bin schon so oft in die Bresche gesprungen. Das musst du selbst machen, ich muss auch mal an mich denken.« Die kryptische Miene des Kollegen erinnert an eine gemeißelte Keilschrift. Die Worte dagegen kommen ihr eher spanisch vor: »Das merke ich mir. Dir helfe ich auch nicht mehr.« Frau Schneider denkt sich: Nur nicht weich werden, und genießt still den Triumph. Insgeheim war schon längst der Zeitpunkt gekommen, mal klar zu sagen, dass es so nicht weitergeht. Die Szene wiederholte sich einige Male, bis alles anders war. Der eine oder andere Kollege übersah sie plötzlich geflissentlich, wenn er ihr zufällig begegnete. Im Fahrstuhl wurde sich bewusst von ihr abgewandt. Oft hatte sie den Eindruck, es werde hinter ihrem Rücken gelästert. Wenn sie sich wie früher zu einem Grüppchen dazugesellen wollte, löste sich die Kollegenschar schnell auf. Manchmal schnappte sie einige Wortfetzen auf: »Die ist doof.« Oder: »Die ist menschlich voll daneben, lässt uns hier die ganze Arbeit machen.« Statt mir ihr zu reden, hatte sich der Informationsaustausch auf E-Mail oder Notizzettelchen verlagert. Die Formulierungen waren nur kurz und knapp. Wenn Frau Schneider freundlich nachfragte, was damit gemeint sei, antwortete man nur widerwillig oder wimmelte sie ab: »Ich habe jetzt keine Zeit.« Oder verdrehte die Augen: »Hast du das schon wieder nicht verstanden?«

Und so schwelte der Konflikt immer weiter. Längst sagte Frau Schneider nicht mehr »Nein«, sondern versuchte es allen wieder recht zu machen, um die Anerkennung zurückzugewinnen. Doch der Zug war offensichtlich abgefahren. Sie fühlte sich hilflos und unverstanden. Nach fünf Monaten stellten sich bei ihr massive psychosomatische Beschwerden ein. Sie litt unter Schlaflosigkeit, Magen-Darm-Problemen und Herzflattern.

Frau Schneider war in die soziale Schusslinie des Teams geraten und dabei niedergestreckt worden. Für das, was ihr passiert ist, gibt es viele Worte: Gruppendruck, Konflikteskalation, Psychoterror am Arbeitsplatz oder sogar Mobbing. Das Spiel dahinter ist stets das gleiche. Da der Betroffene seine bisherige Rolle in der Gruppe verändert und die etablierten Spielregeln missachtet hat, wird er sanktioniert. Und im Team von Frau Schneider gab es die Norm, vollen Einsatz für die Arbeit zu zeigen und sich dabei gegenseitig zu helfen.

Die ganze Macht des Gruppendrucks entlädt sich jedoch nicht schlagartig. Der Prozess ist eher schleichend und nicht so offensichtlich. Eine entscheidende Rolle nimmt dabei der informelle Führer ein. Seine Position schält sich im Rahmen von Gruppenentwicklungsprozessen heraus. Wie erwähnt, richten sich an ihm die schwächeren Mitglieder aus. So entsteht das beschriebene Gruppendenken. Wenn sich Gruppen bilden, setzt überraschenderweise auch oft der gesunde Menschenverstand aus. Und so lesen wir täglich in der Zeitung von Vorfällen, wie Jugendliche oder Erwachsene in einer Gruppe Mutproben oder Verbrechen begehen, die man ihnen als Einzelperson nicht zutrauen würde. Gruppendenken kann eben sehr schnell in eine falsche Richtung umschwenken. Innere Machtverhältnisse und

Konformitätsdruck sorgen dafür, dass keiner gegen den Strom schwimmt.

Und genau diese Gesetzmäßigkeiten tragen dazu bei, dass nicht nur Weiterbildungseffekte beim Teufel sind, sondern der vorsatzfreudige Kollege gleich mit – wenn er nicht schnell genug alle Vorsätze sein lässt. Und so zeigt dann auch die Praxis, dass Mitarbeiter selten den Weg der Tränen gehen wie Frau Schneider, oder gar den sozialen Heldentod sterben wollen.

Trick 17 mit Selbstüberlistung: Training für das ganze Team

Der Clevere denkt nun: Statt den Einzelnen zu schulen, verabreicht man am besten gleich dem ganzen Team ein Training. Dann haben alle das Gleiche erlebt und können sich bei der Umsetzung neuer Vorsätze unterstützen, statt sie zu unterminieren. Doch wer so denkt, hat die Rechnung ohne die Gruppendynamik gemacht. Die Personalentwicklungsleiterin eines Unternehmens für Arbeitssicherheit berichtete mir, wie Erkenntnisse aus Kommunikationstrainings zunichte gemacht werden, weil es in einem Team immer wieder ein paar Leute gibt, »die es affig oder doof finden und dann eine negative Stimmungsmache betreiben«. Eine Personalentwicklerin aus der Finanzdienstleistungsbranche kennt dieses Phänomen ebenfalls. Sie erinnerte sich an ein Seminar, in dem die Mitarbeiter etwas über Ich-Botschaften und Aktives Zuhören erfuhren. Eine Lernerfahrung war: Man solle vorwurfsvolle Formulierungen vermeiden wie »Du hast ... und ich will und man sollte nicht« und sich beim Zuhören in den anderen hineinversetzen. Die Erzählungen der Personalentwicklerin ergaben das folgende Bild: Nach dem Seminar bildeten sich unvermeidlich zwei Fraktionen. Die einen fanden die Idee gut, durch bewusste Kommunikation im Alltag Win-Win-Situationen zu schaffen, die anderen fanden es blöd. Tenor: »Wozu soll das gut sein, wir haben bisher auch schon miteinander geredet.« Es passierte derselbe Effekt, wie wenn man eine faule Birne in einen Obstkorb legt. Kurze

Zeit später sind alle Früchte verdorben. Und dabei begannen einige Mitarbeiter mit guten Vorsätzen. Ein Kollege wendete bei nächster Gelegenheit die Ich-Botschaft an und sagte in neuer Manier: »Ich kann ja verstehen, dass du dich darüber ärgerst.« Sein Gegenüber interessierte das aber nicht die Bohne. Sarkastisch entgegnete er: »Hör doch mit dem Gelaber auf.« Jeder, der so was mal am eigenen Leib erlebt hat, weiß, welch bescheidenes Gefühl sich angesichts dieser Worte in einem ausbreitet. Schlagartig ist die Motivation für den nächsten Versuch dahin. Und wenn man sich ein zweites oder gar drittes Mal aufrafft und auch nicht auf Gegenliebe stößt, lässt man es ganz sein. Trotzig fragt man sich: »Warum soll ich mich hier ändern und mich beschimpfen lassen, wenn die anderen auch nichts machen?« So passiert es, dass miesepetrige und dominante Gruppenmitglieder den Lerntransfer ad absurdum führen. Sprüche wie »Warte mal ab. Ein bis zwei Tage oder Wochen, dann hörst du auch wieder damit auf« oder »Du siehst doch, dass das bei uns nicht geht« heizen den negativen Entwicklungsprozess noch weiter an. Es kommt eben keiner auf die Idee zu sagen: »Toll, du hast die erste Ich-Botschaft deines Lebens von dir gegeben. Die klang zwar noch wie vom Tonband, aber alle Achtung. Es motiviert mich, dass ich dich nicht gleich zur Sau mache, wie sonst immer.« Wer so im Team reden würde, müsste mit der Zwangsjacke rechnen. Zumindest mit Ablehnung, weil es so komplett anders ist als sonst. Und schon schnappt die gruppendynamische Falle wieder zu. Der Einzelne fühlt sich unwohl und unsicher, wenn er sich gegen die Norm verhält. Die Angst ist groß, sich unbeliebt zu machen. Statt sich mit dominanten Gruppenmitgliedern zu streiten oder Überzeugungsarbeit zu leisten, lässt man es lieber sein. Dabei gäbe es durchaus eine Chance, die Macht der Mehrheit zu überwinden und Erkenntnisse aus Weiterbildungen als neue Teamnorm zu etablieren. Befunde aus der sozialpsychologischen Forschung von Serge Moscovici zeigen, dass Minderheiten durchaus Einfluss auf Mehrheiten haben und tradierte Normen überwinden können. Für mich ist das beste Beispiel dafür die Öko-Bewegung in Deutschland, die

Ende der 1970er, Anfang der 1980er Jahre unaufhaltsam ihren Siegeszug begann. Waren es damals nur ein paar langhaarige Spinner mit ausgelatschten Birkenstock-Sandalen, die gegen Atomstrom protestierten oder auf gesunde Ernährung mit Bio-Brot, Müsli und artgerechte Tierhaltung pochten, sieht die Welt heute anders aus. Gesunde Ernährung ist das Thema unserer Tage. Man kann in jedem Lebensmitteldiscounter eine Bio-Theke finden. Bio-Joghurt, Bio-Käse oder auch Bio-Lamm. Selbiges wurde dann wohl auch biomäßig geschlachtet. Und das kann eigentlich nur bedeuten, dass es eines natürlichen Todes gestorben ist. Es ist einfach trendy, im Bio-Supermarkt einzukaufen und sich das Thema »Nachhaltigkeit« auf die Fahnen zu schreiben. Wie sehr es breite Teile der Bevölkerung bewegt hat und noch immer antreibt, zeigt sich am Erfolg der »Grünen«. Bereits drei Jahre nach Gründung der Partei hielt sie im Jahr 1983 mit 5,6 Prozent Wählerstimmen Einzug in den Bundestag und irritierte die Republik.[63]

Greift man auf die Studien von Moscovici[64] zurück, haben solche Minderheiten immer dann eine Chance, wenn sie mit hoher Überzeugungskraft konsequent und konsistent ihren Standpunkt vertreten. Ihre starke innere Überzeugung hilft ihnen anscheinend, gegen alle Widerstände immun zu sein und das nötige Durchhaltevermögen an den Tag zu legen. Und dieses Vorbild trägt dazu bei, dass anfängliche Ablehnung in Akzeptanz umschlagen kann. Ein Musterbeispiel für Beharrlichkeit ist für mich der Amerikaner Cyrus Field. Im vorletzten Jahrhundert versuchte er anderthalb Jahrzehnte, das erste Transatlantikkabel über den Ozean von Irland nach Neufundland in Nordamerika zu verlegen. Insgesamt 4500 Kilometer Telegrafenkabel, 9000 Tonnen schwer. Mehrmals war er gescheitert, sein Kapital ging zur Neige und die Menschheit verspottete ihn. Trotz Enttäuschungen, Rückschlägen und Demütigungen vonseiten der Öffentlichkeit bewies er einen eisernen Willen, um das gesteckte Ziel schließlich doch zu erreichen – und dann natürlich als »Vereiniger der beiden Welten« gefeiert zu werden.[65]

Im normalen Alltag des Weiterbildungstransfers gibt es jedoch weder diese innere starke Überzeugung noch die Durchhaltekraft. Stattdessen wird mit groß angelegten Weiterbildungen Geld verbrannt, wie der Bericht der bereits erwähnten Personalentwicklungsleiterin aus dem Arbeitssicherheitsunternehmen ein weiteres Mal beweist. Sie arbeitete früher bei einem großen amerikanischen Konzern aus der IT-Branche. Das Unternehmen schulte rund 6 000 Beschäftigte in Deutschland zum Thema Kommunikation und Kooperation. Die Trainingsmaßnahme umfasste drei Blockseminare über jeweils drei Tage innerhalb von anderthalb Jahren. Die Führungskräfte nahmen nicht an dem Programm teil. Die Mitarbeiter reisten für die Schulung in die Zentrale nach Süddeutschland. Die Personalentwicklungsleiterin schwärmt: »Es war ein super Trainer. Also wirklich das beste Training, was man auf dem Markt kriegen kann. Es waren insgesamt tolle Seminare.« Doch die Begeisterung der Teilnehmer versandete. Es dauerte nicht mal einen Monat, bis die Mitarbeiter alles, was sie gelernt hatten, wieder über Bord warfen. Ein Lerninhalt war das Kommunikationsmodell »Vier Ebenen einer Nachricht« von Friedemann Schulz von Thun.[66] »Den Teilnehmern war im Seminar klar geworden, dass das, was bei mir ankommt, nicht das sein muss, was der Sender beabsichtigte«, so die Personalentwicklungsleiterin. Angesichts dieser Tatsache war den Mitarbeitern bewusst, wie wichtig Klärung und Nachfragen ist. Gerade im Zusammenhang mit Projektarbeit war dies eine wichtige Erkenntnis. Denn Missverständnisse führen zu teuren Verzögerungen oder Fehlern. Als dann aber die Teilnehmer im Sinne des Modells nachfragten, reagierten einige genervt: »Warum fragst du das denn jetzt?« Nachfragen im Sinne des Modells wurde als lästig empfunden. Es dauerte und wirkte im hektischen Arbeitsalltag gekünstelt. Und nicht nur Kollegen reagierten ungehalten, sondern auch die Vorgesetzten selbst. Wie erwähnt hatten sie nicht einmal an der Seminarreihe teilgenommen. Und so kam es zu Aussagen wie: »Was soll denn diese ständige Nachfragerei? Ich habe es doch jetzt schon klar gesagt.« Damit war das Feuer der Umsetzungsbegeisterung erloschen und der Ofen endgültig aus.

Und damit sind wir beim entscheidenden Thema rund um Gruppendynamik angekommen: nämlich der Rolle des Vorgesetzten als offizielle Leitfigur. Nach Meinung der Personalentwicklungsleiterin scheiterten die Seminare, weil die Vorgesetzten das neue Verhalten weder begleiteten noch einforderten, sondern vielmehr zuließen, dass darüber gewitzelt wurde. Schnell war klar: Der Chef legt keinen Wert darauf, dass das, was gelernt wurde, auch im Team umgesetzt wird.

Kobra, übernehmen Sie: Gegen Gruppendynamik ist kein Kraut gewachsen

Und wieder ist der Chef schuld. Kommt Ihnen das nicht irgendwie aus dem »Teil II – Die Manager« bekannt vor? Nur sind wir jetzt an einem essenziellen Punkt angelangt. Es geht nämlich um die Macht des Vorgesetzten und was er daraus macht, um die Umsetzung von Weiterbildungsinhalten im Team zu erreichen. Von seiner Position hängt ab, ob förderliche Werte und Normen im Team existieren und gelebt werden.

Um Ihnen das zu verdeutlichen, muss ich kurz auf das Phänomen der Hackordnung eingehen. Entstanden ist der Begriff vermutlich deshalb, weil irgendein Landwirt an einem schönen Sonntagnachmittag auf seinem Hof beobachtet hat, welches Huhn welche anderen Hühner »hackt« und von welchen es selbst gehackt wird. Das stimmt jedoch nur zum Teil. Die Beobachtungen haben in Wirklichkeit Verhaltensforscher gemacht. Sie kamen dadurch zu Gesetzmäßigkeiten über die Machtverteilung beziehungsweise die Rangordnung in einer Gruppe.

Üblicherweise ist zu beobachten, dass nur ein einziges Huhn alle anderen Hühner hackt und kaum je selbst gehackt wird und dass wiederum ein einziges Huhn von allen anderen gehackt wird und nie oder nur extrem selten nach anderen Hühnern hackt. Das ranghöchste Tier in dieser Hackordnung ist das sogenannte Alpha-Huhn, das rangniedrigste das Omega-Huhn. Alle anderen Hühner sind in dieser Rangordnung zwischen den beiden Extremen eingeordnet.[67]

Und diese Gesetzmäßigkeiten kann man bei Menschen ebenfalls und in ganz ähnlicher Weise beobachten. Es ist also hilfreich, wenn der Vorgesetzte eines Teams kraft seines Auftretens auch ein Alpha-Tier ist. Denn die rein qua Amt oder Arbeitsvertrag legitimierte Machtposition wirkt nicht lang. Er muss dominant in Erscheinung treten, wenn andere im Team Machtabsichten zum Ausdruck bringen – wie zum Beispiel oben erwähnte Stimmungsverderber. Anders ausgedrückt: Er muss stets klarmachen, wer der Obergockel ist. Oder wie es im Untertitel des bekannten Films *Highlander* heißt: »Es kann nur einen geben.«

Dem handelsüblichen Vorgesetzten ist solch ein stumpfes Gebahren um die Macht ein Dorn im Auge – wenn es ihm überhaupt bewusst ist. Chefs denken oft angesichts von Machtkämpfen und gruppendynamischen Vorgängen in ihren Teams: Was ist denn das hier für ein Kindergarten? Dazu gesellt sich die Einstellung: In meinem Team arbeiten doch erwachsene Menschen, die müssen das doch selbst regeln können. Tun sie auch – nur eben gruppendynamisch.

Aus Bequemlichkeit, Zeitmangel oder Konfliktscheu (das kommt Ihnen wahrscheinlich aus den früheren Ausführungen in diesem Buch vertraut vor) wollen sich die Chefs nicht durch dominantes Verhalten zum Affen machen. Wäre aber gar nicht schlecht, wenn man einmal das folgende Affen-Experiment anschaut. Dabei wurde einem rangniedrigen Affen eine Elektrode ins Gehirn implantiert, die dort das Nervenzentrum für Drohverhalten stimulierte. Das auf diese Weise vom Versuchsleiter präparierte Tier stieg in der Rangordnung unaufhaltsam auf, bis es den Spitzenplatz einnahm – und auch dann behielt, als die Elektrostimulation beendet wurde.[68] Für den Rangplatz spielte also nicht die Körperkraft die entscheidende Rolle, was man auch sehr am

Habitus von eher kurz gewachsenen oder schmächtigen Chefs beobachten kann. Entscheidend waren quasi psychische Vorgänge. Man könnte sagen: Angriffs- und Machtfreude.

Bitte leiten Sie aus diesem Experiment nicht fälscherlicherweise ab, dass man einem Vorgesetzten künftig direkt nach seiner Einstellung eine solche Elektrode mittels invasiver Minimaltechnik einführt, damit er den Laden im Griff hat. Habe ich schon erwähnt, dass die höchste Rangordnung im Tierreich diverse Vorteile mit sich bringt? Ranghöhere dürfen sich paaren, müssen weniger arbeiten, dürfen mehr eigene Eier legen oder haben Vorrang am Futterplatz. Diese Privilegien helfen natürlich Wölfen, Wespen oder Hühnern mehr als Verkaufs- oder Verwaltungsleitern.

Bevor Sie nun aber glauben, der Alpha-Chef habe endlosen Einfluss, muss ich Sie leider enttäuschen. Das Frappierende an der Gruppendynamik ist nämlich, dass man trotz Wissens um alle Gesetzmäßigkeiten das Verhalten in der Gruppe nicht kausal steuern oder kontrollieren kann – geschweige denn vorhersehen. Sehr anschaulich zeigt sich dies an Befunden der Massenpsychologie. Große Menschengruppen legen oft ein überraschend erscheinendes Verhalten an den Tag. Man denke nur an den Fall der Berliner Mauer. Da gab es gewiss kein Alpha-Tier, das diese Aktion planvoll und systematisch angeführt hat. Aber man muss nicht die Massenpsychologie bemühen, um sich die unkontrollierbare Gruppendynamik vor Augen zu führen. Denn welcher Leser kann schon auf 1000 zusammengepferchte Mitarbeiter im Großraumbüro zurückgreifen, um diese Vorgänge im Selbstversuch nachzuprüfen?

Ich erinnere mich an eine Marktleiterin in einem Blumenmarkt. Eine konfliktbereite, energische Person. Ein Alpha-Tier. Ihr Markt wurde auf der grünen Wiese neu gebaut. Daher konnte sie sich ihr zehnköpfiges Team selbst zusammenstellen. Trotz bester Personalauswahl gab es nach einem Jahr eine Überraschung. Und die macht deutlich, dass der Einzelne in der Gruppe einfach anders funktioniert und dass das Zusammentreffen der richtigen Charaktere in einem Team die Sprengkraft einer Tretmine in Afghanistan hat. Doch der Reihe nach. Ihre Gegenspielerin hieß Marion und war 29 Jahre. Fast ein Jahr machte sie einen sehr guten Job. Sie arbeitete schnell und gut. Mit der Zeit wurde sie langsamer. Um nicht zu sagen: Sie hatte das eigene Tempo dem einer Nacktschnecke angepasst. Dann fiel der Marktleiterin auf, dass die junge Frau immer häufiger widerwillig reagierte, wenn sie ihr einen Auftrag erteilte. »Kümmern Sie sich bitte da vorne um den Schalenbereich.« Die Antwort war ein Augenrollen mit verzogenen Mundwinkeln. Natürlich sprach die Marktleiterin die Mitarbeiterin darauf an. Auch auf ihre nachlassende Leistung. Pampig und arrogant meinte diese: »Nur die anderen sind lahm. Ich bin eine der Besten. Sie wollen es sich doch wohl nicht mit mir verscherzen?« Der Angriff auf die offizielle Leitung war eröffnet. Marion war übrigens nicht allein. Sie hatte zwei treue Anhängerinnen im Team, mit denen sie stets konspirativ zusammenhockte. Die Dreiertruppe verbreitete Angst wie eine Horde Heuschrecken. Sie fraßen zwar nicht alles nieder, aber ihre Verbalattacken ließen auch keinen Halm stehen. Die übrigen Mitarbeiter hatten Angst vor den provokanten und abwertenden Sprüchen, die nur eines klarstellten: »Wir sind hier die Besten und ihr seid nichts.« Im Pausenraum lästerte die eingeschworene Truppe wild über die anderen Mitarbeiter. Betrat dann einer der anderen den Raum, herrschte abrupt Grabesstille. Das wäre auch jedem Toten zu viel gewesen.

Marion war also etwas Besseres. Sie zeigte es jedem. Das führte dazu, dass keiner der anderen Kollegen mehr mit ihr zusammenarbeiten wollte. Bald kam der Punkt, dass Marion den Posten der Marktleitung für sich beanspruchte. Sie scheute dazu keine Mittel. Hinter deren Rücken machte sie die Marktleiterin bei deren Chef schlecht. Die Vorwürfe reichten von falschen Bestellungen bis hin zu mangelnder Mitarbeit.

Der Chef der Marktleiterin ließ sich davon nicht beeindrucken. Um die Schlagkraft von Marion und ihren Gefolgsdamen zu vermindern, wurde schließlich ein Arbeitsplan aufgestellt, der sie trennte. Da sie aufgrund der früheren Erfahrungen eigentlich eine gute Kraft war, wollte man sie halten. Doch man hatte die Rechnung ohne den Dreiertrupp gemacht. Sie überwanden Arbeitseinteilung und Schichtsystem, indem sie länger blieben oder ihre Pausen verschoben, um sich gegenseitig besuchen zu können.

Die Lösung für das Problem kam eher zufällig. In der Nachbarfiliale wurde dringend Personal gesucht. In Abstimmung mit ihrem Chef nutzte die Marktleiterin die Gunst der Stunde. Sie machte der Mitarbeiterin klar, dass sie nicht mehr mit ihr zusammenarbeiten wollte – außer sie würde sich grundlegend ändern. Als Alternative offerierte sie ihr die Stelle in der nahen Nachbarfiliale, die sie annahm. Nach ihrem Fortgang war der Rest des Teams wie ausgewechselt. Plötzlich herrschte Ruhe und friedliches Arbeiten. Nur in der anderen Marktfiliale begann nach etwa einem halben Jahr das Drama von vorn. Marion hatte wieder zugeschlagen.

Die Macht des Gegen-Alpha und seiner Gefolgschaft erleben Vorgesetzte täglich. Nur leider können sie dagegen in der Regel nicht viel ausrichten. Denn weder können sie die Gegenspieler versetzen noch kündigen. Dem im Kapitel 2 erwähnten Kündungsschutzgesetz sei dank. Und so steht der Vorgesetzte – wissend um alle Gesetze der Gruppendynamik – mit gebundenen Händen da. Es ist an dieser Stelle fast nebensächlich zu erwähnen, dass im Arbeitsalltag ganz andere Dinge aufgrund dessen auf der Strecke bleiben als die Umsetzung von Weiterbildungsinhalten.

Doch halt. Da gab es doch jemanden für unmögliche Aufgaben. Kobra hieß er, glaube ich. Das war der Held aus der amerikanischen Geheimagenten-Serie, der jedes Mal zu Beginn einer Folge einen kniffligen Auftrag von Mister Phelps bekam, der mit den Worten endete: »Sollten Sie oder jemand aus Ihrer Spezialeinheit gefangen genommen oder getötet werden, wird der Minister jegliche Kenntnis dieser Operation abstreiten. Dieses Band wird sich in fünf Sekunden selbst vernichten. Viel Glück, Jim. Kobra, übernehmen Sie!«

Kapitel 8

Schuss ins Leere

Zwischen Gießkanne und Elfenbeinturm

»Eine Gießkanne, auch Sprenger genannt, ist ein Gefäß zur Bewässerung von Pflanzen. Bestandteile der Gießkanne sind Gefäß, Griff, Tülle und Brausemundstück. Sie ist das am weitesten verbreitete Werkzeug der künstlichen Beregnung.« So erklärt es uns das Lexikon.[69] Es verschweigt jedoch, dass die Gießkanne auch noch zum am meisten zitierten Gartengerät in der Weiterbildung gehört. Woher sollte es auch solche Feinheiten wissen? Interessanterweise sagt man nicht, es wird mit der Heckenschere geschult oder gar mit dem Rasenmäher weitergebildet. Nein, die Gießkanne kommt zum Einsatz. Damit ist nicht gemeint, Wissen im Sinne eines »Nürnberger Trichters« in die Hirne der braven Teilnehmer zu gießen. Vielmehr wird damit ausgedrückt, dass Weiterbildung unsystematisch auf die Köpfe der Mitarbeiter herabregnet. Da wird hier mal ein bisschen geschult und da mal ein bisschen und wenn die Kanne leer ist, sprich Ebbe im Budget, lässt man es sein. Da es weder ein Konzept noch ein System noch Kontinuität gibt, sind Weiterbildungseffekte genauso langlebig wie ein Tropfen Wasser bei strahlender Sonne. So lautet die gängige Kritik von Weiterbildungsexperten. Sie fordern eine systematische, kompetenz- und strategiebasierte Personalentwicklung, damit Weiterbildung für ein Unternehmen Sinn ergibt.

Nur eines wird vor lauter Theorie vergessen. Der systematische Ansatz trägt nur dazu bei, noch mehr Geld zu vergeuden. Es wird zwar mehr Aufwand betrieben, aber es kommt trotzdem nicht mehr dabei heraus. Und in diesem Zusammenhang kommt der Gießkannen-Metapher noch eine andere – bisher wenig verwendete – Bedeutung zu, die sich mit dem gleichmäßigen Wasserstrahl aus der Tülle begründet. Sie betrifft die Praxis, über die Mitarbeiter einer Firma bestimmte strategisch wichtige Personalentwicklungsprogramme auszuschütten – nur gehen sie am Bedarf der Betroffenen vorbei. Das ist so ähnlich, wie wenn ein Schrebergärtner allen Pflanzen die gleiche Menge Wasser angedeihen lässt. Jede Blume, jeder Strauch und Baum bekommen unterschiedslos eine halbe Kanne. Auch das Gras freut sich, der Salat zuckt unwillig, die Distel gerät in ekstatische Zustände und der Kaktus denkt an Auswanderung – bevor er den Ertrinkungstod stirbt. Kurzum, auf die Bedarfslage einzelner Individuen wird keine Rücksicht genommen.

Dass PE-Programme quasi mit dem Bade ausgekippt werden liegt darin begründet, dass Personalentwickler aus den theoretischen Überlegungen der systematischen Mitarbeiterqualifizierung heraus ihre Konzepte im Elfenbeinturm aushecken. Besonders in Konzernstrukturen schwebt die Personalentwicklung strategisch in höheren Sphären und ist einfach zu weit weg vom Alltag der Zielgruppe. Die Opfer der Weiterbildung fühlen sich davon nur in der Arbeit gestört. »Die sollen mich mal machen lassen«, lautet der Vorwurf, oder es kommt zu dieser typisch abwehrenden Handbewegung: »Personal hat keine Ahnung, was bei uns hier abläuft.«

Meistens wählen die Zwangsbeglückten den Weg des geringsten Widerstandes und trotten zur Schulung. Lässt man es halt über sich ergehen wie einen Regenschauer. Und wenn der Mitarbeiter Glück hat, findet die Fortbildung in einem schönen Seminarhotel mit fulminantem Büfett und Wellness-Oase statt. Das Sahnehäubchen sind dann noch sympathische Teilnehmer und ein unterhaltsamer Trainer. Apropos Trainer. Ihm obliegt es, mit der hoch motivierten Gruppe von Entsandten eine Form der Zusammenarbeit zu finden, die den Schein wahrt. Nach absolvierter Schulung geht der geistig Gestärkte dann wieder zurück an den Arbeitsplatz und die Sache ist erledigt. Vielleicht bleibt ja auch etwas hängen.

Von der Weiterbildungsöffentlichkeit unbeachtet steht übrigens noch ein kleiner Nebensatz zur Gießkanne im Lexikon: »Ihre spezielle Form dient dem Zweck, die benötigte Wassermenge in gewünschter Dosierung, möglichst zielgenau oder gleichmäßig verteilt, an die Pflanzen zu bringen.«[70] Das wäre dann, in unser Thema übersetzt, bedarfsgerechte Weiterbildung. Und was lernen wir daraus? Auch die Gießkannen-Metapher ist ein Mythos.

Punktuelle Seminare: Ein Tropfen auf dem heißen Stein

Wir befinden uns im Jahr 2025. Ganz Deutschland ist durchsetzt von einer strategieorientierten, systematischen Weiterbildung. Ganz Deutschland? Nein! Eine von unbeugsamen Führungskräften bevölkerte mittelständische Firma hört nicht auf, mit der Gießkanne zu schulen. Den Mitarbeitern ist kaum möglich, sich gegen die strategieorientierte, systematische Weiterbildung zu wehren, die als das Maß aller Dinge zum Unternehmenserfolg angesehen wird. Doch die besagte mittelständische Firma ist standhaft. Nennen wir sie »Schulze & Schulze GmbH, Händler für Dachbaustoffe«. Sie hat, sagen wir mal, 115 Mitarbeitern und ein stolzes Jahresumsatzvolumen von etwa 45 000 000 Euro. Wer im Dachhandwerk arbeitet, steht halt über den Dingen. Die Firma versteht ihr Geschäft. Seit 60 Jahren verkauft sie Hartbedachungen und Fassadenbekleidung.

Kommen wir zu den Hauptakteuren in dieser Firma. Da ist der Geschäftsführer Norbert Nutz, wir nehmen an, er ist 55 Jahre alt. Ein Mann vom alten Schlag. Ein bisschen patriarchisch veranlagt und glühender Bekenner des Pragmatismus. Er führt das Unternehmen seit 20 Jahren erfolgreich und imponiert mit guten Betriebsergebnissen. Jede Weiterbildung wird schlussendlich von ihm genehmigt. Seine besondere Schwäche ist ein Schnaps der Region namens Dollertusch. An seiner Seite ist die Sekretärin Kerstin Kümmerdich, 42 Jahre alt, die gute Seele im Haus. Sie wickelt in Sachen Weiterbildung die gesamte Seminaradministration ab. Sie hat wunderschöne strahlend grüne Augen und man kann ihr nichts abschlagen. Es sei denn, es kostet Geld.

Im Haus herrscht die Politik der kurzen Wege – zum Nachteil der körperlichen Kondition aller Beteiligten. Man muss nämlich für ein Gespräch nicht weit laufen. Herr Nutz bespricht mit seinen drei Abteilungsleitern viel zwischen Tür und Angel. Auch Weiterbildungsthemen. Da er gut ausgebildete und qualifizierte Mitarbeiter als das Rückgrat des Unternehmens ansieht, gibt es die Order, dass jeder Mitarbeiter vier Weiterbildungstage im Jahr zur Verfügung hat. Im Führungskreis besteht Einigkeit, dass besonders die Mitarbeiter gefördert werden, die sich engagiert einbringen, durch Top-Leistungen überzeugen und sich auch um Fortbildung bemühen. Des Weiteren sprechen die Vorgesetzten ihre Mitarbeiter auf notwendige Weiterbildungsthemen an und entsenden sie zu Seminaren.

Der traditionelle Höhepunkt des Jahres ist der Januar. Da erhalten die Mitarbeiter diverse Kataloge von bewährten Seminaranbietern aus der Region, in denen zu günstigen Preisen fachliche und persönlichkeitsbildende ein- bis zweitägige Seminare zu finden sind. »Stöbern Sie mal, was für Ihre tägliche Arbeit dabei ist«, heißt es dann stets vom Vorgesetzten. Denn der Mitarbeiter weiß in der Regel genau, was er braucht und was ihn interessiert. Und wenn er sich selbst für etwas begeistern kann, dann wird er es auch umsetzen, so die Einstellung. Die Interessenten werden von Frau Kümmerdich angemeldet. In diesem Jahr sind es 50 Anmeldungen. Nach erfolgtem Seminarbesuch fragt sie einige Wochen später beim Vorgesetzten nach, ob »es was gebracht hat«. Sie kreuzt dann in ihrer Liste »Ja« oder »Nein« an. Verfolgt man nur die letzten fünf Jahre, dann steht das Kreuz immer beim »Ja«.

Die Mitarbeiter wissen, dass sich in einem Jahr viel tun kann. Plötzlich ist die Auftragslage doch nicht wie erwartet oder ein Wettbewerber zwingt zur Kostensenkung. Dann werden die meisten Seminaranmeldungen storniert. Es gab auch schon Jahre, da durfte man sich von vornherein nichts aussuchen, weil die Umsätze stagnierten. In den letzten Monaten war dann manchmal überraschend doch wieder Budget da. Im April des Jahres steht diesmal plötzlich eine Telefonschulung für Mitarbeiter mit Kundenkontakt an. Herr Nutz hat den Eindruck gewonnen, dass die Firma durch ungeschicktes Telefonverhalten Aufträge verliert. Die Mitarbeiter sollen daher besser in die Lage versetzt werden, Anfragen in Aufträge umzuwandeln. Ein Trainer für eine Inhouse-schulung ist schnell gefunden. Es gibt zwei Trainingsgruppen mit je zehn Teilnehmern. Es sind auch vier Mitarbeiterinnen dabei, die in Urlaubszeiten am Telefon aushelfen. Aber denen kann die Teilnahme auch nicht schaden – wenn schon mal ein Trainer ins Haus kommt. In drei Monaten müssen die Damen ja auch wieder an die Front. Von 9.00 bis 16.30 Uhr, inklusive 45 Minuten Mittagspause und zwei 15-minütigen Kaffeepausen, bringt der Trainer den Teilnehmern ein paar grundsätzliche Regeln bei. »Wer fragt, der führt: Ermitteln Sie den Bedarf«, so klingelt es den Seminarteilnehmern bald in den Ohren. Dann noch zwei Telefon-Fallbeispiele. Je zwei Teilnehmer werden gruppendynamisch genötigt, ein Telefon-Rollenspiel zu einer typischen Alltagssituation vorzuführen, was dann besprochen wird. Dieser Praxisteil gefällt den Teilnehmern am Ende am besten und dann ist auch schon Feierabend.

Falls Ihnen diese Weiterbildungspraxis vertraut vorkommt, dann liegt das daran, dass wir noch nicht im Jahr 2025 leben, sondern in der Gegenwart. Und da gibt es zig Firmen, besonders im Mittelstand, die ihre Weiterbildung genau so organisieren wie diese fiktive Firma. Und nachdem Sie sich durch die Lektüre dieses Buches bis an diese Stelle vorgearbeitet haben, machen wir mal einen kleinen Wissenstest: Warum ist dieses Vorgehen rausgeschmissenes Geld? Die Lösungen schicken Sie bitte an Test@RichardGris.de, Stichwort: Gießkanne. Unter den ersten zehn richtigen Einsendungen wird ein Überraschungspreis verlost. Mitmachen lohnt sich. Ich habe Spendierhosen an. Aber nur kleine.

Nicht nur mittelständische Unternehmen agieren nach dem Prinzip Gießkanne. Ein großes, bekanntes Finanzdienstleistungsunternehmen investiert bundesweit sogar satte 20 Millionen Euro in Weiterbildung. Den Vermögensberatern werden alle nur denkbaren Themen angeboten, damit sie den Umsatz nach vorne bringen. Dieses Weiterbildungs-Füllhorn überrascht sogar einen Direktionsleiter. Ihm ist kein Unternehmen bekannt, das so viel Fortbildung macht. Es gibt eine eigene Akademie. Es werden interne und externe Trainer eingesetzt. »Manchmal habe ich das Gefühl, es wird zu viel getan. Und trotz allem fehlt bei einem Großteil der Vermögensberater der Kick, um sich in Bewegung zu setzen«, schilderte er mir seine Beobachtungen. Das sei damals wie heute so, resümierte der Direktionsleiter im Rückblick auf seine langjährigen Berufsjahre. Die Gründe lieferte er gleich mit: Viele Mitarbeiter werden Vermögensberater, weil sie glauben, auf diese Art mit wenig Aufwand schnell reich zu werden. Das gelingt aber nur wenigen und die anderen sind frustriert – aber nicht agiler. Eine andere Schwachstelle des Systems ist: Wir haben sehr viele »Freude-Motivationen«, aber, wie die Fachleute sagen, keine »Schmerz-Motivation«. Mit anderen Worten: Es gibt keinen Leidensdruck für Phlegmatiker. Faulpelze werden aus erworbenen Provisionsstufen nicht zurückgestuft. Und wer mit einem Monatsbrutto von 3000 bis 4000 Euro zufrieden ist, dem passiert auch nichts. Es sei denn, er hat eine Frau mit nimmersatter EC-Karte daheim, die ihm sachkundig klarmacht, dass er bestimmt dreimal so viel heimbringen könnte. Folglich sind die ganzen Schulungen umsonst. Ein interner Trainer eines anderen Finanzdienstleistungsunternehmens kennt die fehlende Umsetzungsmoral der Vermögensberater nur zu gut. »Die Leute kommen alle brav ins Seminar, zeigen eine hohe Lerndisziplin und nicken eifrig.« Und dann käme der Punkt »Transfer des Gelernten in die Praxis«. Da geben dann nämlich die Teilnehmer unisono zum Besten, dass sie alles nicht umsetzen können, weil sie keine Zeit haben. Warum nun gerade Finanzdienstleistungsunternehmen horrende Summen in nutzlose Weiterbildung investieren, ist mir daher ein Rätsel. Sind Finanzdienstler nicht die Leute, die wissen, wie man Geld sinnvoll investiert? Angesichts dieser Weiterbildungspolitik ist wohl eine Nachschulung angesagt.

Das Weiße-Weste-Syndrom: Personalentwicklung richtig gemacht

Im guten alten Western erkennt man ihn immer sofort. Den Helden. Er kommt stets in heller Kleidung daher. Er kann reiten und schießen, wie ein Wesen vom anderen Stern. Der Bösewicht ist genauso gut auszumachen. Immer dunkel gekleidet. Auch er kann reiten und schießen wie vom anderen Stern. Doch im Showdown zieht der Held schließlich so schnell, dass der Bösewicht vom Pferd fällt und nur noch Sterne sieht. Durch den einfachen farblichen Kontrast – hell ist gut, dunkel ist böse – sind die verfeindeten Parteien auch für unaufmerksame Zuschauer oder den Besitzer von Schwarz-Weiß-Fernsehern leicht identifizierbar.

Im Bereich der Personalentwicklung ist es im Prinzip dasselbe. Die Bösen sind die eben erwähnten Gießkannen-Desperados. Als die Guten mit der weißen Weste werden die Personalentwickler gesehen, die Weiterbildung systematisch und von den Unternehmensstrategien abgeleitet über die Belegschaft ausbreiten. Nachdem diese beiden Gruppen auf offener Szene in Stellung gebracht worden sind, wird verbal in Richtung Gießkannen-Bande geschossen: »Diese Weiterbildungsmaßnahmen sind sehr, sehr unsystematisch, ja, sie werden stiefmütterlich behandelt. Plötzlich wird ein halbes Jahr nichts gemacht, dann kommt es wieder zu Ad-hoc-Entscheidungen ohne langfristige Planung«, kritisiert der Leiter einer Weiterbildungsakademie die gängige Praxis, die auch eine Personalentwicklerin aus einem IT-Unternehmen bei so vielen Firmen erlebt. Da sei das Motto: Machen wir mal ein Seminar. »Irgendwas wird rausgepickt, aber es ist eigentlich nicht so richtig bedacht. Es ist keine richtige Personalentwicklung.« Die Betriebe betreiben Weiterbildung nach dem Zufallsprinzip und nach Gutdünken. »Wildwuchs« nennt das der Personalentwickler eines Wasserentsorgungsunternehmens, »weil dahinter jedwedes Konzept und jede Systematik fehlt, sehr bedarfsgerecht die Kompetenzen zu schulen, die aktuell und in Zukunft für das Unternehmen wichtig sind«. Besonders hanebüchen sei der Ansatz von Geschäftsleitungen, Mitarbeiter an einem Tag zu trainieren, meint eine Personalentwicklerin aus der Finanzdienstleistungsbranche. Manchmal gebe es den Hauch eines Intervalltrainings. »Wenn es mal zwei Trainingstage gibt und noch einen halben irgendwann hinterher, dann ist das schon viel.« Auf diese Weise seien das Erlernen neuer Fähigkeiten und Nachhaltigkeit überhaupt nicht möglich. Mangelnde Kontinuität kritisiert auch der Personalleiter eines Kaufhauses: »Weiterbildung versandet, wenn nur sporadisch etwas gemacht wird. Es hat keinen Sinn, mal ein Seminar anzubieten.«

Schauen wir nun, was die Weiße-Weste-Fraktion neben Vorwürfen an Verbesserungen zu bieten hat. Für den wissenschaftlich wenig trainierten Leser versuche ich die nachfolgenden Erläuterungen in normales Umgangsdeutsch zu übersetzen. Trinken Sie vorab einen starken, schwarzen Kaffee, um wach zu bleiben. Doppelter Espresso geht auch. Die Bedarfsermittlung für Weiterbildung muss funktions- und zukunftsbezogen, systematisch und ganzheitlich betrieben werden, lautete bereits vor einigen Jahren die Forderung in einem Fachartikel mit dem schönen Titel »Abschied vom Gießkannenprinzip«[71]. Nicht zu vergessen die Botschaft aus einem neueren Fachartikel, in dem Weiterbildungsexperten zum Ausdruck bringen, dass ein Kompetenzmanagement-System für eine strategisch orientierte Personalarbeit unverzichtbar ist.[72] Hinter beiden Forderungen verbirgt sich folgender Gedanke: Das moderne Unternehmen hat eine Vision und davon abgeleitet kurz-, mittel- und langfristige Strategien. Dazu passend existiert für jeden Arbeitsplatz eine stets aktuelle Stellenbeschreibung, bei der die erforderlichen Kompetenzen (Wissen, Fähigkeiten, Einstellungen, Werte, Motivationen) standardisiert formuliert und in messbare Größen operationalisiert sind. Es existiert ein Prozess, wonach aufgrund der Kompetenzanforderungen jährlich der Bildungsbedarf für alle Kollegen erfasst wird. Das Instrument ist üblicherweise das Mitarbeitergespräch. Abgeleitet vom Bildungsbedarf gibt es präzise und zielgerichtete Schulungen, die dem Unternehmen stringent helfen, seine strategischen Ziele und die Vision zu erfüllen. Kurzum: Kompetenzbasierte Personalentwicklung bedeutet, dass Personalentwickler mittels Soll-Ist-Abgleichen Fördermaßnahmen auf die tatsächlichen Business-Bedarfe ausrichten können.

Was sich nun so locker und leicht herunterlesen mag und durch eine gewisse Logik besticht, bedeutet in der Praxis viel Arbeit und Zeitaufwand für Manager und Personalentwickler. Und so gibt es in dem besagten Fachartikel zur Forderung von Kompetenzmanagement auch den kritischen Hinweis, »dass das, was in der wissenschaftlichen Kompetenzforschung diskutiert wird, vielen Unternehmen (auch kommerziellen Beratern) als reichlich praxisfern erscheint«[73]. Die Kernfrage ist damit aber noch gar nicht berührt. Kommt bei diesem hohen Aufwand am Ende wenigstens ein Weiterbildungsnutzen heraus, der den Unternehmenserfolg sichert? *Einen* Nutzen hat dieser Ansatz auf jeden Fall. Er sichert ein paar Personalentwickler-Stellen.

Damit Sie nun ein Bild davon bekommen, wie besonders größere Unternehmen die erwähnte Theorie in die Praxis umsetzen, will ich Ihnen das Beispiel eines Führungskräfteentwicklungsprogramms geben. Nennen wir die Firma der Einfachheit halber die GEHEIM GmbH[74]. Sie hat auf der oberen Führungsetage ihre Hausaufgaben gemacht und eine Unternehmensvision plus neun Leitlinien erstellt: »Wir sind Deutschlands führender Hersteller von XY und gehören zu den besten Z-Produzenten Europas«, lautet die Vision. Die Arbeit, die geleistet wird, ist wirklich nicht von Pappe – immerhin ist das Unternehmen schon lange am Markt. An verschiedenen Standorten werden jährlich zig Tonnen des Produkts hergestellt. Zur Anschauung die Unternehmensleitlinie

»Kunden«: »Unsere Kunden sind Partner. Wir wollen zuverlässig und lösungsorientiert die Erwartungen unserer Kunden erfüllen. Die Zufriedenheit und Loyalität unserer Kunden ist der Maßstab, an dem wir unseren Erfolg messen wollen.« Für jedes Finanzjahr gibt es ausformulierte Ziele, die zum Beispiel Umsatzwachstum betreffen.

Sieben Kernkompetenzen sind die Basis, um die Vision, die Unternehmensleitlinien und die Ziele für das Unternehmen zu realisieren. Dazu gehören unter anderem Zielorientierung, Lernfähigkeit, Kundenorientierung und Führungsfähigkeit. Zu jeder Kompetenz existieren Definitionen und Erkennungskriterien. Ein Punkt unter Lernfähigkeit lautet: »... nutzt aktiv die Gelegenheit, um sich selbst weiterzuentwickeln, und zeigt Offenheit gegenüber Neuem.« Im jährlichen Beurteilungsgespräch bewertet der Vorgesetzte jede Kompetenz auf einer fünfstufigen Skala.

Und? Kommt schon der Gähnkrampf? Kein Problem. Lassen Sie es ruhig zu. Gähnen ist ein Zeichen von Aufmerksamkeit, habe ich in einem Vortrag gelernt. Beim Gähnen wird dem Gehirn vermehrt Sauerstoff zugeführt, damit das Denken wieder klappt. Wenn Sie kein Interesse hätten, würde der Körper doch nicht diese Aktivität zeigen, sondern Sie lieber in eine wohltuende Ohnmacht versetzen. Aber ich gestehe: Ein wenig einschläfernd ist die Materie schon. Das finden anscheinend auch die Vorgesetzten. Denn wie bereits im Kapitel 4 erwähnt, werden Mitarbeitergespräche recht lax gehandhabt. Schlechte Wertungen kreuzt auch kaum einer an. Das liegt an der im Kapitel 5 dargestellten Konfliktvermeidung. Denn gerade schlechte Bewertungen erfordern eine genaue Begründung, der wiederum eine aufwändige Beobachtung und Dokumentation im Alltag vorangeht. Der mündige Mitarbeiter will nämlich genau wissen, was noch fehlt, um ein oder zwei Punkte höher bewertet zu werden. Also dann lieber normal erwartete Leistung ankreuzen. Passt schon.

Aber wir sind noch nicht fertig. Die GEHEIM GmbH hat außerdem Kriterien für eine starke Führungsmannschaft definiert. Danach erfolgt eine optimale Besetzung der Führungspositionen, existiert ein homogenes Führungsverständnis und die genannten Kompetenzen sind bei den Führungskräften entwickelt. Und wenn man mal einen Vergleich zwischen der GEHEIM GmbH und anderen Firmen vollzieht, ergibt sich bis zu diesem Punkt eine gewisse Konformität. Wer von wem abschreibt, lässt sich schwer sagen. Vielleicht haben auch alle den gleichen Berater. Firmen, die bis hierher gekommen sind, können nun endlich ein sinnvolles Führungskräfteentwicklungsprogramm durchführen. Ein paar Personalentwickler sind leider zwischenzeitlich verstorben. Zeitbedingt.

Aufgeblasen wie ein Luftballon: **Strategisch abgeleitet und doch nichts dahinter**

Jeder Trainer, der etwas auf sich hält, bietet seinen Kunden »gemeinsam mit Ihnen auf Ihr Unternehmen angepasste, individuelle Lösungen«. Dazu gehört Bedarfsanalyse, Konzeption und Umsetzung von Trainings. Das nicht endende Werbeversprechen heißt: »Wir entwickeln unternehmensspezifische Konzepte.« Man weiß ja, was größere Unternehmen als Kunden erwarten. An den Gießkannen-Kunden ist man ohnehin nicht interessiert. Wer will schon hier und da mal ein Seminar machen? Und nun stellt sich natürlich die Frage, wie ein maßgeschneidertes Führungskräfteentwicklungsprogramm für die eben beschriebene GEHEIM GmbH aussieht. Genau wie immer.

Denn was Sie gerade gelesen haben, sind schöne Worte, auf die man als Trainer natürlich brav Bezug nimmt. Durch gelungene Argumentationen stellt man Verbindungen zwischen vorgeschlagenen Trainingsinhalten und den Visionen, Leitlinien, Zielen und Kompetenzen her, die das Unternehmen als Hintergrund für das Programm ausgearbeitet hat. Im späteren Training finden dann die Inhalte aus dem heimischen Baukastensystem ihre Anwendung. Eingebaut wird alles, was aus Erfahrung gut läuft und recht sicher bei dem diesmal vorgesehenen Publikum klasse ankommt. Das sichert Folgeaufträge. Und auch das daumendicke Handout wird nunmehr zum hundertsten Mal leicht modifiziert ausgegeben und genauso oft nicht gelesen. Der Hauptunterschied ist nur, dass das Firmenlogo des Kunden draufsteht. Verwunderlich ist das alles nicht. Denn wenn es um Führung geht, ist die Welt ja nicht grundsätzlich verschieden. Außer man macht ein Führungsseminar für Al Kaida.

Doch wenn man es genau betrachtet, müsste doch eine Schulung so aussehen, dass der Trainer für jede Führungskraft das genaue Profil kennt. Wenn der Teilnehmer dann zum Beispiel in der Kompetenz »Führungsfähigkeit« im Unterkriterium »Entwickelt und fördert Mitarbeiter entsprechend Leistung und Fähigkeiten« eine schlechte Bewertung hat, dann müsste solch ein strategisch abgeleitetes Training doch eigentlich dazu beitragen, dass der Teilnehmer in diesem Punkt eine höhere Bewertung bekommt. Sie ahnen sicher schon, was an Aufwand betrieben werden muss, um überhaupt klar herauszuarbeiten, welche konkreten Schwächen sich im Einzelfall hinter dem noch recht globalen Unterkriterium verbergen. Nun ist es damit noch nicht genug. Wenn man mehr als 100 Führungskräfte für ein Programm hat, wäre es nötig, sie so zu Gruppen zusammenzuführen, dass sie in den rund 60 Unterkriterien der sieben Kernkompetenzen möglichst gleiche Schwächenprofile haben, die dann im Rahmen von bedarfsgerechten Trainingsmodulen ins Positive zu entwickeln wären. Ganz schön komplex, oder? Geschweige denn realistisch. Zumal der Teilnehmer selbst erfahrungsgemäß eine ganz andere Bedarfslage hat.

Doch das sind Gedankenspiele für Personalentwickler. Für den Trainer zählt im Grunde nur eines: Die Teilnehmer müssen das Seminar zufrieden verlassen. Sie erinnern sich an den Beginn des Buches: Der Trainer fragt am Anfang jeder Einheit die Erwartungen und Bedürfnisse ab. Aufgrund von Erfahrungen liegt der Seminarleiter mit seinem Programm recht gut am Puls der jeweiligen Gruppe. Alles andere ist flexibles Arbeiten – neudeutsch: prozessorientiertes Vorgehen. Das bedeutet nichts anderes, als jederzeit aus dem eigenen Repertoire das aus dem Ärmel zu zaubern, was hilft, dass die Gruppe am Ende zufrieden ist. Am besten kommen immer Rollenspiele zu persönlichen Fragestellungen aus der Praxis an, zu denen dann gemeinsam mit dem Teilnehmerkreis Lösungen entwickelt werden. Auch Persönlichkeitstests werden gern genommen. Genauso wird aber auch gearbeitet, wenn der Trainer in ein Unternehmen kommt, in dem es weder wohlformulierte Visionen, Leitlinien, Ziele noch Kompetenzen gibt. Ist er routiniert, kann er aus dem Stand ein dreitägiges Führungsseminar veranstalten, was bei den Teilnehmern gut ankommt. Der Unterschied ist also nur, dass das Unternehmen sich intensiv mit sich selbst beschäftigt hat, um einen Rahmen für das Programm zu haben. Auch die Zuhörer denken zu keiner Minute an das Drumherum. Sie haben ihren ganz persönlichen Bedarf. Und an diesem Punkt braucht es den kompetenten Trainer, der gut an der Gruppe andockt. Das kann aber nicht jeder. Ein Personalentwickler aus der Medizintechnik erzählte mir von einem Trainer Marke Altes Zirkuspferd. »Der hat einfach seine 08/15-Show abgezogen. Ich war sehr unzufrieden mit dem.« Für so einen Kollegen kann ich kein Bedauern empfinden. Wer sich so schlecht verkauft, den kegelt der Markt aus dem Geschäft. Und Tschüss. Verschenkte Weiterbildungsgelder beruhen eben auch auf Trainern, die sich nicht für ihre Kunden interessieren. Ebenfalls Klassiker für Geldverbrennung sind zu abstrakte oder theoretische Trainer. Noch ein anderes typisches Beispiel zeigt, dass strategisch abgeleitete Weiterbildungsmaßnahmen genauso wenig Mehrwert haben wie die Gießkannen-Praxis. Ich erfuhr es von einer Personalentwicklerin, die in einem Unternehmen arbeitet, das technische Komponenten herstellt. Wenn so ein Teil beim Kunden ausfällt, führt dies zu hohen Regresskosten. Deshalb verfolgt die Unternehmensleitung eine Politik mit dem Ziel »Null Fehler«. Im Zuge von Qualitätsoffensiven sind die Beschäftigten aufgerufen, im Produktentwicklungsprozess eine spezielle Methode zur vorbeugenden Sicherung der Qualität anzuwenden und Fehler, wo es nur geht, zu vermeiden. »Wir haben nun festgestellt, dass dieses Tool von Vorgesetzten und Mitarbeitern nicht konsequent genutzt wird. Sie empfinden das software-unterstützte Verfahren als zu zäh und zeitaufwändig«, erzählte mir die Personalentwicklerin. Pikanterweise fällt es nicht weiter auf, wenn die Bereiche das Tool einfach weglassen oder pro forma anwenden. Die übliche Praxis ist, dass die Mitarbeiter mögliche Fehlerquellen aufgrund der Berufserfahrung einschätzen. »Wie groß der Schaden ist, weil auf dem Weg Fehler unerkannt bleiben, lässt sich gar nicht konkret beziffern«, gestand mir die 45-Jährige.

Das Ziel der Personalentwicklungsmaßnahme bestand nun darin, die Führungskräfte dazu zu bewegen, das Tool in ihren Bereichen motivierend und konsequent anzuwenden. Deshalb erhielten 300 Vorgesetzte einen eintägigen Workshop mit einem externen Trainer. Interessantes Detail am Rande: Im Gespräch erfuhr ich, dass im Haus sehr wohl bekannt war, welche der 300 Chefs das Tool bereits mit Überzeugung in ihrem Bereich anwendeten und welche nicht. Trotzdem wurden alle zur Teilnahme zwangsverpflichtet. In den Workshops gab es brave Zustimmung, wie wichtig das Tool sei und dass man jetzt mal zusehen müsse, es anzuwenden. Mit diesen Lippenbekenntnissen gingen dann alle wieder auseinander. Die Hoffnung war, dass das Tool nun mehr angewendet würde. Ich betone: Hoffnung. Doch das war nur ein Teil des Konzepts. Denn die Analyse hatte auch ergeben, dass es eklatante Wissenslücken gab. Die Entscheidung war, mehr als 50 interne Experten auszubilden, die das Tool beherrschten und die Anwendung moderieren sollten. Es waren Mitarbeiter, die von ihren Chefs zwangsfreiwillig zu Multiplikatoren ernannt wurden. Die Ausbeute war jedoch bescheiden. Aber man nimmt halt, was man kriegt, und wagt dann auch nicht zu meckern. Denn nur ein Drittel der Multiplikatoren war fachlich mit dem Tool vertraut, moderationsversiert und auch noch offen, sich auf ein bestimmtes Anwendungsprozedere einzulassen. Trotz des Wissens, dass die Multiplikatoren nach der Schulung noch nicht wirklich fit waren, wurden sie ins Feld gelassen. »Es war nicht gewünscht, eine Prüfung oder Abnahme zu machen«, bedauerte die Personalentwicklerin. Man wollte die mühsam gewonnen Multiplikatoren nicht durch Tests verschrecken. Außerdem war es zu zeitaufwändig.

Bleibt zu konstatieren, dass sehr viele Leute geschult wurden, ohne sicherzustellen, ob sie das Gelernte auch in der erwünschten Qualität anwendeten. Und das ist schon paradox, wenn der Ausgangspunkt der Aktivitäten ein strategisch wichtiges Qualitätsziel ist. Am Ende hat die Firma aber auch nicht mehr erreicht als bei der vielkritisierten Gießkannen-Praxis. Und was mir besonders zu denken gibt ist die Tatsache, dass ein Drittel der Chefs das Tool verantwortlich anwendete. Müsste man da nicht nur einfach mal von oberster Ebene den anderen zwei Dritteln Dampf machen? Mich erinnerte das Ganze jedenfalls an die Kuschelkurs-Manager aus Kapitel 5, die Weiterbildung aus Gründen der Konfliktvermeidung verordnen.

Der Feind in meinem Office: Strategisch aufgeladene Personalentwickler

Im Jahr 1284 bezirzte in Hameln ein wunderlicher Mann in buntem Tuch lästige Nager mit seinem Pfeifchen. Würde der allseits bekannte Rattenfänger heute durch die Lande ziehen und die Melodie von der strategischen Personalentwicklung flöten, dann könnte er gewiss sein, enthusiastische und fröhlich pfeifende Personalentwickler im Gefolge zu haben. Eingangs sprach ich bereits davon, dass sich diese Berufsgruppe geradezu magisch von der Vorstellung »HR als Businesspartner« angezogen fühlt. Eine Personalentwicklerin aus der Finanzdienstleistungsbranche sagt: »Wenn man auf höherer Ebene mit dem Vorstand und Führungskräften zusammen am Tisch sitzt und plant, das Unternehmen neu zu strukturieren, dann ist es ein hoch interessantes Projekt und hat auch diese gewisse Wertigkeit.« Die normale Tagesarbeit sei dagegen stinklangweilig und nicht so prestigeverdächtig. Ganz unumwunden gibt sie zu, wie sie ihre Freiheitsgrade nutzt: »Ich tue nur die Dinge, die auch Spaß machen und mir was bringen – an Daseinsberechtigung oder Gehaltserhöhung.« Ein Training on the Job im stillen Kämmerlein gehöre nicht dazu, auch wenn es für den Einzelfall gut und effektiv sei.

Es ist kaum verwunderlich, dass Personalentwickler so denken, denn in diversen Fachartikeln werden sie förmlich dazu aufgerufen. Da heißt es: »Der Weg ins Zentrum der Macht ist lang und muss schrittweise begangen werden.«[75] Und später: »Personalentwickler sollten sich selbst Aufträge suchen, sich Schuhe anziehen, die strategische Bedeutung haben, und sich danach fragen, was ihr Unternehmen braucht.«[76] Auftragsdenken ablegen und proaktiv mitgestaltend in die Organisation eingreifen heißt die Devise. Heraus kommen dabei PE-Programme, die die Welt nicht braucht. Und so ist der Personalentwickler der schlimmste Feind im eigenen Unternehmen.

Eine selbstkritische Mitarbeiterin aus diesem Bereich in einem Unternehmen für Arbeitssicherheit kennt aus eigener Erfahrung die abgehobene Personalentwicklung aus Konzernstrukturen: »Die PE hat tolle Ideen, mit tollen Trainern zu tollen Themen ... Wir in der Zentrale haben uns auch tolle Sachen ausgedacht, die aber am Bedarf der einzelnen Niederlassungen voll vorbeigingen.« Eine gut situierte Dependance buchte schließlich jemanden, der sie verstand. An der Zentrale vorbei, versteht sich. Offiziell gab es auch keinen Etat, um einen externen Trainer verpflichten zu können. Aber irgendwo finden sich immer ein paar unergründliche Geldquellen. Der Coach sollte dann ein vernünftiges Konzept zur Einführung von Mitarbeitergesprächen entwickeln und die Umsetzung begleiten. Denn das bereits vorhandene konzerngebundene Standardkonzept taugte für die Niederlassung nichts. Mit dem Trainer vor Ort konnte dann auch der etwas eigenwillige Betriebsrat ins Boot geholt werden.

Was die Basis denkt, bekommen die Programmmacher im Elfenbeinturm nicht mit. Vor lauter Strategie sehen sie den Wald vor Bäumen nicht. Eine Personalentwicklerin aus der Automobilbranche berichtete mir: »Personal kann so stark strategisch aufgeladen sein, dass man dabei vergisst, seine eigentliche Aufgabe zu machen. Nämlich den internen Kunden zu betreuen.« Man werde durch die strategische Ausrichtung so abgehoben, dass man nicht mehr mit einem Industriemitarbeiter reden könne. Die Umstände der Arbeitssituation entfremden PE und Basis einander. »Man verwaltet irgendwann Personal, statt es zu unterstützen. Bestimmte Software-Systeme fördern dieses Denken, da jeder Mitarbeiter nur noch eine Nummer ist. Die Betreuungsspannen werden immer größer, der direkte Kontakt fehlt.« Während auf höheren Ebenen Themen wie Work-Life-Balance und Sabbatical Year leidenschaftlich diskutiert werden, beschäftigt den Mann am Band, dass er aufgrund von Personalengpässen nicht dazu kommt, seine vorgeschriebenen Pausen zu machen. Zwei Welten und Sprachen prallen aufeinander, ohne dass ein Übersetzer in Sicht wäre. Wie heiß dieses Eisen ist, bemerkte ich im Kontakt mit einer Personalentwicklerin aus einem Energiekonzern. Mitten im Erzählfluss stockte die Dame und sagte: »Wenn ich an diesem Punkt konkreter werde, ist sofort klar, dass es von mir stammt.« Folglich versprach ich, ihre genaue Funktion nicht näher zu benennen und alle heiklen Punkte zu verschweigen. Auch in diesem Fall geht es um Zentrale und Basis. Allerdings mit internationalen Ausmaßen. Die Protagonisten auf der Bühne der Weiterbildung sind zum einen eine Personalentwicklungsabteilung in der ausländischen Zentrale, zum anderen dezentrale Einheiten. Darunter auch am deutschen Standort. Die Opfer sind Menschen in aller Welt, die Programme übergestülpt bekommen. Garniert ist das Ganze noch mit einem Schuss kultureller Knackpunkte und ins Endlose gehender Kosten. Ist aber nicht schlimm, weil der Konzern das aus der Portokasse bezahlt. »Die Kollegen in der ausländischen Zentrale sitzen im Wolkenkuckucksheim«, meinte die Personalentwicklerin. »Da wird freudestrahlend eine Mitarbeiterbefragung auf die Beine gestellt und hier und da ein Programm gemacht und alle müssen es ganz toll finden. Und auf der anderen Seite ächzt der Kollege im Kraftwerksbereich, weil er nicht weiß, wie er seinen Alltag bewältigen soll. Dass bei dem die Sicherungen durchglühen, wenn er Entwicklungsmaßnahmen mitmachen soll, ist klar.« Doch die Zentrale sei abgehoben und träfe mit den Programmen nicht ins Schwarze. Genauso sei es bei diversen Managementprogrammen, die sich doppelten. In einem Programm sollten die Führungskräfte etwas über Konzernstrukturen und neue strategische Ansätze lernen. Dazu gehörte auch, Entscheider in Regionen zu treffen und mit Kollegen Networking zu betreiben. Eine gute Idee mit viel Reiseaufwand rund um den Globus. Beim zweiten oder dritten Mal prickelte es dann nicht mehr. Hinzu kam aufwändige Projektarbeit, die neben dem eigentlichen Job zu leisten war. Die Personalentwicklerin berichtete von einem weiteren Charakteristikum ihres Unternehmens: Die Konzernzentrale greift gern direkt auf ihre Zielgruppe zu und lädt sie ohne Absprache mit dem nationalen Standort zu einer Maßnahme ein. Genauso üblich seien »Hoppla-Hopp-Aktionen«, die ohne lange Vorankundigung über den Standort hereinbrechen und Ressourcen auffressen. Und wer nun glaubt, das ließe sich mit einem klärenden Gespräch lösen, irrt. Denn hier kommen kulturelle Eigenheiten zum Tragen. »Wir erleben im internationalen Kontext, dass man mit ausländischen Kollegen Themen diskutiert und Vereinbarungen trifft. Kaum sind sie zu Hause, machen sie es ganz anders und wir haben keine Einflussmöglichkeiten.« Deutsche Verbindlichkeit? Fehlanzeige.

Länderübergreifende Programme berücksichtigen auch nicht kulturelle Unterschiede und laufen dadurch ins Leere. Wenn in Deutschland ein amerikanischer Referent mit Euphorie in der Stimme Unternehmenswerte schult, gehen die Führungskräfte mit einem milden Lächeln aus der Veranstaltung und wissen, dass sie alle Folien, Flyer und dieses Pathos besser nicht weitergeben, weil ihre Mitarbeiter sonst glauben, sie seien in Disney World. Man könnte das Verhalten wohlwollend einen taktischen Boykott nennen. Die Schulungsambitionen in Konzernen bewirken das Gegenteil und das ist dann nicht mal mehr eine Schulung mit der Gießkanne, sondern mit einer Wasserbombe.

Doch die Betroffenen der Weiterbildung wissen, dass man strategisch wichtigen Programmen nicht ausweichen kann. Die Ansage kommt von oben. Also geht man hin. Klassische Themen sind Kundenorientierung, Kommunikation, Verkauf, Qualität, Führungsleitlinien oder Kultur.

Zwangsverpflichtet: Die Folgen von ausgerollten Programmen

Wie hat es mir mal ein Teilnehmer so schön zu Beginn eines Seminars gesagt: »Durch Weiterbildung wird man nicht dümmer.« Ein anderer meinte: »Man nimmt immer irgendwo was für das Tagesgeschäft mit. Ich kann es aber nicht beziffern.« Solche Teilnehmer sind wenigstens nicht aggressiv, wenn sie zu einer Veranstaltung zwangsverpflichtet werden. Die Formen des Widerstands nehmen ein breites Spektrum ein. Vom angepassten freundlichen Mitmachen bis hin zur unverhüllten Gegenwehr. Besonders zum Einstieg einer Pflichtveranstaltung weht dem Trainer zuweilen das Klima eines offenen Eisfachs entgegen. Auch wenn die Zielgruppen und Themen unterschiedlich sind, das Szenario wiederholt sich auf kuriose Weise. Da sitzen sie dann mit verhärteten Mienen und mehr oder weniger verschränkten Armen. Erste Annäherungsversuche des Trainers: »Was erwarten Sie sich für den Tag?« Antwort im Telegrammstil. »Keine Ahnung.« Und ein anderer fügt an: »Ich bin nur hier, weil es eine Pflichtveranstaltung ist. Ist Anwesenheitspflicht. Ich bin geschickt worden.« Oft sind es Einzelstimmen. Aber es gibt auch Fälle, in denen dem Trainer geballte Lustlosigkeit entgegenschlägt. Dann weiß er, dass er zu diesem Zeitpunkt noch weit davon entfernt ist, inhaltlich loszuarbeiten. Vielmehr stellt sich die Frage, ob es sinnvoll ist, überhaupt weiterzumachen. Ich erinnere mich an eine solche Situation, als ich die Teilnehmer fragte: »Sollen wir die Veranstaltung an diesem Punkt beenden?« Plötzlich hellten sich die Gesichter auf. Einer der Anwesenden brachte es für die Gruppe auf den Punkt: »Ach, wir können ja mal anfangen, sonst kriege ich Stress mit meinem Chef.« Gefängnispsychologen kennen dieses Verhalten als sozial erwünschte Anpassung. Der gut erzogene Knacki weiß stets zum rechten Zeitpunkt, was er sagen muss, damit er früher auf Bewährung freikommt. Der dienstbeflissene Trainer ahnt dann schon, dass er das kleinere Übel in dem Spiel ist, und denkt an seinen Tagessatz, um die nächsten Stunden zu überstehen. Denn er weiß, wie am Ende die Rückmeldungen aussehen. Erfahrungsgemäß kommen Sätze, die förmlich vor Veränderungsleidenschaft brennen. »War mal interessant, die Probleme anderer zu hören.« Oder: »Die Leute hier waren sehr gut.« Oder: »Könnte man ja mal versuchen, wenn Zeit da ist.« Oder der Mont Blanc der Umsetzungsfreude: »War ganz interessant, könnte ich mal drüber nachdenken, ob ich da nicht vielleicht etwas mit machen könnte.« Jeder Trainer kennt solche Situationen aus der Realität. Es ist drei Meilen gegen den pfeifenden Wind hörbar, dass das Seminar keine Früchte tragen wird.

Diese Erfahrung hat auch die Personalentwicklerin eines Chipkartenherstellers gemacht. Sie berichtete mir außerdem von einem anderen Unternehmen, in dem jeder Mitarbeiter fünf Tage Weiterbildung im Jahr absolvieren muss. Manch einer würde die Tage vermutlich lieber bei eBay versteigern, als sie selbst zu nutzen. Doch die Qualifizierung der Mitarbeiter gilt in dem Unternehmen als Erfolgsfaktor. Ob jedoch Weiterbildungs*pflicht* auch Erfolg bedeutet, wird nicht reflektiert. Dahinter mag die Hoffnung stecken, dass ein Seminar nicht spurlos am Teilnehmer vorbeigeht. Doch die Wirklichkeit sieht anders aus. Der Leiter einer Fortbildungsakademie berichtete: »Mitarbeiter sind nur dann offen für Weiterbildung, wenn sie nicht geschickt werden.« Besonders kritisch sei es, wenn ein Seminar gekoppelt ist mit Standortschließung, Restrukturierungen oder Personalumbau – also mit sogenannten Change-Management-Seminaren. »Wenn Manager oder Mitarbeiter nicht wissen, wo morgen ihr Kopf auf dem Organigramm ist, dann ist die Frustration groß – aber von Lernfreude kann keine Rede sein.«

Eine andere Folgeerscheinung der Pflichtveranstaltungen drückt sich in Sätzen aus wie: »Bringt nichts, kann man ohnehin nicht umsetzen.« Oder: »Theorie und Praxis. Menschen ändern sich nicht. Mein Chef schon gar nicht.« Dieser Reaktionstypus von Seminarteilnehmern sagt offen, was er denkt. So auch eine Vertriebsführungskraft, die mir entgegenschmetterte: »Das sind alles schöne Sachen, die aber in der Praxis scheitern. Man kann es nicht umsetzen, weil die Zeit fehlt. Solange wir keine Slots bekommen, kann man es sich auch sparen, solch eine Schulung zu machen.« In dem Fall ging es um den Anspruch des Unternehmens, solide Mitarbeiterbeurteilungen und professionelle Feedbackgespräche durchzuführen. Doch so ein Trainingsprogramm ist überflüssig, wenn Teilnehmer die Einstellung haben, dass es im Unternehmensalltag ohnehin nicht funktioniert. Doch nicht alle von ihnen zeigen ihre Haltung so offen. Die Dunkelziffer der Ablehnung ist sicher um einiges größer. Dafür braucht man sich nur einmal im Freundes- und Bekanntenkreis umzuhören. Da gibt es ungefilterte Wahrheiten. Neulich traf ich das erste Mal den Ehemann einer Bekannten meiner Frau. Er ist Bereichsleiter Controlling bei einer Bank. Auch er wird von seinem Unternehmen durch etliche Führungsschulungen geschleust. Nach zwei Tassen Kaffee und einem Stück Kuchen war er redseliger geworden und verkündete ohne Umschweife, dass er die vielen Trainings für unsinnig hält. »Was da vermittelt wird, brauche ich nicht oder kann ich im Alltag nicht anwenden.« Nach meiner Enthüllung, dass ich Trainer bin, verschloss sich sein Gesicht wieder. Vermutlich wird sich der Kontakt zwischen uns nun doch nicht weiter vertiefen.

Führungskräfte und Mitarbeiter aus großen Unternehmen lernen, dass alle Jahre wieder ein neues Qualifizierungsprogramm auf sie zurollt. Man kennt zwar die Inhalte, muss aber trotzdem mitmachen, wenn man nicht einen Karriereknick riskieren will. Ein Gruppenleiter, der bei einem Versicherungskonzern arbeitet, hat mir mal mit apathischer Mine erklärt: »Ich bin seit 25 Jahren in Führungspositionen. Wenn ich es jetzt nicht draufhabe, dann niemals mehr. Und dennoch muss ich jedes Jahr zu Schulungen, in denen es jedes Mal um das Gleiche geht.« Eine Äußerung, die vielen aus der Seele spricht. Dahinter steckt ein Problem von Großunternehmen, wie die Personalleiterin eines Telekommunikationsunternehmens meint: »Wer fest im Sattel sitzt, ist nicht sehr willig, sich auf Maßnahmen einzulassen. Das sind Pflichtveranstaltungen, die abgesessen werden. Da kommt es dann auch vor, dass die Leute blöde Witze reißen, das Seminar stören und ganz genervt sind, weil es ihre 1000. Maßnahme ist.« Hinzu käme auch noch eine Portion Arroganz, wie mir ein interner Trainer erzählte: »So eine richtig gute Führungskraft im Unternehmen behauptet ja permanent in allen Sitzungen und Konferenzen: ›Ich kann alles und ich weiß auch alles‹.« An dieser Stelle ist eine beliebte Frage von spitzfindigen Trainern: »Kennen Sie alles oder können Sie alles?« Oder, bereits etwas maliziös: »Warum gehen dann eigentlich Bundesligaspieler jeden Tag zum Training? Die kennen doch auch alles.« Aber diese Gedanken führen in der Regel nicht weiter. Denn das Problem wird nicht an der Wurzel gepackt. Nämlich, dass Leute in eine Qualifizierung genötigt werden, die sie selbst nicht für nötig erachten oder die einfach nicht zu ihnen passt. Und da kann ich Manager sehr gut verstehen, die sich fragen: »Was bringt mir das? Das ist für mich vergeudete Zeit. Um zwei Tage hier zu sein, muss ich vier Tage nacharbeiten.« Besonders Verkäufer neigen zu Herzrhythmusstörungen, wenn sie im 151. Verkaufstraining die Bedeutung der Abschlussfrage erfahren und die Bedarfsklärung üben sollen. Sie fühlen geradezu den Drang, wieder zurück in die freie Wildnis zu stürmen und ihre Zahlen zu erfüllen. Und wie Verkäufer nun mal sind, quittieren sie Pflichtveranstaltungen dann auch gleich mit einem flotten Spruch: »Ich verkaufe gut – trotz Seminaren.«

Und so bleibt am Ende doch nur die eine Erkenntnis: Strategisch orientierte Programme sind genauso Geldvergeudung wie die oftmals kritisierte Gießkannenpraxis. Doch eine Hoffnung gibt es noch. Immer mehr Unternehmen folgen dem Ruf des Bildungscontrollings, um den Nutzen von Weiterbildung nachzuweisen. Davon handelt das nächste Kapitel.

Kapitel 9

Trugschluss Bildungscontrolling

Messen kann man nur die Kosten

Neulich saß ich mit dem Leiter der Abteilung Training and Development eines großen Unternehmens aus der Telekommunikationsbranche zusammen. »Mein Geschäftsführer will immer nur Zahlen, Zahlen, Zahlen«, brach es plötzlich aus ihm heraus. Sein Blick wechselte nervös zwischen mir und der Tür hin und her. Wahrscheinlich war er mir gegenüber nur deshalb so offen, weil seine Bürotür hermetisch abgeriegelt war und seine Mitarbeiter in der Kantine saßen. Und er berichtete, wie er jüngst nach allen Regeln der Kunst den Nutzen eines dreitägigen Work-Life-Balance-Trainings für gestresste Führungskräfte nachgewiesen hatte: Langzeituntersuchung über ein Jahr, mit einer Test- und einer Kontrollgruppe, um Effekte durch die Maßnahme absichern zu können, Einsatz von verschiedensten Messmethoden wie 360-Grad-Feedback, Selbstbefragungsbögen und die Erfassung medizinischer Parameter. Alle vier Wochen gab es das gleiche Messritual bei insgesamt 40 Teilnehmern.

Nicht ohne Stolz kam er auf seine ausgefeilten teststatistischen Methoden zu sprechen, mit denen sich signifikante Mittelswertsunterschiede zwischen der Test- und Kontrollgruppe nachweisen ließen. Mit der beeindruckenden Formel $U = T \times N \times A \times d_t \times SD_y - N \times K$ hatte er schließlich auch den Return on Investment durch die Maßnahme ausgerechnet. Ich komme an späterer Stelle dieses Buches noch einmal darauf zurück.

Zunächst aber fragte ich neugierig: »Und was hat das alles gekostet?« – »Rund 300 000 Euro.« – »Und was hat es gebracht?« – »Noch mehr Stress bei den Führungskräften und panische Aktionäre. Um das Betriebsergebnis zu sichern, mussten wir ein paar Leute entlassen.«

Nun könnte man diesen Abteilungsleiter Training and Development für einen armen Irren halten. Doch in Wirklichkeit hat er versucht, eine Herkulesaufgabe zu lösen, die von Weiterbildungsverantwortlichen geleistet werden soll. Viele Firmen stehen angesichts der Wirtschaftslage unter Druck, betont Reinhold Weiß, Bildungsexperte des Institutes der deutschen Wirtschaft in Köln. Daher müsse die betriebliche Weiterbildung in den letzten Jahren zunehmend nachweisen, dass sie zum Firmenerfolg beiträgt.[77]

Dass diese Forderung an Personalentwickler die Quadratur des Kreises verlangt, weiß im Prinzip jeder, der sich mit Evaluation auskennt. Man kann zwar bis zu einem gewissen Grad Veränderungseffekte sichtbar machen, aber nur mit unerhörtem Aufwand. Evaluationsexperten wie Jürgen Bortz und Nicola Döring verweisen darauf, dass viele Evaluationsstudien vor unlösbare Probleme gestellt sind, wenn man den Wert beziehungsweise Nutzen näher beziffern möchte.[78] Und auch Frank Lasogga und Hellmuth Metz-Göckel betonen, dass Studien immer unter Messproblemen zu leiden haben. Die zahlreichen Maßnahmen, um Fehler oder Vernachlässigungen zu kompensieren, führten wiederum zu anderen Fehlern und Vernachlässigungen.[79] Den Nutzen von Weiterbildungseffekten in Geldwert auszudrücken ist überdies Zahlenspielerei, aber nicht seriös. Einer meiner Universitätsprofessoren pflegte immer zu sagen, dass es eine Frage des Geldbeutels und der Größe einer Untersuchungsstichprobe ist, welches Evaluationsergebnis man am Ende erhält. Man kann also alle Wirkungsnachweise für PE-Maßnahmen wunschgemäß beeinflussen. Das bedeutet aber, dass sich der Nutzen von Weiterbildung in Wahrheit nicht messen lässt, sondern nur die Kosten.

Profitbremse: Die Kosten sind glasklar

Wie gut sich die Kosten von Weiterbildung messen lassen, wird schon daran sichtbar, dass es hierzu etliche Kennzahlen gibt. Sie lauten typischerweise: Investition pro Mitarbeiter, Investition pro Abteilung/Bereich, Gesamtinvestition in die Weiterbildung, Bildungsaufwand im Verhältnis zum Umsatz, Seminartage im Verhältnis zur Arbeitszeit, Kosten pro Teilnehmer und Mitarbeiter, durchschnittliche Kosten pro Seminartag. Ideen für Kennzahlen gibt es genug, wie auch der Fachartikel »Im Rahmen des Messbaren« aufzeigt, in dem zehn mögliche Indikatoren für den Erfolg einer Qualifizierungs- und Weiterbildungsmaßnahme genannt werden, wie zum Beispiel Anzahl der Teilnehmer mit Wissenszuwachs, Anzahl der Teilnehmer mit Einstellungsänderungen oder Prozent der Teilnehmer, die an Folgeveranstaltungen interessiert sind.[80] Fehlt eigentlich nur noch die Kennzahl: Kosten des Personalers für die Erstellung der Kennzahlen.

Weiterbildung schmälert den Profit. Das erkennt man daran, wie schnell Qualifizierungsbudgets zusammengestrichen werden, wenn die Umsatzzahlen nicht stimmen. Der Strategieberater Hans-Werner Schönell sagt dazu: »An der Bereitwilligkeit der Unternehmen, ihre Mitarbeiter weiterzubilden, lässt sich zuverlässig die Konjunktur ablesen.«[81] Und das bedeutet, dass die Firmen nicht an den Nutzen von Weiterbildung glauben, sondern immer dann die Euros aus der Firmenkasse herausholen, wenn sie nicht wissen, was sie mit dem ganzen Geld machen sollen. Zudem ist Weiterbildung ein Affront gegenüber den Steuerbehörden. Man wirft lieber etwas vom Profit dem Weiterbildner in den Rachen als dem unersättlichen Finanzamt.

Aber wehe, die Ertragslage ist mau. Dann wird die Firmenflagge auf Halbmast gehängt und für die Personalentwicklung heißt es, den Gürtel enger zu schnallen. Von heute auf morgen geht es dann nicht mehr auf die Burg zum Führungstraining, sondern in die Jugendherberge, oder man bleibt am besten gleich in den eigenen blassgrauen Firmenräumen. Plötzlich wird die örtliche Volkshochschule für die berufliche Weiterbildung glorifiziert. Und wenn die Firmenkassen nicht mehr viel hergeben, dann lässt man die Weiterbildung eben komplett weg. Komischerweise vermisst sie keiner. Nur ab und zu erhebt sich ein Stimmchen, »das es doch schön wäre, wenn …«. Und mancher erinnert sich noch an die Zeit, als es einen eigenen Trainer in der Firma gab. Aber eigentlich fehlt nichts. Weiterbildung kostet ohnehin nur wertvolle Arbeitszeit – und viel zu oft auch noch die eigene Freizeit.

Ich kann verstehen, dass sich Unternehmen in Zeiten knallharter Kostenkalkulation so verhalten. Schaut man sich die Aufwendungen für Weiterbildung in der Praxis an, kommen schnell horrende Summen in Höhe von 20 000 bis 100 000 Euro zusammen. Nach oben ist kein Ende auf der Richterskala erkennbar. Wen wundert es, wenn der Kopf eines kaufmännisch orientierten Geschäftsführers angesichts dieser Beträge vorübergehend die Farbe seiner Krawatte annimmt.

Eine Studie des Statistischen Bundesamtes zur betrieblichen Weiterbildung listete Anfang August 2007 auf, wie viel Geld die Betriebe in den einzelnen Branchen pro Seminarteilnehmer im Jahr 2005 ausgaben. Erhoben wurden die Daten im Auftrag der Europäischen Union Anfang 2006 unter 10 000 deutschen Betrieben mit mindestens zehn Beschäftigten. Im Durchschnitt waren es branchenübergreifend 1 697 Euro pro Teilnehmer. Die Spitzenposition nimmt dabei das Kredit- und Versicherungsgewerbe mit 2 667 Euro pro Teilnehmer ein. Schlusslicht ist das Gastgewerbe mit 832 Euro pro Teilnehmer.[82]

Bei einem Versandhandelsunternehmen habe ich einmal erlebt, wie ein Performance-Managementsystem eingeführt wurde. Künftig sollten alle Mitarbeiter mit Zielen geführt werden und das Ausmaß ihrer Erreichung an einen variablen Gehaltsanteil gekoppelt sein. Um die etwa 50 Führungskräfte für diesen Wandel zu wappnen, war ein modulares Führungskräfteentwicklungsprogramm vorgesehen. Es bestand aus vier

Trainingsmodulen, die über ein dreiviertel Jahr verteilt waren. Jedes Modul umfasste zwei Tage mit insgesamt 16 Zeitstunden Seminarzeit. Die Lerninhalte betrafen Führungskultur, Change Management, Zielvereinbarungen, Leistungsrückmeldung und Konfliktgespräche. Im Zuge der Kostenkalkulation wurden verschiedene Szenarien durchgerechnet, die Sie gleich selbst nachvollziehen können. Doch so viel vorweg: Die Kosten belaufen sich je nach Szenario auf zwischen 51 299 und 146 059 Euro. Krumme Summen, deren Höhe maßgeblich durch die Ausgaben für den Tagungsort und den Trainer bestimmt ist. Doch der Reihe nach.

Der erste Kostenblock bezieht sich auf die Tagungspauschale und die Reisekosten für die Teilnehmer. Damit einher geht die Frage, wie ansprechend die Location sein soll. Fördern ein gutes Ambiente, leckere Verpflegung, professionelle Tagungstechnik und der Trip außerhalb der eigenen Firmenwände das Lernen? Beim Top-Management auf jeden Fall. Denn noch nie habe ich Sachbearbeiter zu einem zweitägigen Kommunikationsseminar in ein traditionelles Seminarhaus nach Schottland reisen sehen. An dieser Stelle schütteln erfahrungsgemäß Humanisten mit zerfurchter Stirn den Kopf, weil sie wissen, dass auch für Sachbearbeiter – ja, für alle Menschen – ein schönes Lernumfeld viel motivierender ist und mehr Bildungserfolg bringt. Diese Haltung gilt natürlich nur so lange, wie ein anderer zahlt. In Wirklichkeit überwiegen kühle Rechner.

Im Rahmen des Führungskräfteentwicklungsprogramms standen zwei Tagungshotels zur Diskussion. Die Tabelle zeigt die Kostenunterschiede:

	Hotel A: 346 km für An- und Abreise, 84 € pro Person/Tag	Hotel B: 208 km für An- und Abreise, 124 € pro Person/Tag
Tagungspauschale für 50 Personen für das 4x2-Tage-Modul (Verpflegung, Übernachtungen, Raum)	€ 16 800	€ 24 800
An- und Abreise mit dem PKW (€ 0,30/km) für 50 Personen für das 4x2-Tage-Modul, wenn keine Fahrgemeinschaften gebildet werden	€ 20 760	€ 12 480
gesamt	€ 37 560	€ 37 280

Der zweite Kostenblock bezieht sich auf den Trainer und den Trainingsansatz. Dabei gelten dieselben Gesetze wie beim Obsteinkauf. Die Ware sieht gleich aus, bloß der Preis ist höchst unterschiedlich. Während die Geldbörse bei Aldi jubelt, erwägt sie beim Feinkost- oder Bio-Geschäft den Freitod im Mülleimer. Beim Trainerkauf müssen Sie sich fragen, wie viel Wert Sie auf bekannte Namen, vielversprechende Referenzlisten und Qualifikationsnachweise legen. Außerdem stellt sich die Frage nach dem Trainingsansatz. Wollen Sie lieber kleine und lernintensive Gruppen, ein maßgeschneidertes Programm und Follow-Up-Maßnahmen? Oder soll es ein einmaliges Training »von der Stange« mit möglichst vielen Teilnehmern in einem Raum sein? In unserem Fall ergab sich folgende Kostenrechnung:

	Interner Trainer, Tagessatz € 240	Trainer A, Tagessatz € 1000	Trainer B, Tagessatz € 1500	Trainer C, Tagessatz € 2000
Trainingsvorbereitung (8 Tage x Tagessatz)	€ 1920	€ 8000	€ 12000	€ 16000
Trainingsdurchführung (8 Tage x 5 Gruppen = 40 Tage x Tagessatz)	€ 9600	€ 40000	€ 60000	€ 80000
gesamt	€ 11520	€ 48000	€ 72000	€ 96000

Und weil ja auch der Trainer im Rahmen einer Maßnahme nicht draußen unter der Brücke schläft und sich vom grünen Gras auf der Wiese ernährt, muss man seine Tagungspauschale und Reisekosten mit ins Kalkül ziehen.

	Hotel A	Hotel B
Tagungspauschale für den Trainer. 4 Module und 5 Gruppen (Verpflegung, Übernachtungen, Raum)	€ 1680	€ 2480
An- und Abreise mit dem PKW. 4 Module und 5 Gruppen (vom Sitz der Firma ausgerechnet)	€ 2076	€ 1248
gesamt	€ 3756	€ 3728

Und schließlich gibt es noch einen dritten Kostenblock, der den Arbeitsausfall der Trainingsteilnehmer betrifft. Hier variieren die Kosten je nachdem, um welche Mitarbeiter und Hierarchiestufen es sich handelt. Besonders bei Mitarbeitern aus dem Verkauf gibt es immer ein Heulen und Zähneklappern, weil bei ihnen der Arbeitsausfall mit einem potenziellen Umsatzausfall gekoppelt ist. In der Seminarzeit können Vertriebskräfte nicht draußen beim Kunden verkaufen.

Bei besagtem Versandhandelsunternehmen nahmen Führungskräfte aus drei Hierarchien teil. Zugrunde gelegt wurden eine 38-Stunden-Woche und das Durchschnittsgehalt auf der jeweiligen Ebene.

	Durchschnitts-kosten einer Brutto-Arbeitsstunde	Arbeitsausfallkosten für die gesamte Maßnahme (16 Stunden x 4 Trainingsmodule)
7 Bereichsleiter	€ 78,75	€ 5 040,00
12 Abteilungsleiter	€ 36,58	€ 2 341,12
31 Gruppenleiter	€ 21,71	€ 1 389,44
	gesamt	€ 8 770,56

Wer denkt, mit diesen Beträgen sei nun alles abgegolten, der irrt. Hinzu kommen üblicherweise diverse Materialkosten. Dazu gehören Kopier- beziehungsweise Druckkosten von Handouts. Mitunter wird dieser Kostenblock mit dem Trainersatz abgegolten. Nicht zu vergessen sind Kosten für Give-aways wie Blöcke und Stifte. Auch diese sind mitunter im Trainersatz enthalten. In anderen Fällen stellt sie das Tagungshotel zur Verfügung – und verrechnet sie natürlich seinerseits. Schließlich gibt es noch die verdeckten Kosten. In der Praxis wird kaum berücksichtigt, dass im Rahmen von Personalentwicklung Mitarbeitergespräche geführt werden und auch in der Personalabteilung administrativer und organisatorischer Aufwand anfällt. Dazu zählen zum Beispiel Einladungen oder Zertifikate schreiben oder Weiterbildungsdatenbanken pflegen. Nicht zu vernachlässigen ist, dass der lerneifrige Kollege ein Training nachbereitet – am besten natürlich am Feierabend, Wochenende oder Urlaub und nicht in der Arbeitszeit.

All diese Informationen über die Kostendetails muss man sich mal in Ruhe in der Großhirnrinde zergehen lassen. Dann wird klar, warum ich vor einiger Zeit die bereits erwähnte Anfrage aus einem Krankenhaus ablehnte, ob ich innerhalb von zwei Stunden 40 Pflegekräfte in patientenorientierter Kommunikation fit machen könne. Nichts leichter als das ...

Zahlen zum Selbstzweck: Trugschluss Bildungscontrolling

Bildungscontrolling soll die Auswirkungen von Training und Entwicklung auf den Unternehmenserfolg durch messbare Daten nachweisen. Es ist die Antwort für hilflose und frustrierte Personaler, die im Kreuzfeuer einer zahlengetriebenen Geschäftsführung nach Rettungsankern suchen. So erzählte mir der Personalleiter eines internationalen Ingenieurbüros mit weltweit 500 Mitarbeitern im Vertrauen, wie ihm seine zukunftsweisenden PE-Konzepte immer mit einem Federstrich vom Tisch gewischt werden: »Bevor man überhaupt über die konkreten Inhalte spricht oder eine Maßnahme so aufzieht, dass man Effekte näher beurteilen kann, wird die Kostenfrage als riesige Barriere und Mauer davorgestellt. Es heißt dann: ›Und? Was bringt es? Sagen Sie mir mal eine Zahl.‹ Je nachdem, wie furchterregend eine Zahl aussieht, blockt unsere Geschäftsführung eine Maßnahme sofort ab.«

Verkünder des Bildungscontrollings lassen dann vollmundig verlauten, dass die Kollegen selbst schuld seien. Wenn Personalentwickler nur den Spruch bringen, man könne ihre Arbeit »nicht messen, das müssen Sie als strategische Investition sehen«, dann ist es nicht verwunderlich, wenn die Budgets in rauen Zeiten radikal zusammengestrichen werden. Und so wird in der Fachpresse gewettert: »Um Ausreden ist man in Unternehmen nicht verlegen, wenn es darum geht, die Evaluation von Weiterbildung zu verhindern.« [83]

Doch das Wort »Evaluation« als anderer Begriff für »Bildungscontrolling« wird gerne hemdsärmelig benutzt. Es soll suggerieren, dass ernsthaft ein Wirkungsnachweis erbracht wird. In Wirklichkeit kommt es aber gar nicht darauf an. Der Vorstand eines Beratungsunternehmens empfahl in seinem Vortrag bei einem

Weiterbildungskongress in Berlin dem wissbegierigen HR-Publikum: »Lernen Sie die Sprache des Managements und geben Sie ihm die Excel-Tabellen, die es haben will.« Das Zauberwort hieße »PE-Business-Case«. Dabei geht es darum, den Nutzen von Trainings in Euro zu prognostizieren. Bei näherer Betrachtung gleicht dieser Ratschlag einem Blick in eine Glaskugel. Die Prognosewahrscheinlichkeit über den Nutzen einer Weiterbildung dürfte einem Blitzschlag ins Handy entsprechen.

Ich möchte Ihnen diesen Punkt anhand des Besuchs eines Konfliktmanagement-Seminars näher erläutern. Solche Veranstaltungen gehören zu den Klassikern im Bereich Soft Skills. Das Leben ist voll von Konflikten. Die Alltagserfahrung lehrt uns, dass ein Betrieb oder Team nicht gut funktioniert, wenn Grabenkämpfe in den Fluren toben, Mitarbeiter nur noch über E-Mails kommunizieren oder sich aus Angst nicht mehr äußern. Deshalb lauten zentrale Botschaften in Konfliktmanagement-Seminaren: Gehen Sie offen und lösungsorientiert in die Kontroverse, thematisieren Sie Störungen und beheben Sie diese durch die Anwendung konstruktiver und wertschätzender Verhaltensweisen. Auf diese Weise stellen Konflikte kreative Kräfte dar, aus denen neue Lösungen und persönliches Wachstum entstehen.

So viel zur leicht nachvollziehbaren Theorie. Kommen wir zur Praxis. Der Vorgesetzte Müller beschließt, seinen Marketing-Mitarbeiter Krause in besagtes Konfliktmanagement-Seminar zu schicken. Dieser soll dadurch lernen, sich in Besprechungen besser mit seinen Ideen für Kampagnen zu behaupten und zu sagen, wenn ihn etwas im Team stört. Und nun die Preisfrage: Was ist der Return on Investment, wenn Mitarbeiter Krause in das dreitägige, 1300 Euro teure Seminar geht und in praxisorientierten Übungen und Rollenspielen lernt, was erfolgreiches Konfliktmanagement bedeutet? Ist eine durchgebrachte Idee in einer Besprechung 100 Euro oder 10 000 Euro wert? Und wenn er einen Vorschlag durchbringt, hängt es nicht auch ab von der Teamleistung und ein bisschen Glück, ob eine Kampagne anschlägt? Und überhaupt: Was ist der Gewinn, wenn Müller häufiger seine Meinung sagt, zum Beispiel dass er es hasst, wenn die Kollegen nach Gebrauch des Milchschäumers am Kaffeeautomaten die Milchspuren nicht abwischen und alles eklig antrocknet?

So ist auch Johannes Thönneßen, Chef des Personalentwickler-Portals *mwonline,* mit seinem Latein am Ende, wenn er den Besuch eines zweiwöchigen Business-Englisch-Kurses in Euro ausrechnen soll. Misst man den Einfluss des Trainings auf die Zusammenarbeit in einem internationalen Projekt, indem man Vorgesetzte befragt? Stellt man die Kosten des Sprachkurses denen gegenüber, die eine Neueinstellung eines Mitarbeiters mit hervorragenden Englischkenntnissen beinhalten? Oder vergleicht man die Leistung mit der eines anderen Kollegen im Projekt, der nicht zum Sprachkurs gegangen ist?[84] Und schon wird deutlich, dass es nicht um Controlling, sondern um Kreativität geht. Es kommt darauf an, unter Verschaltung aller Synapsen eine konsistente Zahlenkolonne aus den grauen Zellen zu befördern, auf diese Weise ein anstehendes Projekt zu legalisieren und hinterher genauso konsistent den Erfolg der Maßnahme mit gut frisierten Zahlen zu rechtfertigen. Worin der Nutzen besteht, ist im Grunde völlig nebensächlich. Hauptsache, es sieht danach aus, es sind Zahlen zu lesen und man behält seinen Job. Und da liegt der Hase im Pfeffer. Es geht gar nicht um Personalentwicklung, sondern um das Bluffen mit Zahlen. In der operativen Hektik des Alltags hat ein Vorstand oder eine Geschäftsführung ohnehin keine Zeit, tiefer in die Materie einzusteigen oder kritische Fragen zu stellen. Ich habe mal selbst erlebt, wie ein HR-Manager seinen Bereichsleiter-Kollegen und dem Geschäftsführer im Business Lunch über ein einjähriges Führungskräfteentwicklungsprojekt berichtet hat. Dabei ging es um die Umsetzung einer Betriebsvereinbarung zu einem leistungsgerechten Beurteilungs- und Prämiensystem für knapp 100 gewerbliche Mitarbeiter. Für die Führungskräfte bedeutete es, professionelle Personenbeurteilung und Leistungsrückmeldung zu lernen.

Während der drahtige HR-Manager mit einigen inhaltsschweren PowerPoint-Folien das Gesagte illustrierte, untermalten emsige Klapper- und Kratzgeräusche der Teller seine Worte. Zwischenzeitlich wurde flüsternd der schwerwiegenden Frage nachgegangen, ob das Rote auf dem Teller Karotten seien. Dann eine kurze Aufmerksamkeit für den bebrillten Kollegen, als er davon sprach, dass das Projekt etwa 90 000 Euro gekostet habe. Im Vergleich zum letzten Jahr ergebe sich jedoch eine Verbesserung in den Kennzahlen, wie zum Beispiel der Fehlerquote, die im Zusammenhang mit dem Projekt zu sehen sei. Nach Abzug der Kosten habe das Ganze rund 25 000 Euro als Return on Investment eingespielt. »Außerordentlich. Hervorragend. Gratulation«, lobte der Geschäftsführer zwischen zwei Bissen. »Wissen Sie eigentlich, ob unserer Caterer früher in einer Krankenhausküche gedient hat? Also diese Karotten. Grässlich.«

An dieser Stelle wäre eine andere Frage aufschlussreicher gewesen, wenn man Bildungscontrolling ernst nimmt: »Wie können Sie so sicher sein, dass diese Verbesserung in den Lagerkennzahlen mit Ihrem Projekt zusammenhängt?« Aber es ist bequemer zu glauben, dass die Projektbemühungen nützlich waren. Und weil der Glaube bekanntlich Berge versetzt, wird es schon so sein. Aus der Medizin kennt man dieses Phänomen als Placebo-Effekt. Man verabreicht einem Patienten ein »hoch wirksames Medikament« und er gesundet auf überraschende Weise, weil er daran glaubt. In Wirklichkeit hat er nur eine Ansammlung von Zuckermolekülen geschluckt.

Abstruse Formeln: Veränderungseffekte sind nicht sinnvoll in Geldwert auszudrücken

Der Glaube an Zahlen hat Hochkonjunktur. Es geistern diverse Formeln durch Vorträge und die Literatur, um den Nutzen von Weiterbildung seriös in Geldwert auszudrücken. Am eindrucksvollsten ist dabei eine 13 Faktoren umfassende Formel von Markus Aschendorf, der sich im Rahmen seiner Promotion mit der Nutzenbestimmung von Verkaufstrainings in Kreditinstituten befasste.[85]

Da ich Sie nicht unnötig quälen möchte, zig Gleichungen mit zahllosen Unbekannten zu konsumieren, möchte ich Ihnen nur eine Formel kurz vorstellen, die ich kürzlich gelesen habe. Seien Sie bitte tapfer, wenn ich Sie gleich durch den Zahlenwald schicke. Die Wunderformel, von der zu Beginn des Kapitels bereits die Rede war, lautet: $U = T \times N \times A \times d_t \times SD_y - N \times K$.[86] Mathematisch sieht das Ganze höchst anspruchsvoll und damit zugleich vertrauenerweckend aus. Dahinter kann nur kolossale Kompetenz stecken, denn schon aus der Schule wissen wir, dass komplizierte Formeln aus schlauen Gehirnen erwachsen.

Ein dreitägiges Projektmanagementseminar zum Preis von 3000 Euro pro Teilnehmer (= K) bringt gemäß der Formel für zwölf Teilnehmer (= N) einen Nutzen (= U) von – sage und schreibe – 324000 Euro. Grund zum Jubeln, wie es scheint. Vermutlich möchten Sie nun auch noch die anderen vier Komponenten kennen lernen, um zu erfahren, wie dieser stattliche Betrag zustande kommt. Allen, die jetzt schon Kopfschmerzen haben und geneigt sind, diese bildungsmathematisch hochtrabenden Zeilen zu überspringen, möchte ich an dieser Stelle sagen: Ich bin gleich fertig.

»T« steht für die Dauerhaftigkeit des Trainingseffekts in der Arbeitsleistung. »A« beschreibt, wie hoch der Arbeitsanteil ist, für den der Teilnehmer das Training braucht. »d_t« steht für die Effektgröße, die, vereinfacht gesagt, die Leistungsdifferenz vor und nach dem Training ausgedrückt. »SD_y« ist die Standardabweichung der Arbeitsleistung bei den Teilnehmern in Euro mittels 40 Prozent-Regel. Sie haben nichts verstanden? Prima. Dann hat die Formel ihr Ziel auf ganzer Linie erreicht. Sie verstehen nur Bahnhof, der sich auch noch in einem böhmischen Dorf befindet, und überlassen das Rechnen anderen. Auf die Summe am Schluss kommt es an. 324000 Euro. Noch Fragen?

Bei dem Projektmanagementseminar wurde eine Effektdauer von zehn Jahren angenommen (vermutete Betriebszugehörigkeit).

Der Anteil der Tätigkeit, für den Projektmanagement gebraucht wird, betrug 50 Prozent (A = 0,5). Der Leistungszuwachs umfasste 0,3 Standardabweichungen. Bei »SD_y« nimmt man vom durchschnittlichen Jahresbruttoeinkommen der Teilnehmer 40 Prozent, in dem Fall 20 000 Euro.

Das dicke Ende kommt aber noch. Man redet so leicht über Leistungszuwachs. Aber dazu muss man erst einmal genau definieren, was Leistung ist, womit wir wieder am Anfang des Dramas sind. Woran erkennen wir am Ende des Tages, dass jemand ein erfolgreiches Projektmanagement für ein Unternehmen betreibt?

Sicher verstehen Sie jetzt, warum sich Bildungscontrolling mit solchen Formeln nicht wirklich durchsetzt. Man kann zwar irgendetwas in Geldwert ausdrücken, aber ob dies logisch und sinnvoll ist, steht auf einem anderen Blatt. Dabei ist laut Kenneth S. Law von der Hong Kong University of Science and Technology der größte Kritikpunkt bei solchen Formeln, wie man letzten Endes den ermittelten finanziellen Nutzwert genau interpretieren soll. Bedeutet diese Summe Kostenreduktion, mehr Umsatz, besseren Cashflow oder eine Wertsteigerung der Firmenaktien?[87] Keiner kann es sagen. Und damit ist der Betrag auch völlig egal.

Teuer und praxisfremd: Bildungscontrolling ist keine Erfolgsgarantie

Und trotzdem wird munter weiter versucht, den Wert von Weiterbildung zu ermitteln. Bildungscontrolling hat viele Gesichter. Angefangen bei den eben beschriebenen Zahlenspielereien über die Auswertung von Seminarzufriedenheitsbögen bis hin zu fast akribischen wissenschaftlichen Designs. Gerne wird in der Personalentwicklungslandschaft zu Evaluationszwecken ein Modell von Donald Kirkpatrick[88] zurate gezogen, das er 1975 zusammenfassend in seinem noch heute aktuellen Buch *Evaluating Training Programs*[89] darstellte. Darin wird der Erfolg einer Weiterbildungsmaßnahme auf folgenden vier Stufen bewertet:

- *Zufriedenheit:* Am Ende eines Seminars werden die Teilnehmer zur Leistung des Trainers, den Inhalten, dem Lernumfeld und der Praxistauglichkeit des Seminars befragt.
- *Lernerfolg:* Ein Wissenstest, ein Selbstbeurteilungsfragebogen, ein Interview mit dem Teilnehmer, die Befragung des Vorgesetzten, von Beobachtern bewertete Rollenspiele und Ähnliches zeigen auf, ob der Teilnehmer das neu erworbene Wissen und Verhalten beherrscht.
- *Transfererfolg:* Es wird überprüft, ob der Teilnehmer das Gelernte auch in der täglichen Praxis anwendet und umsetzt.
- *Unternehmenserfolg:* Es wird erfasst, ob sich das veränderte Verhalten am Arbeitsplatz auf den Firmenerfolg auswirkt (zum Beispiel durch Umsatzsteigerung oder Senkung der Fehlerquote).

Nimmt man dieses Modell als Basis, dann heißt Bildungscontrolling für die meisten Unternehmen, die erste Stufe abzuarbeiten und die Teilnehmerzufriedenheit zu erfassen. Im Englischen gibt es für die Bögen den schönen und treffenden Namen »happy sheets«. Ins Deutsche könnte man böse übersetzen: glückselig machender Shit. Denn glücklich macht der Bogen nur die Personalabteilung, weil sie eine quantitative Auswertung vornehmen kann, um diesen Datenfriedhof pflichtgemäß ihrem Qualitätsmanagement zuzuführen. Manchmal interessiert sich auch ein Chef dafür. Die Teilnehmer hingegen würden oft gern einen Bogen um den Bogen machen, weil sie ihn in den letzten fünf Minuten eines Seminars noch mal eben ausfüllen müssen und dazu selten Lust haben. Ob die Teilnehmer sich im Sinne einer gewollten Personalentwicklung verhalten, ist bei dieser Praxis so unklar wie der Blick durch eine Frontscheibe bei Platzregen.

Und so bestätigt auch Martina Finkel-Salzer im Rahmen eines Forschungsprojekts an der Universität Stuttgart nach einer Befragung von 270 Personen: »Eine hohe Zufriedenheit der Teilnehmer mit einem Seminar sagt nichts über dessen langfristige

Wirksamkeit und den Transfer der Seminarinhalte in den beruflichen Alltag aus.«[90] Das ist auch kaum verwunderlich, weil solche Fragebögen nur den subjektiven Eindruck zum Seminargeschehen abfragen. Dahinter steht die These: Ist der Teilnehmer zufrieden, dann hat er das bekommen, was seinem Lernbedarf entspricht, und setzt es motiviert um. Wer so etwas glaubt, dürfte ebenfalls davon überzeugt sein, dass der Storch die Kinder bringt. Denn die Praxis als Trainer hat mir immer wieder vor Augen geführt, was auch Martina Finkel-Salzer in ihrer Studie feststellte: »Je besser der Rahmen des Seminars bewertet wird (Seminarräume, Unterbringung im Hotel, Verpflegung), desto größer ist die Zufriedenheit der Teilnehmer mit dem Seminar. Je höher die Zufriedenheit der Teilnehmer mit dem Seminar hinsichtlich Medieneinsatz, Aufmachung der Seminarunterlagen und Motivation des Trainers ausfällt, desto höher wird auch der Transferwert in den beruflichen Alltag eingeschätzt.«[91]

In der Psychologie kennt man dieses Phänomen unter dem Begriff »Halo-Effekt«: Ein besonderes Merkmal (oder eine besondere Fähigkeit) überstrahlt andere Merkmale. Eine differenzierte Betrachtung ist nicht möglich. Wirkt zum Beispiel eine Frau attraktiv und sympathisch, neigen wir dazu, ihr auch eine hohe Kompetenz zuzusprechen. Deshalb haben Trainer, die wie Frankensteins Erben aussehen, auch keine vollen Auftragsbücher.

Doch es gibt auch Firmen, die über die »happy sheets« hinausgehen. In der *Financial Times Deutschland* war zu lesen, dass von 20 DAX-Konzernen etwa ein Drittel erfasst, ob die Mitarbeiter ihre neuen Erkenntnisse auch anwenden können.[92] Viel zu wenig, sagen die Verfechter des Bildungscontrollings. Und so kommen immer wieder neue Success-Stories in die Medien, damit die Unternehmen endlich das ganze Kirkpatrick'sche Stufenmodell durchdeklinieren.

So war in der Fachpresse die Fallstudie eines amerikanischen ROI-Papstes zu lesen.[93] Und wenn man Papst genannt wird, dann ist man entweder Kirchenoberhaupt oder eine gut vermarktete

Koryphäe auf Einstein-Niveau. In dem hier genannten Fall ging es um ein Trainingsprogramm für ein großes US-Unternehmen, das sich mit seinen 20 000 Mitarbeitern um die Pflege und Betreuung kranker und alter Menschen kümmert. Der Gesamtnutzen des Trainingsprogramms wurde danach mit 478 812 Euro beziffert. Die Kosten betrugen 129 227 Euro. Das Pilotprogramm erzielte folglich einen Return on Investment (ROI) in Höhe von 271 Prozent. Außerdem sei die Mitarbeiterzufriedenheit um 13 Prozent gesteigert worden.[94]

Wenn gebeutelte Personalentwickler solche Resultate lesen, bekommen sie feuchte Augen und möchten es in ihrem Unternehmen gleichtun. Endlich Anerkennung. Vielleicht mal einen euphorischen Händedruck vom obersten Chef. Roter Teppich morgens beim Reinkommen? Na gut – man muss ja nicht übertreiben. Doch plötzlich tut sich der Morast der Realität unter den Füßen auf. Es wird deutlich, was es wirklich heißt, wenn man Weiterbildung durch diese vier Prüfstände jagt. Es kostet viel mehr Arbeit und Aufwand. Man muss viele Zahlen, Daten und Fakten erfassen. Und schon klingeln die Worte von Personalkollegen, Vorgesetzten und Mitarbeitern in den Ohren: »Ich komme gar nicht mehr zu meiner eigentlichen Arbeit vor lauter Administration.« Schließlich zeigt die Erfahrung mit dem Zielvereinbarungssystem im Unternehmen, dass etliche Zeitgenossen um des lieben Friedens willen irgendwelche Zahlen generieren.

Und wissen Sie, was man beim Durchlesen von Success-Stories am ehesten vergisst? Sie investieren besagte 129 227 Euro für das Trainingsprogramm, machen eine Evaluation nach allen Regeln der Sozialwissenschaften und kommen hinterher zu der schlichten Erkenntnis: Ein Satz mit X – das war wohl nix. Keine Veränderungseffekte. Wenn Sie Pech haben, ist sogar eine Verschlechterung eingetreten. Auf welchem Tablett wollen Sie dann Ihren Kopf servieren lassen?

Kurzum: Man muss also nicht nur noch mehr Geld in die Hand nehmen, um die Weiterbildung nebst Bildungscontrolling zu betreiben, in der vagen Hoffnung und ohne Garantieschein, dass sich am Ende die Maßnahme rechnet. Man hat höchstens schwarz auf weiß, dass es ein Schuss in den Ofen war. Und das wird im Unternehmen ganz schön krachen, wenn Sie der Schütze waren. Solch ein Blindschuss ist dabei eher die Regel als die Ausnahme, wenn man einmal die wenigen seriösen Längsschnittstudien zurate zieht. These falsifiziert, heißt es da oft. Wissenschaftlich gesehen ein toller Durchbruch. In der Welt der Marktwirtschaft ist es ein monetärer Selbstmord.

Der Geldbeutel entscheidet: Messergebnisse sind beliebig manipulierbar

Apropros Wissenschaft. Professoren können sich aufgrund ihrer Rolle den Luxus erlauben, uns darauf hinzuweisen, dass die Welt zu komplex ist, als dass man sie messen könnte. Der Punkt, um den es geht, drückt sich in der tiefschürfenden und wohlbekannten Frage aus: Was war zuerst da – das Huhn oder das Ei? Gemeint ist damit, dass man bei jedem Messvorgang einen beliebigen Ausschnitt der Welt herausnimmt und auf diese Weise nur bedingt in der Lage ist, im Sinne von »Wenn-dann-Aussagen« zu argumentieren. Denn man weiß ja nicht, welcher Einfluss aus früheren Zeiten oder aus Zeiten nach einer Maßnahme wirkt.

Wenn man Weiterbildungserfolg nachweisen möchte, dann will man kausale Aussagen treffen wie: »Weil er im Seminar ›Gesundheitsbewusstes Verhalten‹ war, raucht er seit einem Monat nicht mehr.« Vielleicht raucht er aber nur deshalb nicht mehr, weil das Seminar das letzte Tüpfelchen auf dem i einer Zahl von Erlebnissen vor dem Seminar war. Ohne diese Vorgeschichte wäre vielleicht gar nichts passiert. Dann ist aber sie der entscheidende Veränderungsfaktor und nicht das Seminar.

Dieser Logik folgend weist uns die Wissenschaft darauf hin, dass es praktisch unmöglich ist, Wirkungsmessungen zu betreiben, bei denen nicht irgendwelche Störeinflüsse das Ergebnis verfälschen.

Das fängt mit der Tatsache an, dass der Vorgang als solcher schon etwas verändert. Man selbst kennt das ja, wenn der Arzt den Blutdruck misst. Man ist aufgeregt und plötzlich schießen die Zahlen auf dem Display in die Höhe. Und so gibt es viele störende Übungs- und Testeffekte wie den Hawthorne-Effekt. Er besagt, dass Menschen ihr natürliches Verhalten ändern können, wenn sie wissen, dass sie Teilnehmer an einer Untersuchung sind.

Eine weitere Störgröße bei der Erfolgsmessung drückt sich in dem vielzitierten Satz aus »You get, what you measure«. Ich las folgende Geschichte über zwei Mitarbeiterinnen der Firma Rainbarrel Product.[95] In der Schlange vor dem Aufzug sagte die eine: »Ich muss ganz schnell an meinen Schreibtisch. Gerade, als ich gestern Abend gehen wollte, kam eine E-Mail von dem Einkäufer bei Sullivan. Ich weiß, dass es da ein großes Problem gibt. Ich konnte mich nicht überwinden, die Mail noch am Abend zu öffnen. Heute muss ich mich wohl durchringen und versuchen, bis 17 Uhr zu antworten. Ich kann mir keine verspäteten Antworten mehr leisten, sonst wird aus meinen Zielvereinbarungen nichts.« Darauf die Kollegin: »Bleib' locker. Sie überprüfen doch nur, ob du deine E-Mails innerhalb von 24 Stunden nach dem Öffnen beantwortet hast. Du öffnest sie einfach nicht, bevor du dich darum kümmern kannst.«

Als letzten Punkt eines wirklich umfangreichen Themas, mit dem sehr, sehr viele Bücher gefüllt sind, möchte ich erwähnen, dass ein gravierender Messfehler darauf beruht, dass man niemals alle Menschen testen kann. Jede Stichprobe ist eine begrenzte Auswahl, von der man mutig auf alle Menschen schließt. Doch ganz gleich, wie Sie es auch anpacken und was Sie aus dem Bereich der Weiterbildung einer Wirkungsmessung unterziehen – Sie machen immer Fehler. Welche Sie bereit sind in Kauf zu nehmen, hängt von Ihrem Untersuchungsinteresse ab, lehrt uns jedes Buch über die Grundlagen von Evaluation. Sie bekommen trotz größtem Aufwand und ausgeklügelter Designs schlussendlich keine wahren Aussagen. Deshalb gibt es auch so viele Gutachten und Gegengutachten. Welcher Befund am Ende bei Studien herauskommt, lässt sich schlicht durch eine entsprechend ausgewählte Anzahl von Versuchspersonen und die Art der Fragen steuern. Es hängt nur von der Dicke des Geldbeutels ab, wie lange und wie intensiv evaluiert wird.

Und damit schließt sich nun der Kreis, warum Personalentwicklung keinen Sinn ergibt: Obwohl die meisten Firmen kein gesteigertes Interesse an echtem Bildungscontrolling haben und lieber durch abenteuerliche Zahlenspiele einen Nutzen suggerieren wollen, wären Wirkungsnachweise bei echtem Interesse praktisch kaum umsetzbar. Es fehlen dafür sowohl Zeit als auch Geld und selbst wenn es davon genügend gäbe, würde uns die komplexe Welt einen Strich durch die Rechnung machen. Klar sind immer nur die Kosten.

Epilog

Was wir tun müssen, damit Weiterbildung funktionieren kann

»Potenzialos. Das ist deine letzte Chance.« Göttervater Zeus zog seine Stirn kraus und kraulte sich mit seiner rechten Hand in seinem riesigen weißen Bart. »Mir ist eine Sache zu Ohren gekommen, die mich erzürnt. Da gibt es einen Buchautor, der behauptet, dass Weiterbildung rausgeschmissenes Geld ist.« Mit scharfem Blick musterte er seinen Sohn, das schwarze Schaf in der Familie. Seit Jahrtausenden lag Potenzialos ihm in den Ohren, in den Kreis der Olympischen Götter aufgenommen zu werden. Aber er hatte bislang nichts zuwege gebracht, was das rechtfertigte. Vielleicht lag es daran, dass Zeus seinen Sohn versehentlich in betrunkenem Zustand in der Gestalt eines Faultiers gezeugt hatte.

»Potenzialos, ich mag gar nicht daran denken, was passiert, wenn die Firmen das für bare Münze nehmen. Stell' dir das nur vor, das würde bedeuten, dass du deine Daseinsberechtigung als Gott der Personalentwicklung in den Firmen komplett verloren hast. Kannst du mir dazu etwas sagen?« Potenzialos zuckte mit den Schultern. In den letzten 1000 Jahren hatte er sich nicht sonderlich um Personalentwicklung in den Firmen gekümmert. »Wie oft habe ich dir schon gesagt, dass du deine Aufgabe ernst nehmen sollst?!«, donnerte Zeus. Vor Wut entfuhr ihm ein Blitz, der auf der Erde einen Baum dahinraffte. Potenzialos hasste diese Donnerwetter. Jedes Mal rastete Zeus aus. Immer war er ihm zu faul. Dabei tat er doch so unheimlich viel.

»Potenzialos, jetzt ist das Fass voll«, zürnte Zeus und seine schlohweiße Mähne stand nach allen Seiten knisternd ab wie nach stundenlangem Föhnen. Er hatte sich anscheinend so aufgeladen, dass man mit seiner Elektrizität eine Kleinstadt versorgen konnte. »Du erfüllst deine Pflicht so, als wenn Dionysos, der Gott des Weines, notorischer Biertrinker wäre und Aphrodite, die Göttin der Liebe, heißflammende Plädoyers für Scheidungen halten würde. Willst du eigentlich wirklich zu uns Göttern in den Olymp aufsteigen?« – »Ja natürlich«, antwortete der Filius überrascht. War sein sehnlichster Wunsch etwa zum Greifen nah? »Dann sieh zu, dass du deinen Job machst. Ich gebe dir eine letzte Chance. Ich will ein vernünftiges Konzept. Beweise mir, wie sich Menschen durch Weiterbildung entwickeln. Es ist die wichtigste Aufgabe in dieser Zeit. Der Wirtschaft geht es schlecht. Sie braucht passende, qualifizierte Mitarbeiter. Personalentwicklung muss funktionieren. Jetzt, in Zeiten knapper Kassen, darf kein Geld zum Fenster rausgeschmissen werden.«

Potenzialos trollte sich geknickt. Düstere Wolken türmten sich über ihm auf. Was sollte er nur tun? Da fiel ihm das Orakel von Delphi ein. Er machte sich zu dem dortigen Tempel auf, um die weissagende Priesterin um Rat zu fragen. Das ging nicht mal eben so, sondern es bedurfte eines Omens. Ein Oberpriester besprengte eine junge Ziege mit eisigem Wasser. »Hoffentlich bleibt sie nicht ruhig«, betete Potenzialos. Denn das hätte bedeutet, dass das Orakel für diesen Tag ausfiel und er erst einen Monat später wiederkommen könnte. Doch er hatte Glück. Die Ziege zuckte zusammen, wurde als Opfertier geschlachtet und auf dem Altar verbrannt. Nun konnten die Weissagungen beginnen. Begleitet von zwei männlichen Kollegen begab sich die Priesterin zur heiligen Quelle Kastalia, in der sie ein Bad nahm. Aus einer zweiten Quelle trank sie dann einige Schlucke heiligen Wassers. Die zwei Oberpriester begleiteten – gefolgt von den hinzugeeilten Mitgliedern des Fünfmännerrates – die Priesterin anschließend in den Tempel. Schließlich setzte sie sich auf einen Dreifuß über einer Erdspalte und binnen kurzer Zeit fiel sie in Trance. Nun war es so weit.

»Orakel«, sagte Potenzialos mit leicht zitternder Stimme, »ich brauche deinen Rat. Ich suche dringend ein schlüssiges Konzept, damit Weiterbildung in den Unternehmen funktioniert.« Die Augäpfel der Priesterin rollten unter den halb geschlossenen Lidern nach oben. Ihre Lippen waren leicht geöffnet. »Was rätst du mir?«, fragte er ebenso zaghaft wie eindringlich. Die entrückte Priesterin drehte sich zu ihm und sah ihn lange aus glasigen Augen an und seufzte: »Potenzialos – du erwartest Wunder.« Nach einer kurzen Pause fuhr sie fort: »Weißt du, warum Sonnenblumen so schöne große gelbe Blüten ausbilden?« Potenzialos wurde unwillig. »Sprich bitte nicht in Rätseln mit mir – auch wenn du ein Orakel bist.« – »Das ist ganz einfach. Weil alles schon im Kern angelegt ist. Sonnenblumen können niemals Rosen werden. Du kannst als Gärtner nur dafür Sorge tragen, dass es eine schöne, große und prächtige Sonnenblume wird.« Potenzialos rang um Fassung. Da saß dieses zierliche kleine Persönchen vor ihm auf diesem Dreibein und faselte von Blumen. »Orakel – sprich Klartext«, presste er mühsam beherrscht hervor. Und anscheinend hatte das Orakel einen guten Tag. »Potenzialos, das ist doch ganz einfach. Du darfst nur die Menschen weiterbilden, die das nötige Potenzial schon in sich tragen und aufgrund ihrer persönlichen Motive den nötigen Biss und die Beharrlichkeit an den Tag legen, Inhalte, die sie in Weiterbildungsmaßnahmen gelernt haben, anzuwenden und zu praktizieren. Bei wem diese Basis gegeben ist, der wird an Weiterbildung wachsen, sich entwickeln und riesengroße Sprünge machen, die er ohne die Teilnahme nicht getan hätte. Natürlich braucht es genügend Anwendungsmöglichkeiten für das Gelernte und ein förderliches Umfeld, damit die Umsetzung unterstützt wird.«

Potenzialos entgegnete unzufrieden: »Orakel, das ist doch nichts Neues. Das Problem ist, dass die Verantwortlichen in den Firmen nicht Nein sagen. Sie schulen zehn Leute, obwohl nur bei einem die nötigen Voraussetzungen erfüllt sind. Gerade erst habe ich von einem Geschäftsführer gehört, der ein bisschen wie Monty Burns aus der Serie *Die Simpsons* aussieht. Immer wieder hat er Seminare und Coachings bekommen, um seine persönlichkeitsbedingten Denk- und Verhaltensmuster zu überwinden. Alles umsonst. Jetzt hat es ihn deshalb sogar gesundheitlich böse erwischt. 41 Tage Krankenhausaufenthalt. Zwölf Kilogramm Gewichtsverlust. Es hat ihn so sehr niedergerissen, dass er die Geschäftsführung abgegeben hat.«

Ungerührt sprach das Orakel weiter: »Potenzialos, Firmen nutzen Auswahlverfahren wie Interviews oder Assessment-Center. Was spricht dagegen, auch Bewerbungsverfahren für Weiterbildungen zu installieren? Ich habe von einem Trainer gehört, der in einem Unternehmen den Spieß umgedreht hat. Die Mitarbeiter mussten sich im Rahmen eines Vorstellungsgesprächs für die Teilnahme an einer Weiterbildung bei ihm und der zuständigen Führungskraft bewerben. Es wurden nur die genommen, die das Kommitee überzeugten. Das hat gleich zwei Effekte. Man trainiert die Leute, bei denen eine hohe Chance besteht. Außerdem ist es für die Teilnehmer plötzlich wertvoll, Teil einer Seminargruppe zu sein, und nicht mehr lästige Pflicht. Die sozialpsychologische Forschung hat diesen Effekt von Aufnahmeriten sogar nachgewiesen.«

Potenzialos ließ nicht locker: »Orakel, das ist ja alles schön und gut. Geht aber nicht immer. Ich habe doch viel öfter die Situation in den Firmen, dass ich Mitarbeiter im Unternehmenssinne weiterentwickeln muss, obwohl diese selbst keine Lust dazu haben. Ich kann es doch nicht einfach sein lassen.« – »Natürlich nicht. Aber es liegt in der menschlichen Natur, dass der eine oder andere zu seinem Glück gezwungen werden muss, um in die richtige Bahn zu kommen. Das ist wie bei einer Schnecke auf der Straße, die einen Schubs braucht, um nicht plattgefahren zu werden. Die Schnecke findet das natürlich bedrohlich – und merkt vielleicht gar nicht, dass sie um Haaresbreite einem Ende als Ragout entkommen ist.« – »Alles schöne Worte«, meckerte Potenzialos. »Jetzt rück' doch endlich mal mit der Sprache raus, was man konkret tun sollte.« Im bildhübschen Gesicht des Orakels spiegelte sich kurz ein Schatten der Entrüstung. Doch dann fuhr die Priesterin mit sanften Worten fort: »Der beste Ansatz ist Training-on-the-Job – sprich ein Einzeltraining am Arbeitsplatz. Mitarbeiter lernen das erforderliche Wissen und die Fähigkeiten direkt dort. Ein erfahrener Kollege – oft Mentor oder Pate genannt –, der Vorgesetzte oder ein spezieller Trainer sind die Vorbilder. Das Lernen ist deshalb so wirkungsvoll, weil der Mitarbeiter im Rahmen von Vormachen und Nachmachen auch schnell eine Rückmeldung bekommt. Mitarbeiter brauchen Bedingungen, in denen sie dem Lernprozess nicht ausweichen können. Dabei ist es wichtig, Lernziele zu definieren, die durch Fleiß und Beharrlichkeit auch erreichbar sind.«

Potenzialos Züge glätteten sich. »Stimmt. Das ist wirklich die beste Methode. Kenne ich von mir selbst.« Das Orakel fuhr fort: »Beim Training-on-the-Job muss man zwischen Training und Lernen unterscheiden. ›Training‹ bedeutet, dass es einen Input gibt. ›Lernen‹ ist ein selbstorganisierter Prozess, bei dem das Gelernte angewendet wird. Und da ist jeder Mensch sehr individuell. Beim Training-on-the-Job können die Lerneinheiten und zeitlichen Abstände zwischen den Einheiten genau spezifiziert, strukturiert und geplant werden. Trainingseinheiten können auch in kleinen Gruppen erfolgen – ganz abhängig von den Lernzielen.« Potenzialos war jetzt hellwach und begierig zu hören, was das Orakel, das gerade mitten in einer Vision war, als Nächstes von sich geben würde. »Es gibt ein interessantes Konzept für Training-on-the-Job namens ›Kollegiales Coaching‹. Es bedeutet, dass sich die Mitarbeiter zu bestimmten Lernzielen über einen längeren Zeitraum nach festgelegten Regeln gegenseitig beim Lernen unterstützen. Sie sind auf diese Weise sowohl Lernender als auch Lehrender. Dabei werden nicht nur Trainingsinhalte in die Praxis umgesetzt, sondern es erfolgt auch ein unglaublicher Best-Practice-Austausch.« Aha, eine Lernpatenschaft also. »Wie geht das genau?«, wollte Potenzialos wissen. Das Orakel erzählte ein Beispiel des Trainers, der dieses Konzept entwickelt hat. 24 Mitarbeiter sollten Verhandlung am Telefon lernen. Die Grundlagen erarbeiteten sie in einem Gruppentraining an Praxisfällen aus dem Alltag. Jeder Teilnehmer aus einer Trainingsgruppe sollte im Anschluss drei andere Kollegen coachen. Jeden Monat einen anderen. Jedes Coaching umfasste mindestens fünf Telefonate, zu denen jeweils ein Feedbackgespräch erfolgte. Je nach Erreichbarkeit und Gesprächslänge entsprach dies einem Zeitaufwand von etwa einer Stunde im Monat. Das Coaching endete mit einem persönlichen Trainingsplan bis zum nächsten Termin, der per Mail an den Vorgesetzten und den Trainer versendet wurde. Jede Veranstaltung wurde abgeschlossen mit der Frage des Coachs an den Kollegen: »Was hast du als Feedback für mich? Was war gut? Was sollte ich verbessern?« Die 14 Kriterien für gutes Coaching waren zuvor im Rahmen eines Kick-Off-Workshops gemeinsam mit den Mitarbeitern erarbeitet worden. Zum Schluss erfolgte auch der Eintrag von Termin und Unterschrift in einer Trainingsdokumentation. Nach erfolgtem Coaching füllte jeder Mitarbeiter allein einen Feedbackbogen aus, in dem er die Leistung des coachenden Kollegens auf einer Schulnotenskala bewertete. Alle drei Bögen wurden am Ende anonym an den Vorgesetzten gegeben und von diesem ausgewertet. Auf der Grundlage dieser Bögen wurden dann zum Schluss die drei besten Coaches – das heißt diejenigen mit der höchsten Punktzahl – offiziell gekürt und erhielten einen Preis. Welche Preise es gab, hatten die Mitarbeiter auf der Grundlage eines vorgegebenen Budgets in Höhe von 180 Euro selbst im Kick-Off ausgearbeitet. Um den Prozess im Gang zu halten, gab es zwischen Trainer und Vorgesetztem ein monatliches Meeting, in dem besprochen wurde, inwiefern das Prozedere und die Umsetzung erfolgreich abliefen und wo gegenzusteuern war.

»Klingt wirklich gut«, meinte Potenzialos anerkennend. »War es auch«, entgegnete das Orakel. »Der Vorgesetzte hatte bei keinem Training in der Vergangenheit so viel Einsatz und Lernerfolg beobachtet. Und dabei war alles unter einem schwierigen Vorzeichen gestartet. Die Truppe hatte nämlich zuvor bei einem anderen Trainer eine sehr negative Seminarerfahrung gemacht und eigentlich zu Beginn des Projekts nicht die geringste Lust mehr auf eine Weiterbildung.«

»Training-on-the-Job kennt man doch eigentlich auch sehr gut von Ausbildungen«, warf Potenzialos ein. »Stimmt, da wird es gut gelebt. Bloß bei Weiterbildung gerät diese Praxis komischerweise in Vergessenheit«, erwiderte das Orakel. »Von der Ausbildung kann man wirklich viel lernen. Ein sehr bewährtes, praxisorientiertes Konzept sind Übungsfirmen. Wusstest du, Potenzialos, dass es mehr als 500 von ihnen in Deutschland gibt?[96] Weltweit sogar über 5 500 in 42 Ländern.[97] Auf diese Weise ist auch internationales Arbeiten möglich. Übungsfirmen werden besonders in der kaufmännischen Ausbildung eingesetzt. Alle Branchen sind vertreten: Speditionen, Modehäuser und Baumärkte zählen ebenso dazu wie Computerhersteller, Chemieunternehmen oder Autohändler. Die Übungsfirmen betreiben untereinander Geschäfte wie im echten Leben. Auch ihre Namen klingen wie die von echten Unternehmen. Sie heißen E-Tronik GmbH, KÖMA Kommunikationstechnik GmbH, ready 4 sport sportartikel GmbH oder auch Globus Verpackungs-GmbH«.

»Weißt du, was ich nicht verstehe, Potenzialos«, fuhr das Orakel unbeirrt fort, »warum wurde das Konzept der Übungsfirmen bislang noch nicht auf Weiterbildung übertragen? Fachliche Inhalte oder sogar Themen wie Führung, Change Management und Teamentwicklung, also auch Vorgänge, die persönlich und menschlich am Arbeitsplatz wichtig sind, könnten ideal in Übungsfirmen trainiert werden.« –»Das ist ja Wahnsinn«, stieß Potenzialos aus. »Da liegen ungeahnte Möglichkeiten brach, obwohl schon die ganze Infrastruktur vorhanden ist.« Mit hoffnungsvoller Stimme fügte er nach einer Pause hinzu: »Da gibt es ja doch noch Chancen, dass ich in den Olymp komme.«

Literaturnachweis

Einleitung

1 Werner, Dirk: »Trends und Kosten der betrieblichen Weiterbildung – Ergebnisse der IW-Weiterbildungserhebung 2005«. Vorabdruck aus: *IW-Trends – Vierteljahresschrift zur empirischen Wirtschaftsforschung aus dem Institut der deutschen Wirtschaft Köln*, 33. Jahrgang, Heft 1/2006.

2 »Fortbildung im Urlaub. Ärger über Arbeitgeber«. In: *Münchener Merkur*, Nr. 179, Seite 4. München: Münchener Zeitungs-Verlag, 2007.

3 »Fortbildung im Urlaub. Ärger über Arbeitgeber«. In: *Münchener Merkur*, Nr. 179, Seite 4. München: Münchener Zeitungs-Verlag, 2007.

4 »Fortbildung im Urlaub. Ärger über Arbeitgeber«. In: *Münchener Merkur*, Nr. 179, Seite 4. München: Münchener Zeitungs-Verlag, 2007.

5 »Fortbildung im Urlaub. Ärger über Arbeitgeber«. In: *Münchener Merkur*, Nr. 179, Seite 4. München: Münchener Zeitungs-Verlag, 2007.

6 Mündliche Auskunft des Dachverbandes der Weiterbildungsorganisationen e. V. (DVWO), 9. Januar 2008.

7 Laukamp, Bernhard Siegfried: »DIE und BIBB bringen Licht ins Dunkel des Weiterbildungsmarktes«. http://www.trainertreffen.de/index.php?option=com_content&task=view&id=911&Itemid=514

8 Graf, Jürgen: *TrainerGuide 07/08. 1700 Trainerinnen und Trainer aus Deutschland, Österreich und der Schweiz.* Bonn: managerSeminare Verlags GmbH, 2007.

9 Hans-Böckler-Stiftung: »WSI-Tarifarchiv. Wer verdient was? Berufe von A-Z«. http://www.boeckler.de/cps/rde/xchg/SID-3D0AB75D-8D5584F6/hbs/hs.xsl/32207.html

10 Hohlweck, Christian: »Partner des Top-Managements«. In: *managerSeminare – Das Weiterbildungsmagazin*, Heft 80, Seite 70–75. Bonn: managerSeminare Verlags GmbH, 2004. http://www.managerseminare.de/managerSeminare/Archiv/Artikel?urlID=144763

11 TV-Serie *Was nicht passt, wird passend gemacht* (ProSieben). Die Serie spielt im Ruhrpott. Die drei Bauarbeiter Kalle, Jochen und Kümmel sagen dem drohenden Untergang ihrer maroden Firma täglich den Kampf an. www.prosieben.de/spielfilm_serie/was_nicht_passt/artikel/34711.

12 Lipowski, Sylvia; Gloger, Svenja: »Was lernen Manager von Hund, Vogel, Wolf? Tiere als Co-Trainer«. In: *managerSeminare – Das Weiterbildungsmagazin*, Heft 113, Seite. 40–47. Bonn: managerSeminare Verlags GmbH, 2007. http://www.managerseminare.de/managerSeminare/Archiv/Artikel?urlID=156843

Teil I – Die Mitarbeiter

13 Deutsche Gesellschaft für Transaktionanalyse. www.dgta.eu

14 Berne, Eric. *Games People Play. The Basic Handbook of Transactional Analysis.* Ballantine Books, 1964.

15 Wikipedia. Die freie Enzyklopädie: »Reiss-Modell der Kausalattribution (Reiss Profile)«. http://de.wikipedia.org/wiki/Motivation

16 Dils, Robert: *Die Veränderung von Glaubenssystemen. NLP Glaubensarbeit.* Paderborn: Junfermann, 1993.

17 Kriz, Jürgen: *Grundkonzepte der Psychotherapie.* 5. Auflage. Weinheim: Beltz PVU, 2001.

18 Hüther, Gerald: *Bedienungsanleitung für ein menschliches Gehirn.* Göttingen: Vandenhoeck & Ruprecht, 2006.

19 Bauer, Joachim: *Das Gedächtnis des Körpers. Wie Beziehungen und Lebensstile unsere Gene steuern*. 8. Auflage. München: Piper, 2006.

20 Pichler, Martin: »Studie: Coaching nur ein Placebo?« In: *wirtschaft+weiterbildung – Das Magazin für Training und Personalentwicklung*, Ausgabe 1/2006. Freiburg: Haufe, 2006.

21 Tagesschau: »Dänische Arbeitsrealitäten«. 3. Januar 2007. http://www.tagesschau.de/sendungen/0,,OID6263018_,00.html

22 ZDF.reporter: »Letzte Chance Dänemark. Zum Arbeiten über die Grenze«. 11. März 2003. http://www.zdf.de/ZDFde/inhalt/17/0,1872,2035345,00.html

23 »Erfolgsfaktoren fürs Bewerbungsgespräch: Deutsche geben sich angepasst, Europäer zeigen Begeisterung«. http://presse.monster.de/256_DE_p6.asp

24 www.holgerstromberg.de/newsite/p_vita.shtml.

25 »Unternehmenskultur: Motivierte Mitarbeiter zahlen sich aus«. In: *Münchener Merkur*, 28. Dezember 2007, Seite 9.

26 Leffers, Jochen: »Denglisch in der Werbung. Komm rein und finde wieder raus«. In: *Spiegel Online (Unispiegel)*, 28. Juli 2004. http://www.spiegel.de/unispiegel/wunderbar/0,1518,310548,00.html

27 Dils, Robert: *Die Veränderung von Glaubenssystemen. NLP Glaubensarbeit*. Paderborn: Junfermann Verlag 1993.

28 Bundesministerium der Justiz: Kündigungsschutzgesetz (KSchG). http://www.gesetze-im-internet.de/kschg/BJNR004990951.html

29 Arbeitsrecht Ratgeber: Kündigungsschutzgesetz. http://www.anwaltseiten24.de/arbeitsrecht/kuendigungsschutzgesetz.html

30 Peter, Laurence J.; Hull, Raymond: *Das Peter-Prinzip oder die Hierarchie der Unfähigen*. Reinbek: Rowohlt-Verlag 2001.

31 Tagesschau: »Dänische Arbeitsrealitäten«. 3. Januar 2007. http://www.tagesschau.de/sendungen/0,,OID6263018_,00.html

32 ZDF.reporter: »Letzte Chance Dänemark. Zum Arbeiten über die Grenze«. 11. März 2003 http://www.zdf.de/ZDFde/inhalt/17/0,1872,2035345,00.html

33 Tagesschau: »Dänische Arbeitsrealitäten«. 3. Januar 2007. http://www.tagesschau.de/sendungen/0,,OID6263018_,00.html

34 Wikipedia. Die freie Enzyklopädie: »Innerer Schweinhund«. http://de.wikipedia.org/wiki/Innerer_Schweinehund

35 Prochaska, J. O.; Norcross, J. C.; DiClemente, C. C., *Changing for Good. A revolutionary Six-Stage-Programm for overcoming bad Habits and moving your Life positively forward.* New York: Avon Books, 1994.

36 Ebbinghaus, Herrmann: *Memory.* New York: Columbia University, 1913. Siehe auch: Zimbardo, Philip G.: *Psychologie.* 5. Auflage, Berlin/Heidelberg/New York: Springer-Verlag, 2001, Seite 284–285.

37 Buzan, Tony: *Kopftraining. Anleitung zum kreativen Denken, Tests und Übungen.* München: Goldmann-Verlag, 1993.

38 Debo, Sandra:, Dr. Montel, Christian: »Commitment – Ergebnis erfolgreicher Führungskräfteentwicklung?« In: *Wirtschaftspyschologie aktuell,* Ausgabe 1/2006, Seite 26–29, Bonn: Deutscher Psychologen Verlag.

39 Dr. Buchhester, Stephan: *Bildungscontrolling. Der Einfluss von individuellen und organisationalen Faktoren auf den wahrgenommenen Weiterbildungserfolg. Schriften zur Arbeits-, Betriebs- und Organisationspsychologie.* Band. 6, Hamburg: Verlag Dr. Kova, 2003.
Dr. Buchhester, Stephan; Mathy, Hagen: »Bildungscontrolling: Warum viele Maßnahmen zu kurz greifen«. In: *Wirtschaftspsychologie aktuell,* Ausgabe 2/2004, Seite 22–25. Bonn: Deutscher Psychologen Verlag, 2004.
Dr. Buchhester, Stephan: »Bildungscontrolling Version 2.0 – proaktive Ressourcensteuerung mittels Online-Tool«. In: *Wirtschaftspsychologie aktuell,* Ausgabe 2–3/2006, Seite 22–26. Bonn: Deutscher Psychologen Verlag GmbH, 2006.

40 Gloger, Svenja: »Den Trainingserfolg voraussagen. Fachkongress für Bildungscontrolling«. In: *managerSeminare – Das Weiterbildungsmagazin,* Heft 92, Seite 18–22, Bonn: managerSeminare Verlags GmbH, 2005. http://www.managerseminare.de/managerSeminare/Archiv/Artikel?urlID=148474

41 Schulz von Thun, Friedemann: *Miteinander reden. Band 1: Störungen und Klärungen.* 45. Auflage, Hamburg: Rowohlt Taschenbuch, 2007.

Teil II – Die Manager

42 Schmeißer, Eva (Hg.): »Studie ›Führungskräfte Deutschland‹, Frühjahr 2007. Informationsschreiben zum Praxishandbuch ›leiten, führen, motivieren‹«. Bonn: Verlag für Deutsche Wirtschaft AG, 2007.

43 Scholz, Christian; Niemczyk, Karoline: »Peinliches Ergebnis für die Personalentwicklung. Serie Arbeitsweltmonitor 2007«. In: *managerSeminare – Das Weiterbildungsmagazin*, Heft 117, Seite 79–82. Bonn: managerSeminare Verlags GmbH, 2007. http://www.managerseminare.de/managerSeminare/Archiv/Artikel?urlID=157947

44 »Interne Messe bei Bosch: Führungskräfte für Weiterbildung begeistern«. In: *Training aktuell. Der Spezial-Informationsdienst*, Nr. 10/2006, Seite 10–11. Bonn: managerSeminare Verlags GmbH, 2006.

45 »Ohne Lernkultur geht es nicht. Studie zum Bildungstransfer«. In: *managerSeminare – Das Weiterbildungsmagazin*, Heft 116, Seite 11. Bonn: managerSeminare Verlags GmbH, 2007. http://www.managerseminare.de/managerSeminare/Archiv/News?urlID=157601

46 Michaels, Ed; Handfield-Jones, Helen; Axelrod, Beth: *The War for Talent*. Harvard Business School Press, 2001.

47 »Studie zur Vergütung und Personalentwicklung: Firmen wollen High Potentials mit Weiterbildung locken«. In: *managerSeminare – Das Weiterbildungsmagazin*, Heft 109, Seite 8, Bonn: managerSeminare Verlags GmbH, 2007. http://www.managerseminare.de/managerSeminare/Archiv/News?urlID=155452

48 Kern, Maximilian: »Abschied vom Gießkannenprinzip«. In: *management&training*, 3/2002, Seite 12–13. Bonn: managerSeminare Verlags GmbH, 2002. http://www.managerseminare.de/managerSeminare/Archiv/Artikel?urlID=144184

49 Magenheim-Hörmann, Thomas: »Manager-Studie zu Korruption. Wer im Ausland nicht schmiert, geht leer aus«. In: *Münchener Merkur,* Nr. 300, 31.Dezember 2007/1. Januar 2008, Seite 9.

50 http://arbeitsblaetter.stangl-taller.at/LERNEN/Modelllernen.shtml

51 »Motivationsstudie: Mitarbeiter wollen Aufmerksamkeit«. In: *managerSeminare – Das Weiterbildungsmagazin*, Heft 100, Seite 8. Bonn: managerSeminare Verlags GmbH, 2006. http://www.managerseminare.de/managerSeminare/Archiv/News?urlID=150433

52 Wikipedia. Die freie Enzyklopädie: »Krieg gegen Rom«. http://de.wikipedia.org/wiki/Hannibal

53 Reimann, Erich: »Manager werden schneller gefeuert. Der Chefsessel als Schleudersitz«. In: *Münchener Merkur*, Nr. 297, 27. Dezember 2007, Seite 6.

54 »Frauen sind im Top-Management rar. Pressemitteilung der Hoppenstedt-Gruppe«. In: *vorwärts*. 17. April 2007. http://www.vorwaerts.de/magazin/artikel.php?artikel=4905&type=2&menuid=361&topmenu=361

55 »Telekom und ver.di einigen sich. Streit um Ausgliederung von Servicemitarbeitern«. ZDFheute.de, 20. Juni 2007. http://www.heute.de/ZDFheute/inhalt/12/0,3672,5556140,00.html

»Telekom baut tausende Stellen ab. Konzernchef bestätigt Zahl nicht, aber spricht von ›Anpassungsbedarf‹«. ZDFheute.de, 20. Oktober 2007. http://www.heute.de/ZDFheute/inhalt/20/0,3672,7110964,00.html

56 http://www.unwortdesjahres.org/

Teil III – Das Umfeld

57 »Übergewicht. Deutsche Männer sind ›Pfundskerle‹«. stern.de, 20. Februar 2007. http://www.stern.de/wissenschaft/medizin/582994.html?q=deutsche%20m%E4nner%20sind%20pfundskerle

58 Das Lexikon haGaWiki: »Konformitätsexperiment von Asch«. http://www.hagalil.com/lexikon/index.php?title=Konformit%C3%A4tsexperiment_von_Asch

59 Schweinberger, Michael: »Sozialer Einfluss in Kleingruppen«. Referat vom 27. Januar 2000, Kapitel 2.1. Bergische Universität Wuppertal, Fachbereich Gesellschaftswissenschaften. http://www.uni-bielefeld.de/ikg/zick/Konformit%C3%A4t.htm

Zimbardo, Philip G.: *Psychologie*. 5. Auflage, Berlin/Heidelberg/New York: Springer-Verlag, 1992.

60 »Hirnanomalie. Der Mann mit dem Loch im Hirn«. Focus online, 20. Juli 2007. http://www.focus.de/gesundheit/ratgeber/gehirn/news/hirnanomalie_aid_67234.html

61 Goldhor Lerner, Harriet: *Wohin mit meiner Wut? Neue Beziehungsmuster für Frauen*. Frankfurt am Main: Fischer Taschenbuch Verlag, 1993.

62 Wikipedia. Die freie Enzyklopädie: »Golden Retriever«. http://de.wikipedia.org/wiki/Golden_Retriever

63 http://www.gruene.de/cms/gruene_work/rubrik/0/237.198083.htm

64 Zimbardo, Philip G: *Psychologie*. 5. Auflage, Berlin/Heidelberg/New York: Springer-Verlag, 2001.

65 ZDF Expedition: »Mission X: Letzte Chance Transatlantik. Revolutionäre Visionen. Die Idee interkontinentaler Vernetzung«. 24. Oktober 2004. http://sonntags.zdf.de/ZDFde/inhalt/23/0,1872,1021591,00.html

66 Schulz von Thun, Friedemann: *Miteinander reden. Band 1: Störungen und Klärungen*. 45. Auflage, Hamburg: Rowohlt Taschenbuch, 2007.

67 Wikipedia. Die freie Enzyklopädie: »Rangordnung (Biologie)«. http://de.wikipedia.org/wiki/Rangordnung_(Biologie)

68 Wikipedia. Die freie Enzyklopädie: »Rangordnung (Biologie)«. http://de.wikipedia.org/wiki/Rangordnung_(Biologie)

69 Wikipedia. Die freie Enzyklopädie: »Gießkanne«. http://de.wikipedia.org/wiki/Gie%C3%9Fkanne

70 Wikipedia. Die freie Enzyklopädie: »Gießkanne«. http://de.wikipedia.org/wiki/Gie%C3%9Fkanne

71 Kern, Maximilian: »Abschied vom Gießkannenprinzip. Bildungscontrolling«. In: *management&training*, 03/02, Seite 12–13. Bonn: managerSeminare Verlags GmbH, 2002. http://www.managerseminare.de/managerSeminare/Archiv/Artikel?urlID=144184

72 Jumpertz, Sylvia: »Zwischen Anspruch und Akzeptanz«. In: *mana-*

gerSeminare – Das Weiterbildungsmagazin, Heft 109, Seite 88–95. Bonn: managerSeminare Verlags GmbH, 2007. http://www.managerseminare.de/managerSeminare/Archiv/Artikel?urlID=155437

73 Jumpertz, Sylvia: »Zwischen Anspruch und Akzeptanz«. In: *managerSeminare – Das Weiterbildungsmagazin*, Heft 109, Seite 88–95. Bonn: managerSeminare Verlags GmbH, 2007. http://www.managerseminare.de/managerSeminare/Archiv/Artikel?urlID=155437

74 Fiktive Firma; Parallelen zu realen Unternehmen sind zufällig und nicht beabsichtigt.

75 Hohlweck, Christian: »Partner des Top-Managements«. In: *managerSeminare – Das Weiterbildungsmagazin*, Heft 80, Seite 70–75. Bonn: managerSeminare Verlags GmbH, 2004. http://www.managerseminare.de/managerSeminare/Archiv/Artikel?urlID=144763

76 Hohlweck, Christian: »Partner des Top-Managements«. In: *managerSeminare – Das Weiterbildungsmagazin*, Heft 80, Seite 70–75. Bonn: managerSeminare Verlags GmbH, 2004. http://www.managerseminare.de/managerSeminare/Archiv/Artikel?urlID=144763

77 Gupta, Prem Lata: »Vertrauen ist gut ... Firmen wollen den Erfolg von Weiterbildungskursen stärker kontrollieren und führen Lerntests ein«. In: *Focus. Das moderne Nachrichtenmagazin,* Nr. 10, Seite 184–187. München: FOCUS Magazin-Verlag, 2004. http://www.focus.de/finanzen/news/wissen-vertrauen-ist-gut-_aid_201745.html

78 Bortz, Jürgen; Döring, Nicola: *Forschungsmethoden und Evaluation für Human- und Sozialwissenschaftler.* 3. Auflage, Berlin: Springer-Verlag, 2002.

79 Lasogga, Frank; Metz-Göckel, Hellmuth: »Die Problematik von Effektivitätsuntersuchungen bei Veranstaltungen der angewandten Gruppendynamik«. In: *Gruppendynamik und Organisationsberatung. Zeitschrift für angewandte Sozialpsychologie*, 15(1), Seite 89–102. Wiesbaden: VS Verlag für Sozialwissenschaften, 1984.

80 Fehlau, Eberhard G.: »Im Rahmen des Meßbaren?«. In: *managerSeminare – Das Weiterbildungsmagazin*, Heft 31, Seite 76–83. Bonn: managerSeminare Verlags GmbH, 1998. http://www.managerseminare.de/managerSeminare/Archiv/Artikel?urlID=92541

81 Schönell, Hans-Werner: Bildungscontrolling: Weiterbildung erfolgreich managen. In *management&training*, Heft 03/02, Seite 14–15. Bonn: managerSeminare Verlags GmbH, 2002. http://www.managerseminare.de/managerSeminare/Archiv/Artikel?urlID=144185
82 Jumpertz, Sylvia: »Statistisches Bundesamt mit repräsentativen Daten. Studie zur betrieblichen Weiterbildung«. In: *managerSeminare – Das Weiterbildungsmagazin*, Heft 115, Seite 14. Bonn: managerSeminare Verlags GmbH, 2007. http://www.managerseminare.de/managerSeminare/Archiv/News?urlID=157285
83 Dr. Beywl, Wolfgang; Bußmann, Nicole: »Rechnen Sie mit dem Erfolg«. In: *managerSeminare – Das Weiterbildungsmagazin*, Heft 44, Seite 106–113. Bonn: managerSeminare Verlags GmbH, 2000. http://www.managerseminare.de/managerSeminare/Archiv/Artikel?urlID=92395
84 Thöneßen, Johannes: »Gegenrede. Völlig dreiste Behauptungen von Rechenkünstler«. In: *wirtschaft+weiterbildung – Das Magazin für Training und Personalentwicklung*, Ausgabe 10/2005. Freiburg: Rudolf Haufe Verlag, 2005.
85 Aschendorf, Markus: *Nutzenbestimmung personalpolitischer Maßnahmen als Bestandteil des Personalcontrollings – dargestellt anhand von drei Untersuchungen in Kreditinstituten*. Göttingen: CUVILLIER Verlag, 2001.
86 Dr. Gülpen, Barbara: »Integriertes Bildungs-Controlling in Seminaren und Entwicklungsprogrammen«. GABAL-Symposium, Oberursel, 24. September 2004. http://209.85.129.104/search?q=cache:8mzKOHz4dr8J:www.gabal.de/download/Guelpen_Handout.pdf+Integriertes+Bildungs-Controlling+in+Seminaren+und+Entwicklungsprogrammen&hl=de&ct=clnk&cd=1
87 Law, Kenneth S.: »Estimating the Dollar Value Contribution of Human Resource Intervention Programs: Some Comments on the Brogden Utility Equation«. In: *Australian Journal of Management*, 20, 2. Dezember 1995.
88 http://www.4managers.de/themen/bildungscontrolling/

http://www.businessballs.com/kirkpatricklearningevaluation-model.htm

89 Kirkpatrick, Donald L.; Kirkpatrick, James D.: *Evaluating Training Programs. The Four Levels*. 3. Auflage, New York: McGraw-Hill Professional, 2006.

90 »Seminarauswertungsbögen sind wenig aussagefähig. Tipps für Weiterbildungsprofessionals, Bildungscontrolling«. In: *wirtschaft+weiterbildung – Das Magazin für Training und Personalentwicklung*, Ausgabe 5/2002. Freiburg: Rudolf Haufe Verlag, 2002.

91 »Seminarauswertungsbögen sind wenig aussagefähig. Tipps für Weiterbildungsprofessionals, Bildungscontrolling«. In: *wirtschaft+weiterbildung – Das Magazin für Training und Personalentwicklung*, Ausgabe 5/2002. Freiburg: Rudolf Haufe Verlag, 2002.

92 Nuri, Midia: »Den Nutzen von Weiterbildung messbar machen«. *Financial Times Deutschland*, 19. Mai 2006. http://www.ftd.de/karriere_management/management/74983.html

93 Phillips, Jack J.; Schirmer, Frank C.: »Return on Investment (ROI) vorbildlich berechnen«. In: *wirtschaft+weiterbildung – Das Magazin für Training und Personalentwicklung*, Ausgabe 1/2006, Freiburg: Rudolf Haufe Verlag, 2006.

94 Phillips, Jack J.; Schirmer, Frank C.: »Return on Investment (ROI) vorbildlich berechnen«. In: *wirtschaft+weiterbildung – Das Magazin für Training und Personalentwicklung*, Ausgabe 1/2006, Freiburg: Rudolf Haufe Verlag, 2006.

95 Kerr, Steve: »Zahlen haben kurze Beine«. In: *Harvard Business Manager*, 25. April 2003, Hamburg: manager magazin Verlagsgesellschaft mbH, 2003.

Epilog

96 Deutscher ÜbungsFirmenRing: www.zuef.de

97 EUROPEN. Weltweites Übungsfirmen-Netzwerk: www.europen.de

Register